高 等 学 校 教 材

大学计算机基础

Daxue Jisuanji Jichu

（第 2 版）

何　桥　梁　燕　主编

韩智颖　王菲菲　赵玉琦　孙开岩　张可新

刘振宇　姜　宇　夏凤龙　宋金刚　编

高等教育出版社·北京

HIGHER EDUCATION PRESS　BEIJING

内容提要

　　本书是一本学习计算机基础知识、掌握计算机应用技能的基础教材，教材内容系统全面，具有很强的知识性、实用性和可操作性。

　　本书主要内容包括计算机基础知识、Windows XP 操作系统、Word 2003 字处理软件、Excel 2003 电子表格软件、PowerPoint 2003 演示文稿软件、数据库基础、计算机网络与网络安全、多媒体技术基础，每章后面都配有相应的教学案例和习题，可供学生实践练习和课后复习。

　　本书由浅入深，将知识点和案例相结合，可以作为高等学校非计算机专业计算机基础课程的教材，也可以作为高等学校成人教育的培训教材和教学参考书。

图书在版编目（CIP）数据

大学计算机基础 / 何桥，梁燕主编. —2 版. —北京：高等教育出版社，2011.8
ISBN 978-7-04-033510-1

Ⅰ. ①大… Ⅱ. ①何… ②梁 Ⅲ. ①电子计算机-高等学校-教材 Ⅳ. ①TP3

中国版本图书馆 CIP 数据核字（2011）第 150458 号

策划编辑　倪文慧	责任编辑　倪文慧	封面设计　于文燕		版式设计　王　莹
责任校对　俞声佳	责任印制　刘思涵			

出版发行	高等教育出版社	网　　址	http://www.hep.edu.cn
社　　址	北京市西城区德外大街 4 号		http://www.hep.com.cn
邮政编码	100120	网上订购	http://www.landraco.com
印　　刷	山东省高唐印刷有限责任公司		http://www.landraco.com.cn
开　　本	787mm×1092mm　1/16		
印　　张	16.75	版　　次	2005 年 8 月第 1 版
			2011 年 8 月第 2 版
字　　数	400 千字		
购书热线	010-58581118	印　　次	2011 年 8 月第 1 次印刷
咨询电话	400-810-0598	定　　价	22.00 元

前　言

飞速发展的计算机技术和日益普及的计算机应用，对高等学校的计算机基础教学提出了越来越高的要求。为进一步推动高等学校的计算机基础教学改革，提高教学质量，适应新世纪对高素质人才计算机基本知识及使用技能的要求，作者再版编写了《大学计算机基础》一书。鉴于非计算机专业种类较多，不同专业之间教学差别很大，本书在编写时遵循了非计算机专业的特点，具有较宽的适用面，利于实施不同层次、不同对象的计算机教学。考虑到教学内容的可操作性、可扩展性与可选择性，在编写内容的取舍上尽量做到少而精，力图通俗易懂，并使读者通过案例和习题的学习与训练，加深对基本概念的理解和掌握，提高计算机操作技能水平。

本书是一本学习计算机基础知识、掌握计算机应用技能的入门教材，内容包括计算机基础知识、Windows XP 操作系统、Word 2003 字处理软件、Excel 2003 电子表格软件、PowerPoint 2003 演示文稿软件、数据库基础、计算机网络与网络安全、多媒体技术基础，每章的后面都配有相应的教学案例和习题，可供学生实践练习和课后复习。

大学计算机基础是高校各专业必修的一门公共课程。本教材可以作为高等学校非计算机专业的大学计算机基础课程教学用书，也可以作为高等学校成人教育的培训教材和教学参考书。

本书第 1 章由何桥编写，第 2 章由孙开岩、夏凤龙编写，第 3 章由梁燕编写，第 4 章由韩智颖编写，第 5 章由赵玉琦编写，第 6 章由王菲菲编写，第 7 章由张可新、刘振宇编写，第 8 章由宋金刚、姜宇编写，全书由何桥、梁燕主编并统稿。

由于作者水平和经验有限，难免有不足之处，敬请读者提出宝贵意见。

编　者

2011 年 6 月

目　录

第1章 计算机基础知识

自第一台电子计算机诞生至今，已经历了60多年。在这期间，计算机的发展非常迅速，它的应用已深入到科学文化、工农业生产、国防建设甚至于家庭厨房，成为科学研究、工农业生产和社会生活中不可缺少的重要设备。

1.1 计算机发展简史

1946年2月，美国为了解决军事上的需要，由宾夕法尼亚大学研制成功世界上第一台电子数字计算机 ENIAC（Electronic Numerical Integrator And Computer）。当时这台计算机是一个庞然大物，它用了18 800多个电子管，1 500个继电器，重达30吨，占地170平方米，耗电150千瓦，每秒能进行5 000次加法运算，与今天的微型计算机相比不可同日而语。但是，它奠定了电子计算机技术发展的基础。ENIAC的成功，是计算机发展史上的一个里程碑。

在推动计算机发展的诸多因素中，电子器件的发展是一个重要因素。电子计算机更新换代的主要标志，除了电子器件的更新之外，还有计算机系统结构方面的改进和计算机软件发展等重要内涵。计算机更新换代的大致时间划分如下。

第一代（1946—1958年），电子管计算机。这一代计算机采用的基本逻辑元器件是电子管，内存储器采用水银延迟线或磁鼓、磁芯，外存储器使用磁带等。编程语言主要采用机器语言、汇编语言。因此，第一代电子计算机的体积庞大、速度慢、可靠性差、耗电多、造价昂贵，并且编程调试工作烦琐，使用不方便。它主要应用于军事和科学研究工作。

第二代（1959—1964年），晶体管计算机。这一代计算机的硬件部分采用了晶体管，内存储器采用铁氧磁心和磁鼓，外存储器采用磁带、磁盘，外设种类也有所增加，软件已开始有很大的发展，出现了各种高级语言（FORTRAN、COBOL、ALGOL等）及编译程序。与第一代计算机相比，晶体管电子计算机体积小、功能强、成本低、可靠性增强，而且计算机的工作效率也大大提高。这一代计算机除了进行科学计算之外，在数据处理方面也有了广泛的应用。

第三代（1965—1970年），集成电路计算机。这一代计算机随着半导体集成技术的发展，使得几十、几百甚至上千个元件能够集成在只有几平方毫米的半导体芯片上。采用中、小规模集成电路，取代了晶体管分立元件。计算机使用集成电路，体积进一步缩小，耗电减少，可靠性和运行速度明显增加。在技术上引进了多道程序和并行处理，操作系统的功能也不断地加强和趋于完善，这些都更加方便了人们对计算机的使用。在这一时期，计算机在科学计算、数据处理和过程控制等方面都得到了较为广泛的应用。

第四代（1971至今），大规模集成电路计算机。这一代计算机逻辑元器件采用了大规模集成电路，软件更加丰富，数据库系统迅速普及并开始形成网络，操作系统的功能更加强大，图像识别、语音处理和多媒体技术都有很大发展。

计算机更新换代的显著特点是体积缩小，重量减轻，速度提高，成本降低，可靠性增强。

微型计算机是我们目前接触最多的计算机。正是由于微型计算机的发展与普及，才使计算机的应用范畴迅速拓展到人们社会活动的几乎所有领域，微型计算机系统升级换代的标志有两个：一个是微处理器，另一个是系统组成。

1.2 计算机的特点、分类和性能

随着计算机技术的发展，计算机的类型越来越多样化，计算机的性能也在不断增强，应用的领域越来越广泛。

1.2.1 计算机的特点

1. 自动进行实时控制和数据处理

人们把处理的对象和问题预先编好程序，并存储于计算机中，一旦开始执行，计算机能够安全、自动地进行实时控制和数据处理。

2. 计算精度高

在数据处理中，计算机采用二进制数存储与计算，其运算精度随着字长位数的增加而提高。目前，微机处理的字长位数已经达到 32 位或 64 位。

3. 存储数据容量大

计算机存储的数据量越大，可以记住的信息量也就越大。目前 PC 机的内存容量一般可以达到 1 GB～16 GB，硬盘（外存）的容量可以达到 120 GB～3 TB，可以将图书馆的所有书籍信息存储在计算机中，用户根据需要进行检索和查询。

4. 运算速度快

计算机的运算速度十分快，这是其他计算工具无法比拟的。目前，个人计算机（Personal Computer，PC）的速度已经达到了每秒数亿次，使复杂的科学计算问题得到了解决。

5. 可靠的逻辑判断能力

计算机不但可以进行算术运算，也可以对处理信息进行各种逻辑判断、逻辑推理和复杂的定理证明，保证计算机数据处理与控制的正确性。

6. 共享信息资源

计算机利用通信网络平台，进行网上通信、共享远程信息资源。

1.2.2 计算机的分类

根据计算机的性能及用途的不同，一般将其分为巨型计算机、大型和中型计算机、小型计算机、工作站和个人计算机等。

1. 巨型计算机

巨型计算机也称为超级计算机，这种计算机的结构复杂，功能最强，运算速度最快。主要用来承担重大的科学研究、国防尖端技术、大型计算课题及数据处理任务等。我国研制的"银河"和"曙光"等系统计算机是具有世界先进水平的巨型计算机。

2. 大型、中型计算机

从本质上讲，巨型计算机和大型、中型计算机没有根本的区别，其主要区别在于计算速度、存储容量和使用场合。大型、中型计算机具有 CPU 利用率高、多任务处理能力强和密集的 I/O（输入/输出）处理能力等特点，主要应用于大、中型企业以及金融、证券行业。

3. 小型计算机

小型计算机是一个处理能力比较强的系统，与大型计算机相比，其性能适中，价格相对较低，容易使用和管理，可以在系统终端上为多个用户执行任务。因此，小型计算机适合中、小型企业，科研部门和学校等单位使用。

4. 工作站

工作站介于个人计算机和小型计算机之间，运算速度比个人计算机快，具有较强的网络通信功能，主要应用于图像处理和计算机辅助设计等方面。

5. 个人计算机

个人计算机（PC）具有性能强，通用性好，软件丰富和价格便宜等特点，应用的领域越来越广泛，根据不同使用场合和使用目的，按结构和外形可以分为单片机、单板机、台式机和笔记本电脑。

工作站和个人计算机也称微型计算机（简称微机）。

1.2.3 计算机的主要性能

1. 字长

字长是指计算机运算部件直接能处理的二进制数据的位数。通常，计算机的字长决定了其通用寄存器、运算器的位数和数据总线的宽度。字长越长，计算机的处理能力就越强，运算精度越高，指令功能越强。所以，字长是评价计算机性能的一个非常重要的指标。微处理器的数据总线宽度一般与字长一致。微机的字长一般为字节（8 位）的整数倍。

2. 地址线

微处理器的寻址处理能力与其地址线的数量有关，地址线的数量决定了可以直接寻址的存储器空间范围，地址线多则寻址空间大。

3. 运算速度

运算速度是指计算机进行数值计算或信息处理的快慢程度。微型计算机的速度指标可以用主频及运算速度评价。

主频又称时钟频率，是指微处理器工作时钟的频率，它在很大程度上决定了微处理器的运行速度，是决定微型计算机速度的重要指标之一。主频以兆赫兹为单位（MHz）。主频越高，微型计算机的运行速度越快。运算速度单位为每秒百万条指令数（MIPS），这个指标比主频更能直观地反映微型计算机的速度。

一个运行速度快的系统，不仅要考虑处理器的时钟频率，还要考虑内存控制、磁盘驱动器以及图形加速器的性能。

4. 指令系统

指令系统是指一台微处理器所能执行的全部指令，由于指令是规定微型机进行某种操作的命令，因此，指令系统在很大程度上决定了微处理器的工作能力。

5. 存储器容量

微型计算机的处理能力不仅与字长和速度有关，而且在很大程度上还取决于存储系统的容量。存储系统主要包括主存和辅存（如磁盘、磁带）。存储容量以字节或字为单位。一个字节由 8 位二进制数组成。因为存储容量一般都很大，所以常用 KB（千字节）、MB（兆字节）、GB（吉字节）为单位，1 KB=1 024 B，1 MB=1 024 KB，1 GB=1 024 MB，1 TB=1 024 GB。

6. 兼容性

兼容是一个广泛的概念，这里主要指程序兼容。在前期微处理器上开发的程序在后期微处理器上仍然可以运行，称之为向上兼容。兼容可以使机器容易推广，对用户来说，又可以减少软件工作量。

7. 外设扩展能力

外设扩展能力主要指计算机系统配接各种外设的能力，一台计算机允许配接多少外部设备，对系统接口和软件研发都有影响。在微型计算机系统中，打印机、显示器和外存储器等，都是外设配置中需要考虑的问题。

8. 软件配置

计算机除了需要硬件的支持，软件的配置也很重要。软件的配置是否齐全，直接关系到计算机性能的高低，关系到计算机的应用效率。

1.3　计算机的应用领域

计算机的应用很广泛，很难逐一介绍。计算机的应用主要在科学计算、数据处理、实时控制、计算机辅助设计、通信和文字处理、信息网络化和人工智能等方面。

1. 科学计算

科学计算是计算机应用的一个十分重要的领域，首先是为了快速解决科学技术和工程设计中存在的大量的数学计算问题。例如，卫星发射中轨道的计算、发射参数的计算、空气动力学计算等，都需要高速计算机进行快速而精确的计算才能完成。

2. 数据处理

数据处理已成为计算机应用的一个重要领域，利用数据库系统软件实现工资管理、人事档案管理和工厂管理等，利用计算机网络技术联网实现信息资源共享，提高工作效率和工作质量。

3. 实时控制

实时控制是计算机在过程控制方面的重要应用。实时是指计算机的运算、控制时间与被控制过程的真实时间相适应。通过计算机对工业生产的实时控制，实现工业生产全自动化。

4. 计算机辅助设计

计算机辅助设计是计算机的一个重要应用领域。为了提高设计质量，缩短设计周期，提高设计自动化水平，人们借助于计算机进行设计，称为计算机辅助设计（Computer Aided Design，CAD）。目前，在船舶设计、飞机设计、汽车设计和建筑工程设计等行业中，均已使用计算机辅助设计系统。

5. 通信和文字处理

计算机在通信和文字处理方面的应用已经越来越显示出巨大的潜力。依靠计算机网络存储和传送信息，将多台计算机、通信工作站和终端组成网络，实现信息交换、信息共享、文字处理、语言和影像输入/输出等已广泛地应用于办公自动化、电子邮政和计算机出版等行业中。

6. 信息网络化

目前，PC 机已被普遍使用。利用通信卫星群和光导纤维网实现计算机网络化和信息双向交流，应用多媒体技术普及计算机的使用。

7. 人工智能

人工智能是用计算机软、硬件系统模拟人的某些智能行为，如感应、判断、推理和学习等。人工智能是在计算机科学、仿生学和心理学等基础上发展的边缘学科，它是计算机应用的一个崭新领域，如专家系统、机器人、模式（声、图、文）识别和推理证明等。

1.4 计算机中数的表示和运算

计算机中使用的数据一般可以分为两大类：数值数据和字符数据。数值数据常用于表示数的大小与正负；字符数据则用于表示非数值的信息，例如英文、汉字、图形和语音等数据。数据在计算机中是以器件的物理状态（开、关状态）来表示的，因此，各种数据在计算机中都是用二进制编码的形式来表示。

1.4.1 进位记数制

按进位的原则进行计数的方法，称为进位记数制。

例如：在十进制中，是根据"逢十进一"的原则进行计数的。

一个十进制数，它的数值是由数码 0、1、…、8、9 来表示的。数码所处的位置不同，代表数的大小也不同。从右面起的第一位是个位，第二位是十位，第三位是百位，第四位是千位……个、十、百、千等，在数学上叫做"位权"或"权"。每一位上的数码与该位"位权"的乘积表示了该位数值的大小。另外，十进制中的 10 被称为基数。基数为 10 的进位记数制按"逢十进一"的原则进行计数。"位权"和"基数"是进位记数制中的两个要素。

在微机中，常用的是十进制、二进制和十六进制，它们之间的对应关系如表 1.1 所示。

表 1.1 十进制、二进制、十六进制的关系

十 进 制	二 进 制	十 六 进 制
00	0000	0
01	0001	1
02	0010	2
03	0011	3
04	0100	4
05	0101	5
06	0110	6
07	0111	7
08	1000	8
09	1001	9
10	1010	A

十　进　制	二　进　制	十　六　进　制
11	1011	B
12	1100	C
13	1101	D
14	1110	E
15	1111	F

1．十进制数

在十进制中，563.62 可以表示为

$$(563.62)_{10}=5\times10^2+6\times10^1+3\times10^0+6\times10^{-1}+2\times10^{-2}$$

2．二进制数

二进制的基数是 2，即"逢二进一"，它使用 0 和 1 两个数码，利用 0 和 1 可以表示开关的通、断状态。其表示方法为

$$(10111.101)_2=1\times2^4+0\times2^3+1\times2^2+1\times2^1+1\times2^0+1\times2^{-1}+0\times2^{-2}+1\times2^{-3}$$

3．十六进制数

十六进制数由 0～9 和 A～F 等数码组成，其中 A～F 分别代表 10～15，其基数为 16，即"逢十六进一"。其表示方法为

$$(2AC7.1F)_{16}=2\times16^3+10\times16^2+12\times16^1+7\times16^0+1\times16^{-1}+15\times16^{-2}$$

1.4.2　不同进制数之间的转换

1．十进制数与二进制数之间的转换

（1）十进制整数转换成二进制整数

十进制整数转换成二进制整数，通常采用"除 2 取余法"。所谓除 2 取余法，就是将已知的十进制数反复除以 2，若每次相除之后余数为 1，则对应于二进制数的相应位为 1；余数为 0，则相应位为 0。第一次除法得到的余数是二进制数的低位，最后一次余数是二进制数的高位。从低位到高位逐次进行，直到商为 0。最后一次除法所得的余数为 K_{n-1}，则 $K_{n-1}K_{n-2}\cdots K_1\ K_0$ 即为所求的二进制数。

例如：将 $(215)_{10}$ 转换成二进制整数，转换过程为

```
2 ⌐ 215
   2 ⌐ 107 ··············································· 余数为 1
      2 ⌐ 53              余数为 1
         2 ⌐ 26 ··············································· 余数为 1
            2 ⌐ 13              余数为 0
               2 ⌐ 6 ··············································· 余数为 1
                  2 ⌐ 3              余数为 0
                     2 ⌐ 1 ··············································· 余数为 1
                        0              余数为 1
```

所以$(215)_{10}=(K_7K_6K_5K_4K_3K_2K_1K_0)_2=(11010111)_2$

（2）十进制纯小数转换成二进制纯小数

十进制纯小数转换成二进制小数，通常采用"乘 2 取整法"。所谓乘 2 取整法，就是将已知十进制纯小数反复乘以 2，每次乘 2 之后，若所得新的整数部分为 1，相应位为 1；整数部分为 0，则相应位为 0。从高位向低位逐次进行，直到满足精度要求或乘 2 后的小数部分为 0。最后一次乘 2 所得的整数部分为 K_{-m}。转换后，所得的纯二进制小数为 $K_{-1}K_{-2}\cdots K_{-m}$。

例如：将$(0.6531)_{10}$转换成纯二进制小数，转换过程为

$$
\begin{array}{r}
0.6531 \\
\times)\qquad 2 \\
\hline
0.3062 \\
\times)\qquad 2 \\
\hline
0.6124 \\
\times)\qquad 2 \\
\hline
0.2248 \\
\times)\qquad 2 \\
\hline
0.4496 \\
\times)\qquad 2 \\
\hline
0.8992 \\
\times)\qquad 2 \\
\hline
0.7984
\end{array}
$$

$\cdots\cdots\cdots$ 整数部分=1，K_{-1}

$\cdots\cdots\cdots$ 整数部分=0，K_{-2}

$\cdots\cdots\cdots$ 整数部分=1，K_{-3}

$\cdots\cdots\cdots$ 整数部分=0，K_{-4}

$\cdots\cdots\cdots$ 整数部分=0，K_{-5}

$\cdots\cdots\cdots$ 整数部分=1，K_{-6}

如只取 6 位小数就能满足精度要求，则得到

$$(0.6531)_{10}=(0.K_{-1}K_{-2}\cdots\cdots K_{-m})_2$$
$$\approx(0.K_{-1}K_{-2}K_{-3}K_{-4}K_{-5}K_{-6})$$
$$=(0.101001)_2$$

可见，十进制纯小数不一定能转换成完全等值的二进制纯小数。遇到这种情况时，根据精度要求，取近似值。

所以$(215.6531)_{10}\approx(11010111.101001)_2$

（3）二进制数转换成十进制数

二进制数转换为十进制数的方法是采用"位权表示法"，将二进制数写成按位权展开的多项式之和，再按十进制运算规则求和，即可得到对应的十进制数。

例如：将$(11001.1001)_2$转换成十进制数，转换过程为

$$(11001.1001)_2=1\times2^4+1\times2^3+0\times2^2+0\times2^1+1\times2^0+1\times2^{-1}+0\times2^{-2}+0\times2^{-3}+1\times2^{-4}$$
$$=16+8+1+0.5+0.0625$$
$$=(25.5625)_{10}$$

所以$(11001.1001)_2=(25.5625)_{10}$

2. 二进制数与十六进制数之间的转换

（1）二进制数转换成十六进制数

对于二进制整数，只要自右向左将每 4 位二进制数分为一组，不足 4 位时，在左面添 0，

补足 4 位；对于二进制小数，只要自左向右将每 4 位二进制数分为一组，不足 4 位时，在右面添 0，补足 4 位；然后将每组数用相应的十六进制数代替，即可完成转换。

例如：将 $(101101101.0100101)_2$ 转换成十六进制数，转换过程为

$$(0001\ 0110\ 1101\ .\ 0100\ 1010)_2$$

$$(1\qquad 6\qquad D\ .\ 4\qquad A)_{16}$$

所以 $(101101101.0100101)_2 = (16D.4A)_{16}$

（2）十六进制数转换成二进制数

将十六进制数转换成二进制数，只要将每一位十六进制数用 4 位相应的二进制数表示即可完成转换。

例如：将 $(1863.5B)_{16}$ 转换成二进制数，转换过程为

$$(1\qquad 8\qquad 6\qquad 3\ .\ 5\qquad B)_{16}$$

$$(0001\quad 1000\quad 0110\quad 0011\ .\ 0101\quad 1011)_2$$

所以 $(1863.5B)_{16} = (1100001100011.01011011)_2$

1.4.3   带符号数的表示及运算

在实际应用中数字有正有负，那么，在计算机中数该如何表示呢？计算机中所能表示的数或其他信息都是数字化的，即用数字 0 或 1 表示数的正负号，一个数的最高位为符号位，若该位为 0，则表示正数；若该位为 1，则表示负数。

例如：用 8 位二进制数表示 +20 和 −20。

    +20   00010100
    −20   10010100

其中第一位为符号位。这种在计算机中使用的，连同符号一起数字化了的数，被称为机器数。而真正表示数值大小的部分，并按一般书写规则表示的原值被称为真值。即

    真值   机器数
    +0010100   00010100
    −0010100   10010100

也就是说，在机器数中用 0 和 1 取代了真值中的正负号。

计算机中对带符号数的表示方法有原码、反码和补码 3 种，下面将分别介绍。

1. **原码**

如上所述，正数的符号位用 0 表示，负数的符号位用 1 表示。这种表示法被称为原码。

例如

    $X=105$ $[X]_原 = 0$ 1101001
    $X=-105$ $[X]_原 = 1$ 1101001

                       符号位 数值

在原码表示时，+105 和 −105 它们的数值位相同，而符号位不同。

2. 反码

正数的反码与其原码形式相同，负数的反码是将其原码符号位除外，其他各位逐位取反。例如：

$X=+4$ $[X]_反=0\ 0000100$

$X=-4$ $[X]_反=1\ 1111011$

3. 补码

补码表示，是为了方便加减运算，即把减法变为加法，这在计算机中特别实用。

补码规则为：正数的补码与其原码形式相同，负数的补码是将其原码除符号位以外逐位取反，最后在末位加 1。

例如：

$X=+8$ $[X]_原=0\ 0001000$

                  $[X]_补=0\ 0001000$

$X=-8$ $[X]_原=1\ 0001000$

                  $[X]_反=1\ 1110111$

                  $[X]_补=1\ 1111000$

例如：补码运算。

已知：$X=44$，$Y=-57$，求 $X+Y=?$

$[X+Y]_补=[X]_补+[Y]_补$

$[X]_补=00101100$

$[Y]_补=11000111$

$[X+Y]_补=[X]_补+[Y]_补=11110011$

$X+Y=-0001101=(-13)_{10}$(真值表示)

1.4.4 二进制编码

在计算机中，数是用二进制表示的。除了数以外，计算机也应该能够识别和处理各种字符，如大小写英文字母、标点符号等。这些字符应如何表示呢？由于计算机中的基本物理器件是具有两种状态的器件，所以各种字符只能用若干位二进制码的组合来表示，这就是二进制编码。

1. 二进制编码的十进制数

因为二进制数实现容易、可靠，运算规律简单，所以在计算机中采用二进制。但是二进制数不直观，因此在计算机的输入和输出时通常还是采用十进制数表示。不过，这样的十进制数要用二进制编码来表示。

二-十进制编码（BCD 码），每一位十进制数用 4 位二进制数来表示。在表示时，从左至右每位的权分别是 8、4、2、1。表 1.2 列出一部分编码关系。

例如：将 4978 用 BCD 码可以表示为

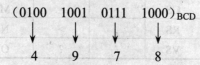

表 1.2　BCD 编码表

十 进 制 数	BCD 码	十 进 制 数	BCD 码
0	0000	8	1000
1	0001	9	1001
2	0010	10	0001 0000
3	0011	11	0001 0001
4	0100	12	0001 0010
5	0101	13	0001 0011
6	0110	14	0001 0100
7	0111	15	0001 0101

2．字符、文字的编码

由于计算机内部存储、传送及处理的信息只有二进制信息，因此，字符型信息、数字、字母、符号和汉字在计算机中都用二进制数码表示。常用的几种数据编码如下。

（1）ASCII 编码

ASCII 码是美国标准信息交换代码，它是国际标准化组织（ISO）认定的国际标准。

标准的 ASCII 码用一个字节的低 7 位（最高位为 0）来表示 128 个不同符号。其中，可输入、显示或打印的有 95 个字符，另外 33 个编码是控制字符，它们不能显示。例如：数字字符 0~9 的 ASCII 码是 30H~39H（H 表示十六进制数），大写英文字母 A~Z 和小写英文字母 a~z 的 ASCII 码也是连续的，分别为 41H~5AH 和 61H~7AH。ASCII 码见表 1.3 所示。

表 1.3　ASCII 编码

LSD ＼ MSD		0	1	2	3	4	5	6	7
		000	001	010	011	100	101	110	111
0	0000	NUL	DEL	SP	0	@	P	、	p
1	0001	SOH	DC1	!	1	A	Q	a	q
2	0010	STX	DC2	"	2	B	R	b	r
3	0011	ETX	DC3	#	3	C	S	c	s
4	0100	EOT	DC4	$	4	D	T	d	t
5	0101	ENG	NAK	%	5	E	U	e	u
6	0110	ACK	SYN	&	6	F	V	f	v
7	0111	BEL	ETB	'	7	G	W	g	w
8	1000	BS	CAN	(	8	H	X	h	x
9	1001	HT	EM	)	9	I	Y	i	y
A	1010	LF	SUB	*	:	J	Z	j	z
B	1011	VT	ESC	+	;	K	[	k	{
C	1100	FF	FS	,	<	L	\	l		
D	1101	CR	GS	−	=	M	]	m	}
E	1110	SO	RS	.	>	N	↑	n	~
F	1111	SI	VS	/	?	O	←	o	DEL

（2）汉字编码

计算机处理汉字时同样要将其转化为二进制编码，这就需要对汉字进行编码。由于汉字是象形文字，其形状和笔画多少差异极大，而且汉字数量较多，不能由西文键盘直接输入，所以必须用编码转换后存放到计算机中再进行处理操作。在一个汉字处理系统中，需要解决汉字输入、输出及计算机内部的编码问题。

根据计算机在处理汉字过程中的不同要求，汉字编码一般分为输入码、交换码、机内码和字形输出码。汉字信息处理流程如图 1.1 所示。

$$\boxed{\text{汉字输入码}} \rightarrow \boxed{\text{国标码}} \rightarrow \boxed{\text{机内码}} \rightarrow \boxed{\text{字形码}} \rightarrow \boxed{\text{汉字输出码}}$$

图 1.1　汉字信息处理流程

1.4.5　位、字节和字的基本概念

在计算机中，表示数据的基本单位有位、字节和字。

1. 位

计算机存储信息的最小单位是"位"，是指二进制数中的一个数位，一般称之为位（bitb，也称比特），其值为"0"或"1"。

2. 字节

计算机中经常使用字节（Byte，B）作为计量单位，一个字节由 8 位二进制数组成，其最小值为$(00000000)_2=0$，最大值为$(11111111)_2=255$。一个字节对应计算机的一个存储单元。

3. 字

计算机进行信息处理、加工和传送的数据长度称为一个字（word）。一个字由一个字节或若干个字节组成。

1.5　计算机运算基础

计算机的运算有两种：算术运算和逻辑运算。

1.5.1　算术运算基础

算术的基本运算有 4 种：加、减、乘和除。

1. 二进制加法

二进制加法的运算规则为

　　　0+0=0

　　　0+1=1+0=1

　　　1+1=0　　进位 1

例如：1 1 0 1+1 0 1 1=1 1 0 0 0

$$\begin{array}{r} 1101 \\ +\ 1011 \\ \hline 11000 \end{array}$$

2. 二进制减法

二进制减法的运算规则为

$$0-0=0$$
$$1-1=0$$
$$1-0=1$$
$$0-1=1 \quad 有借位$$

例如：1101-0111=0110

```
      1101
  -   0111
      0110
```

3. 二进制乘法

二进制乘法的运算规则为

$$0×0=0$$
$$0×1=0$$
$$1×0=0$$
$$1×1=1$$

例如：1101×110=1001110

```
        1101
  ×      110
        0000
       1101
      1101
    1001110
```

4. 二进制除法

二进制除法的运算规则为

$$0÷0=0 \quad 无意义$$
$$0÷1=0$$
$$1÷0=0 \quad 无意义$$
$$1÷1=1$$

例如：11011÷101=101 余 10

```
         101
  101 )11011
         101
         111
         101
          10
```

1.5.2　逻辑运算基础

布尔代数主要研究如何对事物内部的逻辑关系进行表达和运算。逻辑数据只有两个值，"真"和"假"。

1. **与运算（$Y = A \wedge B$）**

"与"运算也称为逻辑乘法运算，通常用符号"$\wedge$"或"$\times$"表示。其运算规则为：

$$0 \wedge 0 = 0$$
$$0 \wedge 1 = 0$$
$$1 \wedge 0 = 0$$
$$1 \wedge 1 = 1$$

即参与运算的两位二进制数中只要有一位为 0，则其结果为 0，仅当两位均为 1 时，结果才为 1，相当于按位相乘。

例如：设 A=11001010，B=00001111，则 $Y = A \wedge B$，运算过程为

```
      11001010
 ∧    00001111
      00001010
```

所以 $Y = A \wedge B$ = 00001010

2. **或运算（$Y = A \vee B$）**

"或"运算也称为逻辑加法运算，通常用符号"$+$"或"$\vee$"表示。其运算规则为

$$0 \vee 0 = 0$$
$$0 \vee 1 = 1$$
$$1 \vee 0 = 1$$
$$1 \vee 1 = 1$$

即参与运算的两位二进制数中只要有一位为 1，则其结果为 1，仅当两位均为 0 时，结果才为 0。

例如：设 A=10101，B=11011，则 $Y = A \vee B$，运算过程为

```
      10101
 ∨    11011
      11111
```

所以 $Y = A \vee B$ = 11111

3. **反运算（$Y = \overline{A}$）**

"反"运算也称为非运算或逻辑否定。通常运算符为在逻辑量上面加一横线（–）。其运算规则为

$$\overline{0} = 1$$
$$\overline{1} = 0$$

即 1 的非为 0，0 的非为 1。

例如：设 A=1101000，则 $Y = \overline{A}$，运算结果为

$$Y = \overline{A} = 0010111$$

4. **异或运算（$Y = A \oplus B$）**

"异或"运算通常用符号"$\oplus$"表示。其运算规则为

$$0 \oplus 0 = 0$$
$$1 \oplus 1 = 0$$
$$0 \oplus 1 = 1$$
$$1 \oplus 0 = 1$$

即参与运算的两位二进制数相同时，则其结果为 0，不相同时，结果为 1。

例如：设 $A=1010$，$B=1101$，则 $Y=A \oplus B$，运算过程为

$$
\begin{array}{r}
1010 \\
\oplus\ 1101 \\
\hline
0111
\end{array}
$$

所以 $Y=A \oplus B=0111$

1.6　计算机的一般工作过程

计算机要在硬件和软件的相互配合下才能工作。计算机为了完成某种任务，总是将任务分解成一系列的基本动作，然后再逐一地去完成每一个基本动作。当这一任务所有的基本动作都完成时，整个任务也就完成了，这是计算机工作的基本思路。

计算机进行简单的算术运算或逻辑运算，或从存储器中取数、将数据存放于存储器，或由接口取数或向接口送数，这些都是一些基本动作，也称为计算机的操作。

1.6.1　计算机指令和指令系统

指令是能被计算机直接识别并执行的二进制代码，每条指令可以完成一个独立的计算机操作，计算机在执行操作之前必须能从一条指令中得到做什么操作和对什么数据进行操作的信息。通常一条指令由两部分构成：

操作码	操作数

（1）操作码：指明该指令用来指示计算机应该执行什么性质的操作，如：加、减、乘、除、传送、移位和比较等。每一条指令都有一个含义确定的操作码，不同指令的操作码用不同编码表示。操作码的编码位数决定了一个机器操作指令的条数。若操作码的二进制编码数为 n，则指令条数为 2^n 个。

（2）操作数：是用来指出操作的对象。操作数字段的内容可以是操作数本身，也可以是操作数的地址。

一台计算机所能执行的全部指令的集合，称为计算机的指令系统。不同类型的计算机指令系统的指令条数有所不同。但无论是哪种类型的计算机，指令系统都应具有以下功能指令：

① 数据传送指令。
② 算术、逻辑运算指令。
③ 程序控制指令（无条件转移指令、条件转移指令、转子与返回指令等）。
④ 输入、输出指令。
⑤ 其他指令（串操作指令、处理器控制等指令）。

每种类型的计算机构成一套指令系统，指令系统的功能是否强大、指令类型是否丰富，决定了计算机的处理能力。指令的不同组合方式，可以构成完成不同任务的程序。

1.6.2　计算机的工作过程

为了完成某种任务，就需要把任务分解成若干个基本操作，先明确完成任务的基本操作的先后顺序，再用计算机可以识别的指令来编排完成任务的操作顺序。计算机按照事先编好的操

作步骤，每一步操作都由特定的指令来指定，一步一步地进行工作，从而达到预期的目的，这种完成某种任务的一组指令就称为程序。

下面通过一个简单程序的执行过程，对微型计算机的工作过程做简要介绍。随着本书的讲述，读者将对计算机的工作原理逐步得到深入理解。

例如：用计算机求解"7+10=？"这样一个极为简单的问题必须使用指令告诉计算机该做的每一个步骤，即先做什么，后做什么。具体步骤如下：

第一步：采用助记符、操作数组成指令，根据题意编写程序。

　　　　　　程序　　　　　　　　　　　　说明
第一条指令　MOV　AL，7　　；操作数 07H 传送给累加器 AL

第二条指令　ADD　AL，10　；累加器 AL 中的内容 07H 和操作数 0AH 相加的和存入
　　　　　　　　　　　　　　；累加器 AL 中
第三条指令　HLT　　　　　　；停机

由于计算机只能识别并执行二进制代码，无法识别助记符形成的指令，必须将每条助记符形式的指令用二进制代码表示。

第一条指令　10110000　（MOV　AL，n）　　操作码
　　　　　　00000111　（n=7）　　　　　　操作数
第二条指令　00000100　（ADD　AL，n）　　操作码
　　　　　　00001010　（n=10）　　　　　操作数
第三条指令　11110100　（HLT）　　　　　　操作码

第二步：将程序的指令代码（总共 3 条指令、5 个字节）存放在存储单元内。如表 1.4 所示，需要占用 5 个存储单元。

表 1.4　指令代码在存储器的位置

地　址	存储器内容	说　明
00H	10110000	MOV　AL，n
01H	00000111	n=7
02H	00000100	ADD　AL，n
03H	00001010	n=10
04H	11110100	HLT

第三步：计算机执行程序。执行过程如下：

（1）取指令。计算机按照存储程序的起始地址（00H），从内存储器中取出指令操作码（第一条指令）B0H。

（2）分析指令。对从存储器取出第一条指令的操作码 B0H 进行分析，确定操作码 B0H 的含义。

（3）执行指令。经过分析，把操作码 B0H 转换成相应的一系列控制信号，完成此指令功能，把存储器第二个地址单元 01H 中的内容操作数 07H，传送给累加器 AL 中。

（4）一条指令执行完成，程序执行的指针指到下一条指令，然后取第二条指令，指令操作过程同上，但指令不同操作控制也不一样。执行第二条指令功能是，将 AL 中的内容 07H 加上

第二条指令的操作数 0AH，相加后的和存入累加器 AL 中。以此类推，计算机就是这样按照事先编排的指令顺序，依次执行指令，直到程序指令执行结束（停机）。

1.7　计算机系统的基本组成

一个完整的计算机系统由硬件系统和软件系统组成，如图 1.2 所示。硬件系统是计算机系统得以运行的物理基础，为各种软件系统提供运行平台。软件系统是计算机系统的"灵魂"，包括指挥、控制计算机各部分协调工作并完成各种功能的程序和数据。

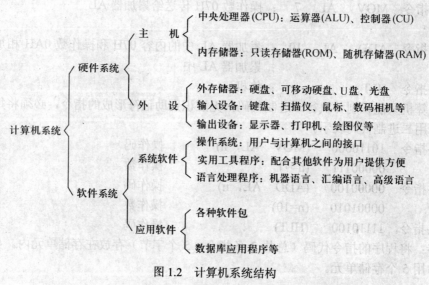

图 1.2　计算机系统结构

1.8　计算机硬件系统

硬件系统是由主机和外部设备构成，它是能看得见、摸得着的物理实体，计算机主要是由运算器、控制器、存储器、输入设备和输出设备五大部件组成。如图 1.3 所示。

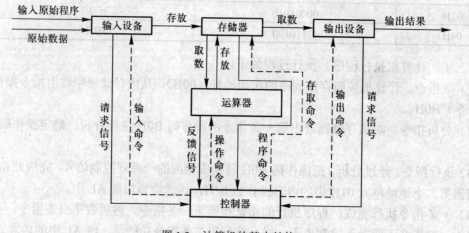

图 1.3　计算机的基本结构

1.8.1 微处理器

在微型计算机中，运算器和控制器统称为中央处理器（Central Processing Unit，CPU）。运算器和控制器制作在同一块半导体芯片上，如图 1.4 所示。

1. 运算器

运算器是对二进制信息或数据进行加工和处理的部件，运算器的主要功能是进行算术运算和逻辑运算。运算器通常称为算术逻辑部件（Arithmetic and Logic Unit，ALU）。计算机中的算术运算是指加、减、乘和除等基本运算；逻辑运算是指"与"、"或"、"非"和"异或"等运算。

图 1.4 中央处理器（CPU）

2. 控制器

控制器是计算机系统的重要部件，它是计算机的控制枢纽和指挥中心，对计算机发出各种控制指令，控制各个部件协同工作，只有在它的控制下计算机才能有条不紊地工作，自动执行程序。

CPU 是计算机系统的核心，它的主要功能是按照程序给出的指令序列来分析指令、执行指令，完成对数据的加工处理。计算机所发生的全部动作都受 CPU 的管理和控制，CPU 决定了计算机的性能和速度。几十年来，计算机技术飞速发展，CPU 性能越来越强，速度越来越快，器件的集成度越来越高。Intel 公司最开始推出的奔腾系列微型处理器都是单核的，后来又推出了双核、三核、四核、甚至六核的多核处理器。所谓多核处理器是基于单个半导体的一个处理器上拥有多个一样功能的处理器核心。换句话说，是将多个物理处理器核心整合入一个核中。关于多核处理器，从全球范围来看，随着操作系统及应用软件对多核处理器的进一步支持及优化，以 Intel 和 AMD 公司为代表推出的处理器多核技术，将推动处理器多核化技术进一步发展，无论是移动与嵌入式应用、桌面应用还是服务器应用，都将采用多核的架构，多核处理器是处理器发展的必然趋势。

目前，Intel 公司推出的产品有：酷睿 2E8600 双核 CPU、主频 3.33 GHz，酷睿 i7-965Extreme 四核 CPU、主频 3.2 GHz；AMD 公司推出的产品有：AMD 双核速龙 64X26000、主频 3.1 GHz；AMD Phenom9600 四核 CPU、主频 2.3 GHz。

1.8.2 存储器

存储器是计算机系统中存储程序和数据的装置。它的基本功能是存储二进制形式的各种信息，按用途可以分为主存储器和辅助存储器，主存储器又称为内部存储器（简称内存），辅助存储器又称为外存储器（简称外存）。内存位于系统主机板上，可以与 CPU 直接进行信息交换，其主要特点是：运行速度快，容量较小。外存与 CPU 之间不能直接进行信息交换，其主要特点是：存取速度相对内存要慢得多，但存储容量大。

1. 内存

内存主要由只读存储器（Read Only Memory，ROM）和随机存储器（Random Access Memory，RAM）构成。

（1）只读存储器

ROM 是一种内容只能读出而不能修改的存储器，其存储的信息在制造该存储器时就已经被写入。存储的信息永久性地保存在 ROM 中，计算机断电后，ROM 中的信息不会丢失。ROM 具有 4 种类型：

① 掩膜 ROM，永久性存储信息。信息由厂家写入并经固化处理，如图 1.5 所示。

② 可编程只读存储器（Programmable ROM，PROM），PROM 一次写入数据后，信息将永久性保存。

图 1.5　掩膜 ROM

③ 可擦可编程只读存储器（Erasable Programmable ROM，EPROM），可以使用紫外线照射抹去所存的数据，再写入新的信息。

④ 电可擦可编程只读存储器（Electrically Erasable Programmable ROM，EEPROM），可以采用电擦除的方法多次抹去、重写其中的数据。

只读存储器一般存放计算机系统管理程序，如计算机系统中的 ROM BIOS。

（2）随机存储器

RAM 也称为可读可写存储器，关掉电源后，保存在 RAM 中的信息将全部丢失。RAM 一般有两类：

① 静态随机存储器（Static RAM，SRAM）。SRAM 运行速度快，CPU 内部的一级缓存 L1 Cache、二级缓存 L2 Cache 一般采用这种存储器。SRAM 造价高，存储容量小。

② 动态随机存储器（Dynamic RAM，DRAM）。DRAM 用于计算机系统内存，一般作为的内存，如图 1.6 所示。目前微机内存容量一般配置为 1 GB～4 GB。

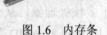

图 1.6　内存条

DRAM 比 SRAM 工作速度慢，但比 SRAM 造价低，存储容量大。

2. 外存

由于内存的容量有限，不可能容纳所有的软件和数据，因此，计算机系统都要配置外存储器。外存储器中存放着计算机系统几乎所有的信息，其中的信息要被送入内存后才能使用，即计算机通过内、外存之间信息交换来使用外存中的信息。常用的外存有磁盘存储器、光盘存储器、可移动硬盘以及 U 盘等。

（1）硬盘

硬盘是由若干个硬盘片组成的盘片组，一般被固定在主机箱内。硬盘以其容量大，存取速度快而成为计算机的外存设备。一般的计算机可以配备不同数量的硬盘。目前微机上所配置的硬盘容量主要有 160 GB、250 GB、320 GB、500 GB 等，硬盘的转速主要有 5 400 rpm、7 200 rpm。硬盘的外观和结构如图 1.7 所示。

（2）光盘

光盘（如图 1.8 所示）主要利用激光原理存储和读取信息。光盘一般分为 3 类：只读光盘、一次性写入光盘和可擦写光盘。

① 只读光盘（CD-ROM）：光盘的生产厂家根据用户要求将信息写入到光盘上，用户只能将信息读出，不能更改，这种光盘数据存储量一般为 650 MB～700 MB 左右，如果 CD-ROM 驱动器的数据传输率是 150 KBps，则称这种速率为 1 倍速，记为"1X"，如果数据传输率为 300 KBps

的，则称为 2 倍速光驱，记为 "2X"。目前，CD-ROM 驱动器的最大数据传输率为 56X。

图 1.7 硬盘

图 1.8 光盘

② 一次性写入光盘（CD-R）：光盘信息可以由用户一次写入，不能改写。这种光盘信息可以多次读出。

③ 可擦写光盘（CD-RW）：这种光盘可以反复读写。

（3）可移动外存储器（USB 接口的存储设备）

可移动外存储器存储有容量大、速度快、不易损坏、存放数据可靠性高等特点，因此目前被广泛地使用。

① U 盘：U 盘是一种可以读写非易失的半导体存储器，通过 USB 接口与主机相连。U 盘可读写信息、传送文件，其可擦写次数在 100 万次以上，存储容量通常为 1 GB～32 GB 之间，不需要外接电源，即插即用。它体积小、容量大、存取快捷、存储数据可靠并且携带方便，如图 1.9 所示。

② 可移动硬盘：可移动硬盘采用计算机外设标准接口（USB/IEEE1394）与主机相连，是一种便携式的大容量存储系统。它容量大、速度快、兼容性好、即插即用，十分方便，目前市面的可移动硬盘容量一般在 120 GB～320 GB。如图 1.10 所示。

图 1.9 U 盘

图 1.10 可移动硬盘

3. 存储器层次结构

存储器层次结构如图 1.11 所示。大致划分为 4 个层次：第 4 层 CPU 中的寄存器，容量一般很小，可以看作 CPU 内部的存储器；第 3 层是高速缓冲存储器（Cache）；第 2 层是主存储器（内存）；第 1 层是外存储器。在存储器层次结构中，寄存器、Cache 和主存储器位于主机内部，CPU 可以直接访问，外存储器是用来永久保存程序和数据的装置，外存的信息只有调入内存才能供 CPU 使用。从存储器层次结构中可以看到：

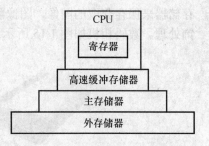

图 1.11 微机存储器层次结构图

层次越高，访问速度越快；层次越低，存储容量越大，每个存储位的开销越小。

1.8.3　输入设备

输入设备将信息用各种方法输入到计算机中，将原始信息转化为计算机能接受的二进制码，并将它们送入内存，以便计算机进行处理。常用的输入设备有：键盘、鼠标、触摸屏、扫描仪和数码相机等。

1．键盘

键盘是计算机最基本的输入设备，如图 1.12 所示。键盘通过将按键的位置信息转换为对应的数字编码送入计算机主机。用户通过键盘键入指令才能实现对计算机的控制。目前微机配置的标准键盘有 104 或 107 个按键。它包括数字键、字母键、符号键、控制键和功能键等。

图 1.12　键盘

2．鼠标

鼠标是一种常用的输入设备，如图 1.13 所示。它与显示器相配合，可以方便、准确地移动显示器的光标，并通过单（双）击来完成计算机的各项操作。

目前常用的鼠标主要有机械式和光电式两种。机械式鼠标底部有一个金属或橡胶的金属球，在光滑的平面上移动鼠标时，球体的转动可以使鼠标内部电子器件测出位移的方向和距离，通过连接线将信息传输给计算机。光电鼠标是利用光的反射来确定鼠标箭头的移动，它采用了数字光电技术——光眼的装置。光电鼠标内部有红外线发射和接收装置，能够实现精准、快速的定位和指令传输。随着IT 业的发展，鼠标也不仅仅局限在老式的有线鼠标，多功能无线鼠标也已广泛应用。

图 1.13　鼠标

3．触摸屏

触摸屏是一种新型的输入设备，是最简单、方便、自然的人机交互方式。用户只要用手指轻轻地碰触摸屏上的图符或文字，就能实现对主机的操作，摆脱了键盘和鼠标，使人机交互变得更为便捷。触摸屏的应用非常广泛，如银行、电信、电力业务查询、旅游、房地产预售的业务查询和城市街道的信息查询等。

4．扫描仪

扫描仪是一种光、机、电一体化的高科技产品，也是应用比较广泛的输入设备，如图 1.14 所示，它主要用于将图像、文字等各种信息输入到计算机中。

5．数码相机

数码相机能够通过内部处理把拍摄到的景物转换成数字格式存放在相机中，它使用半导体存储器来保存获取的图像，图像可以传输到计算机中，利用计算机的图形图像处理功能进行修饰处理。数码相机如图 1.15 所示。

图 1.14　扫描仪　　　　　　　　　图 1.15　数码相机

1.8.4 输出设备

输出设备是指将计算机处理后的结果以人们便于识别的形式（如数字、字符、图像、声音等）输出显示、打印或播放出来。

1. 显示器

显示器是计算机的基本输出设备，它用于显示交互信息，查看文本和图形图像，显示数据命令与接收反馈信息。显示器上设有控制按钮，用来调节显示器的亮度和对比度，以及屏幕的大小、位置。显示器与显示适配器（显示卡）组成了显示系统，显示卡是插在主板上的扩展卡，把信息从计算机中取出并显示到显示器上。显示系统决定了图像输出的质量。显示器种类较多，常用的有阴极射线管显示器（CRT）、液晶显示器（LCD）和发光二极管显示器（LED）等。目前常用的屏幕尺寸有 17 英寸、19 英寸和 20 英寸。CRT 显示器、LCD 显示器如图 1.16 所示。

阴极射线管显示器（CRT）　　　　液晶显示器（LCD）

图 1.16　显示器

显示器的主要性能参数如下。

（1）分辨率

分辨率就是构成图像的像素量。像素是指在屏幕上的单个点，而分辨率是水平和垂直方向的像素个数。显示器常见的分辨率有 1 024×768、1 280×1 024 和 1 600×1 200 等几种。例如，1 024×768 像素的分辨率是指水平方向共有 1 024 个点，垂直方向有 768 个点。显示器像素点越多，分辨率越高，图像就越清晰。

（2）点距

点距是指显示器上两像素点之间的距离，点距越小，图像清晰度越高，同时成本也越高。目前显示的点距有 0.31 mm、0.28 mm 和 0.21 mm 等。

（3）刷新率

刷新率是指屏幕刷新的速度。用"更新画面次数/秒"表示，单位是赫兹（Hz），例如 75 Hz 表示一秒钟更新整个画面 75 次。刷新频率越低，图像闪烁和抖动得就越厉害，眼睛疲劳就越快。采用 70 Hz 以上的刷新频率才能基本消除闪烁。

LCD 与 CRT 相比，具有工作电压低、低能耗、低辐射、无闪烁、体积小、厚度薄、重量轻等优点，目前在广泛应用。

2. 打印机

打印机是计算机最常用的输出设备。它可以把计算机处理的结果在纸上打印出来。它与主机之间的数据传送方式可以是并行的，也可以是串行的。目前打印机采用并行接口和串行接口两种方式连接主机。常用的打印机有针打式点阵打印机、激光打印机和喷墨打印机。

（1）针打式点阵打印机如图 1.17 所示。这类打印机通过打印针头击打色带，把色带上的墨打在纸上形成字符或图形，打印出的字符或图形是以点阵形式构成的。针打式点阵打印机经济耐用，但打印速度慢，精度不高，噪声较大。

（2）喷墨打印机如图 1.18 所示。这类打印机是将墨水通过极细的喷嘴射出，利用电场控制墨滴的飞行方向来描绘图像。喷嘴数目越多，打印速度就越快。这类打印机与针打式点阵打印机相比，噪声小，打印质量好，价格较便宜。

（3）激光打印机如图 1.19 所示。这类打印机是激光技术和电子照相技术相结合的产物。激光打印机噪声低，分辨率高，打印速度快，输出效果好。

图 1.17　针打式点阵打印机　　　　图 1.18　喷墨打印机　　　　图 1.19　激光打印机

3. 绘图仪

绘图仪是一种图形输出设备，如图 1.20 所示。在绘图软件的支持下绘制出复杂、精确的图形。常用的绘图仪有两种类型：平板型和滚筒型。平板型绘图仪将绘图纸平铺在绘图板上，依靠笔架的二维运动来绘制图形；滚筒型绘图仪是靠笔架的左右移动和滚筒带动绘图纸前后滚动画出图形。

图 1.20　绘图仪

1.8.5　总线与接口

1. 总线

总线（BUS）是传送信息的一组通信线，它是 CPU、主存储器和 I/O 接口之间交换信息的公共通道。也就是说，构成微型计算机的 CPU、存储器和 I/O 接口都以平等的身份挂接在总线上，总线就像人体的神经一样牵动着全身，连接着微型计算机的各个部分。如图 1.21 所示。

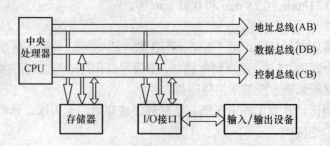

图 1.21　计算机总线与各主要部件的逻辑关系

总线传输的信息种类有 3 种：地址总线（Address Bus）、数据总线（Data Bus）和控制总线（Control Bus），分别记作 AB、DB 和 CB。

（1）地址总线（AB）

用于传递存储单元或 I/O 端口地址信息的一组信号线。地址线由 CPU 发出（除 DMA 方式外），对存储单元和 I/O 端口（外部设备）进行寻址，所以它是单向并行传递的。8 位微处理器通常有 16 根地址线，记为 $A_0 \sim A_{15}$，能寻址存储单元为：$2^{16}=65\ 536=64\ K$，对 I/O 端口寻址为：$2^8=256$ 个。

（2）数据总线（DB）

用于传送数据信息。对于 8 位微处理器，数据总线有 8 根，记为 $DB_0 \sim DB_7$，可以从 CPU 向存储器和 I/O 接口输出数据，也可以由存储器和 I/O 接口向 CPU 输入数据，因此数据总线是双向并行传送信息的。

（3）控制总线（CB）

用于传送各种控制命令。如定时脉冲、存储器和 I/O 接口的读写控制和中断请求等。控制总线中的每一条控制线传送一种控制信号。

按照所处的位置，总线可以分为 CPU 片内总线和片外总线。

（1）片内总线：位于 CPU 芯片内部，是用于连接 CPU 的各个组成部件的总线。

（2）片外总线：是用于连接 CPU、主存储器、I/O 通道和外部设备接口的总线。

一般片外总线有工业标准体系结构总线（ISA）、外设部件互连总线（PCI）、小型计算机系统接口（SCSI）和通用串行总线（USB）等。

2. 接口

接口就是外设与计算机连接的端口。外设与主机之间的信息交换都是通过一个中间环节即 I/O 接口来进行的，如图 1.22 所示。

图 1.22　CPU 与外设的连接示意图

接口一般可以分为串行接口和并行接口。

（1）串行接口：按串行方式传送数据，一次只能传送一位二进制码。串行接口通常适用于远距离的数据传送。如异步串行接口、USB 接口等。

（2）并行接口：按并行方式传送数据，数据总线有多少位，就可以同时传送多少位二进制码。并行接口通常用于近距离连接外设，如打印机等。

根据信息传送方式，接口可以分为输入接口和输出接口。输入接口用于连接输入设备，信息由输入设备通过输入接口传送给主机；输出接口用于连接输出设备，信息由主机通过输出接口传送给输出设备。

根据信息类型，接口可以分为数字接口和模拟接口。数字接口传送数字量；模拟接口通常用来实现模拟量与数字量的相互转换，如 A/D、D/A 转换接口。

1.8.6　主板

主板又称为主机板，如图 1.23 所示。它安装在机箱内部，是计算机硬件系统中最大的一块电路板。主板上布满了各种电子元件、插槽和接口等。它为 CPU、内存和各种外设的功能（声音、图形图像、通信、网络连接、TV 等）卡提供安装的插座（槽），为各种存储设备、I/O 设备、多媒体和通信设备提供接口。计算机通过主板将 CPU 和各种设备有机地结合起来组成一个完整的系统，在运行时通过主板对内存、外存和其他 I/O 设备完成操作控制。所以，计算机的整体运行速度和稳定性取决于主板的性能和质量。目前，常见的主板有 AT、ATX 类型，它们之间的差异主要是尺寸、形状和元器件的放置位置等。

图 1.23　主机板

控制芯片组（Chipset）是主板的中枢，它控制整个主板的动作，决定主板的性能和功能。计算机主板上的控制芯片通常成组使用，作为主板的主要组成部分，主板上芯片组由北桥芯片和南桥芯片组成，如图 1.24 所示。

北桥芯片图

南桥芯片图

图 1.24　主板芯片

（1）北桥芯片提供对 CPU 的类型和主频、内存的类型和最大容量、ISA/PCI/AGP 插槽和 ECC 纠错等的支持。北桥芯片起主导作用，称为主桥。

（2）南桥芯片提供对键盘控制器（KBC）、实时时钟控制器（RTC）、通用串行总线（USB）和高级能源管理（ACPI）等的支持。

BIOS 基本输入/输出系统芯片，是主板上的功能控制芯片，它是固化在计算机主板上的一组程序，为计算机提供最低级、最直接的硬件控制，是计算机硬件与软件沟通的桥梁。

1.9　计算机的软件系统

软件是指计算机系统中的程序和有关文档。

计算机程序是按既定算法，由某种计算机语言所规定的指令或语句组成的有序集合。

文档是指用自然语言或者形式化语言所编写的文字资料和图表，用来描述程序的内容、组成、设计、功能规格、开发情况、测试结果及使用方法。如程序设计说明书、流程图和用户手册等。

1.9.1　软件的分类

通常计算机软件系统可以分为系统软件和应用软件。而系统软件又分为操作系统和实用系统软件。

1. 系统软件

系统软件是计算机系统中最靠近硬件的软件。系统软件是指管理、运行、控制和维护计算机系统资源的程序集合。它的主要功能是：管理计算机硬件和软件，充分发挥计算机的功能，方便用户的使用，为应用开发人员提供平台支持。系统软件主要包括操作系统和实用系统软件。操作系统是系统软件的核心，起着管理整个系统资源的作用。实用系统软件包括：语言处理程序、编辑程序、连接程序、管理程序、调试程序、故障检查程序以及各种实用工具程序等。

（1）操作系统

操作系统是系统软件中最重要的部分。操作系统的主要功能是控制和管理计算机系统中的各种硬件和软件资源，提高资源的利用率，为用户提供一个良好的计算机系统环境。它是硬件（裸机）上扩充的第一层软件。其他的软件，如：编辑程序、汇编语言、编译程序和各种服务程序等都是在操作系统的支持下工作的。因此，操作系统是用户与计算机之间的接口。

（2）实用工具程序

实用工具程序能配合其他系统软件为用户提供方便和帮助，如磁盘及文件管理软件 PcTools 等。在 Windows 的附件中也包含了系统工具，包括磁盘碎片整理程序、磁盘清理等实用工具程序。

（3）语言处理程序

人与人之间交往是通过自然语言进行的。同理，人与计算机之间交换信息也必须用一种语言，这种语言被称为计算机语言或程序设计语言。根据计算机科学技术的发展，语言可以分为3 类：机器语言、汇编语言和高级语言。

① 机器语言

机器语言是用二进制"0"、"1"构成一系列指令代码表示的程序设计语言。它是计算机直接能识别和执行的语言。它具有执行速度快、占用内存少等优点。但是它难学、难记、难阅读并且难以纠错，并且不同型号计算机的机器语言不能通用。

② 汇编语言

机器语言和汇编语言都是低级语言（面向机器的语言）。汇编语言是为了解决机器语言难记忆、编程不方便等问题，使用了一些能反映指令功能的助记符来代替机器指令的符号语言。汇编语言比机器语言直观、易阅读、易编程和易修改。汇编语言程序不能直接执行，需要将汇编语言源程序通过"汇编程序"翻译成机器语言（目标程序），如图 1.25 所示。

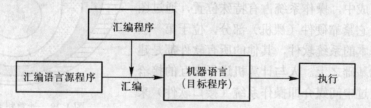

图 1.25　汇编语言源程序翻译成机器语言

③ 高级语言

高级语言是接近人类的自然语言和数字语言，但又独立于机器的一种程序设计语言。用高级语言编写的源程序计算机不能直接识别，需要把高级语言通过"翻译程序"翻译成机器语言。不同的计算机语言有不同的语言处理程序。把高级语言编写的源程序翻译成目标程序有两种方式：一种是边翻译边执行，即对高级语言源程序逐条翻译成机器指令，翻译一句执行一句，直到程序全部翻译执行完毕，这种"翻译"的处理程序称为"解释程序"，如图 1.26 所示。另一种是把高级语言源程序翻译成一个完整的目标程序，然后再由计算机执行目标程序，这种翻译语言处理程序称为"编译程序"，如图 1.27 所示。

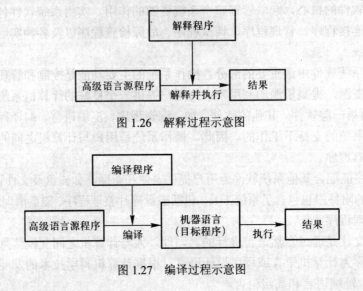

图 1.26 解释过程示意图

图 1.27 编译过程示意图

2. 应用软件

应用软件是为计算机在各个领域中的应用而开发的程序。它是利用计算机软件和硬件资源为解决实际应用问题而编制的程序集合。常见的应用软件有各种软件包、数据库应用程序等。

1.9.2 软件层次结构

一个完整的计算机系统是由硬件系统和软件系统组成的。硬件系统是整个系统的基本资源，在硬件系统的基础上对硬件功能进行开发与应用，需要配备一系列软件。在软件的组成中，操作系统占有特殊位置，通过图 1.28 可以看出，它紧靠硬件（裸机）部分，位于第一层面上，它是最基本的系统软件，其他的所有软件都是建立在操作系统的基础之上。人与计算机进行交互的接洽工作，必须要通过中间媒介即操作系统（接口软件）来实现。

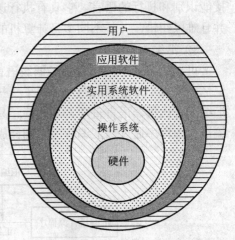

图 1.28 计算机系统层次图

小   结

本章主要介绍了计算机的一些基础知识。从计算机的发展史出发，说明了计算机的特点、分类、性能指标以及应用领域，同时介绍了计算机中数的表示和运算，重点介绍了计算机系统的组成。通过本章的学习，应了解计算机相关的一些基本内容，重点掌握计算机系统的两大组成部分，即硬件系统和软件系统的相关知识，从而为我们未来深入学习计算机奠定一定的理论基础。

习 题 1

1. 简述各代电子计算机的主要特征。

2. 简述计算机的主要特点与应用领域。

3. 计算机中常用的数制有哪些?

4. 进行下列数的数制转换:

（1）将$(255)_{10}$转换为二进制数。

（2）将$(115.365)_{10}$转换为二进制数。

（3）将$(100101)_2$转换为十进制数。

（4）将$(1110000111)_2$转换为十六进制数。

（5）将$(1100111.01110)_2$转换为十六进制数。

（6）将$(3ABC.6D)_{16}$转换为二进制数。

（7）将$(4CA2)_{16}$转换为十进制数。

（8）将 5987 用 BCD 码表示。

5. 已知 $Y=11011001$，求$[Y]_{反}$和 Y 的真值。

6. 请查出"A"、"C"和"9"的 ASCII 码值。

7. 一个字节是由几位二进制数组成? 字和字长是什么含义?

8. 256 MB 等于多少字节?

9. 逻辑运算包含几种运算? 各是什么运算?

10. 已知 $A=1000$，$B=1111$，求 $Y=A\vee B$。

11. 简述计算机系统的基本组成。

12. 内存和外存有什么区别? 各有什么特点?

13. 软件系统主要包含几种软件，各是什么?

第 2 章 Windows XP 操作系统

操作系统（Operating System，OS）是计算机的核心管理软件，是用于控制和维护计算机软、硬件资源的系统软件，是各种应用软件赖以运行的基础，同时也是用户与计算机的接口。所有的应用软件和其他的系统软件都需通过操作系统才能使用和运行。操作系统是计算机底层的系统软件，是距离硬件最近的软件层，它为用户开发应用软件提供了工具和运行平台。

目前，常用的操作系统有 DOS、Windows、UNIX、Linux 及 Mac OS 等。本章重点介绍 Windows XP 操作系统。

2.1 Windows XP 的基本操作

2.1.1 启动与退出

1. 启动

Windows XP 系统的启动方法有以下 3 种：

（1）冷启动

在系统没有加电的情况下进行的启动，称为冷启动。打开计算机的电源，自动启动 Windows XP 系统。

（2）热启动

在"死机"情况下，用户按下 Ctrl+Alt+Del 组合键，弹出"Windows 任务管理器"窗口，选择菜单栏中的"关机"|"重新启动"命令。

（3）复位启动

若热启动失败，可以按主机箱面板上的"Reset"按钮复位。

2. 退出

在关闭计算机之前，用户应关闭所有打开的应用程序和文档，以免尚未保存的文件和正在执行的程序遭到破坏。

关闭计算机的步骤如下：

（1）选择"开始"|"关闭计算机"命令，弹出"关闭计算机"对话框，如图 2.1 所示。

（2）单击"关闭"按钮，完成退出。

图 2.1 "关闭计算机"对话框

2.1.2 桌面

进入 Windows XP 系统后，计算机屏幕的整个背景区域被称为桌面。桌面是 Windows 提供给用户操作计算机的主平台，主要由桌面图标和任务栏两部分组成。

1. 桌面图标

桌面图标是 Windows 系统中含有的各种对象的图形表示。这些图标有些是由系统提供的，有些是由用户创建的，用以快速打开相应的项目。桌面图标分为系统图标、快捷图标、文件夹图标及文档图标等。

（1）系统图标

① 我的文档

"我的文档"是一个桌面文件夹，用来存放和管理用户的文档和数据，它是系统默认的文档保存位置。

初始状态下，"我的文档"图标指向的位置是"C:\Documents and Settings\用户名\My Documents"文件夹。

② 我的电脑

通过"我的电脑"，用户可以管理计算机的所有资源，如本地磁盘、文件夹，以及连接到计算机的数码相机、扫描仪和其他硬件。

③ 网上邻居

"网上邻居"显示的是连接到网络中的可以访问的计算机和共享资源。用户通过"网上邻居"可以进行查看工作组中的计算机、添加一个网上邻居及查看网络连接等工作。

④ 回收站

"回收站"用于暂时存放用户从硬盘上删除的文件或文件夹。当从硬盘删除项目时，Windows 将该项目放在"回收站"中，其中的内容在必要时可以恢复。如果使用 Shift+Delete 组合键删除某项目，则删除内容将不经过回收站，彻底被删除。

Windows 可以为每个硬盘分配一个"回收站"。鼠标右击"回收站"图标，在弹出的快捷菜单中选择"属性"命令，弹出"回收站属性"对话框，在"全局"选项卡中，选择"独立配置驱动器"单选按钮，然后单击相应的驱动器选项卡，更改各驱动器的回收站设置，如图 2.2 所示。

⑤ Internet Explorer

"Internet Explorer"是浏览工具，用于浏览互联网上的信息。

（2）快捷图标

快捷图标是一个链接指针，指向系统的某些资源。通过双击"快捷图标"可以快速打开与其链接的对象。用户可以根据需要创建或删除快捷图标，删除快捷图标对其所链接的对象没有任何影响。

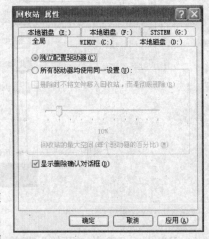

图 2.2 "回收站属性"对话框

（3）文件夹图标

文件夹图标统一用 📁 图形表示，打开后可以浏览到下一层文件夹或文件列表。

（4）文档图标

文档图标对应的是某个应用程序的文档文件，双击可以打开对应的应用程序及其文档文件，删除文档图标即是删除该文档文件。

2. 任务栏

任务栏一般位于桌面的最下方，它显示了系统正在运行的程序、打开的窗口和系统时间等内容。任务栏包括"开始"菜单按钮、快速启动工具栏、应用程序任务栏和系统提示区几部分，如图 2.3 所示。

快速启动工具栏

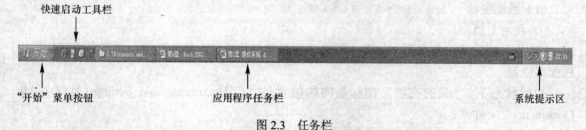

"开始"菜单按钮   应用程序任务栏   系统提示区

图 2.3   任务栏

（1）"开始"菜单按钮

单击"开始"菜单按钮，可以打开"开始"菜单，如图 2.4 所示。还可以通过键盘上的 Windows 标志键（ ）或组合键 Ctrl+Esc 打开和关闭"开始"菜单。

图 2.4   "开始"菜单

Windows XP 的"开始"菜单可以分为 5 部分：

① 顶端部分显示的是计算机的当前登录用户名。

② 中间左侧是计算机中常用的应用程序快捷启动项。

③ 中间右侧为系统控制工具。

④ 左下方是子菜单，显示所有在计算机中安装的应用程序。

⑤ 最下方是计算机控制部分，包括"注销"和"关闭计算机"两个按钮。

（2）快速启动工具栏

快速启动工具栏显示了一些常用应用程序的快捷图标，是在安装系统时自动生成的，用户可以自行增删。单击其中的任意一个图标，可以实现此应用程序的快速启动。

（3）应用程序任务栏

Windows 是一个支持多任务的操作系统，可以同时运行多个应用程序。当用户启动一个新的应用程序时，在任务栏上就会出现相应的程序按钮，单击任意一个按钮，即将此程序转换为前台，其他为后台。因此，通过单击任务栏上的程序按钮可以进行应用程序间和窗口间的切换。

（4）系统提示区

系统提示区显示一些常驻内存的工具程序，如系统时钟、输入法、网络状态、音量、病毒防火墙等图标，用户可以对其中的任意一个图标进行选择和设置。该区域中不经常使用的图标，系统将自动隐藏，而一旦使用又会重新显示出来。

3. 桌面图标的管理

桌面图标的管理主要包括创建桌面图标快捷方式及对桌面图标的排列、重命名和删除等。

（1）创建桌面快捷方式图标

创建桌面快捷方式的常用方法有 3 种：

① 在桌面空白处单击鼠标右键，在弹出的快捷菜单中选择"新建"|"快捷方式"命令，然后按提示操作。

② 在要创建快捷方式的文件或文件夹图标上单击鼠标右键，在弹出的快捷菜单中选"发送到"|"桌面快捷方式"命令。

③ 在要创建快捷方式的文件或文件夹图标上按住鼠标右键并拖动到桌面，然后释放鼠标右键，选择"在当前位置创建快捷方式"命令。

（2）排列图标

在桌面空白处单击鼠标右键，在弹出的快捷菜单中选择"排列图标"命令，在其子菜单中选择某种排列方法，如图 2.5 所示。

（3）重命名图标

重命名桌面图标的常用方法有 3 种：

① 在要重命名的桌面图标上单击鼠标右键，在弹出的快捷菜单中选择"重命名"命令，输入新名称。

图 2.5 "排列图标"菜单

② 在要重命名的桌面图标名称上单击鼠标两次（两次单击的间隔时间略长），输入新名称。

③ 在要重命名的桌面图标上单击鼠标，按 F2 键，输入新名称。

（4）删除图标

删除桌面图标的常用方法有 2 种：

① 在要删除的桌面图标上单击鼠标，按 Delete 键。

② 在要删除的桌面图标上单击鼠标右键，在弹出的快捷菜单中选择"删除"命令。

删除桌面图标时应注意，一般情况下不应删除系统图标，而且"回收站"图标是不可以删除的。如果删除了系统图标，可以在"控制面板"的"显示"设置中将其还原到桌面上。

4．设置任务栏和"开始"菜单

用户可以按自己的要求和习惯自行设置任务栏和"开始"菜单。在任务栏的任意空白处单击鼠标右键，在弹出的快捷菜单中选择"属性"命令，打开"任务栏和「开始」菜单属性"对话框，通过该对话框用户可以自行设置任务栏和"开始"菜单，如图 2.6 所示。

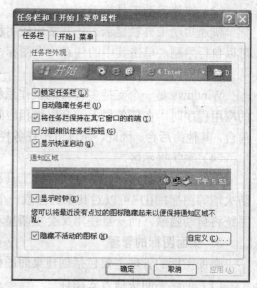

图 2.6　"任务栏和「开始」菜单属性"对话框

2.1.3　窗口

1．窗口的基本组成

Windows 系统之所以称为视窗软件，是因为整个操作系统是以窗口为主体进行设计和操作的，窗口是用户与应用程序交换信息的界面。用户可以通过窗口与正在运行的应用程序对话、交流数据或其他信息。Windows 的窗口如图 2.7 所示，它主要由以下几个部分组成。

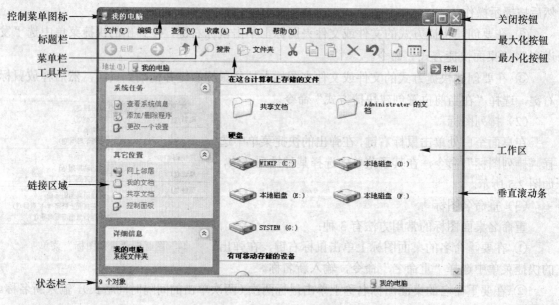

图 2.7　Windows 的窗口

（1）控制菜单图标

控制菜单图标位于窗口的左上角，单击该图标可以弹出窗口的控制菜单，通过菜单中的命令可以对窗口进行还原、移动、改变大小、最小化、最大化、关闭窗口等操作。当然，也可以通过窗口右上角的"最小化"、"最大化/向下还原"或"关闭"按钮对窗口进行操作。

（2）标题栏

标题栏位于窗口顶部，用于显示窗口的名称。当标题栏呈高亮度显示（蓝色）时，表明此窗口是活动窗口（或称当前窗口）。

（3）菜单栏

菜单栏位于标题栏的下方，集合了应用程序的所有命令。按类别可以划分为多个菜单项，每个菜单项包含了一系列菜单命令，单击菜单项打开下拉菜单可以使用相应的菜单命令。

（4）工具栏

工具栏一般位于菜单栏的下方，包括各种常用的工具按钮，是执行应用程序命令的快速方式。

（5）工作区

工作区是用于显示和编辑工作内容的区域。

（6）链接区域

链接区域位于工作区的左侧，包含了对该窗口中文件或者目录使用的最频繁的操作、与该目录相链接的其他窗口，以及与目录或文件相关的详细信息。链接区域列表会根据当前窗口中所选中对象的变化而发生改变。

（7）状态栏

状态栏位于窗口的底部，显示窗口当前状态和与用户操作有关的信息。

（8）滚动条

当显示的内容不能全部显示在窗口中时，窗口的下方和右侧会出现滚动条，即水平滚动条和垂直滚动条，使用滚动条可以查看窗口中未显示的内容。

2. 窗口的分类

窗口按用途可以分为应用程序窗口和文档窗口两种类型。

（1）应用程序窗口

应用程序窗口是应用程序面向用户的操作平台，一个应用程序窗口包含了一个正在运行的应用程序。

（2）文档窗口

文档窗口是某个文件面向用户的操作平台，通过该窗口可以对文件的各项内容进行操作。在一个应用程序窗口内可以同时打开多个文档窗口。

3. 窗口的操作

（1）移动窗口

当窗口处于还原状态时，将窗口从桌面的一处移动到另一处，方法有两种：

① 用鼠标拖动窗口的标题栏到所需位置处释放。

② 单击控制菜单图标，弹出控制菜单，选择"移动"命令，鼠标指针呈（✛）状时，使用键盘的方向键移动窗口位置，按 Enter 键结束。

（2）改变窗口大小

当窗口处于还原状态时，可以改变窗口的宽度和高度，方法有两种：

① 将鼠标指针移动到窗口的边框或窗角，鼠标指针变为双向箭头（↔或↕、↖或↗），按住鼠标左键，沿箭头方向拖动，可以改变窗口的大小。

② 单击控制菜单图标，弹出控制菜单，选择"大小"命令，鼠标指针呈（✛）状时，使用键盘的方向键改变窗口大小，按 Enter 键结束。

（3）切换窗口

切换窗口是指在多个窗口间进行切换，使某个窗口成为当前窗口，方法有 5 种：

① 单击任务栏上的窗口图标按钮。

② 单击窗口的任意可见部分。

③ 按 Alt+Esc 组合键在窗口间进行切换。

④ 按 Alt+Tab 组合键切换应用程序窗口。

⑤ 按 Ctrl+Alt+Del 组合键，打开"Windows 任务管理器"窗口，选择"应用程序"选项卡中要显示的任务，单击"切换至"按钮，可以完成窗口的切换操作。

（4）排列窗口

运行了多个应用程序或打开多个窗口后，窗口间会相互遮挡，为了更好地操作，用户可以选择窗口在屏幕上的排列方式。排列的方式有 3 种：

① 层叠窗口。

② 横向平铺窗口。

③ 纵向平铺窗口。

具体实现方法：在"任务栏"空白处单击鼠标右键，弹出如图 2.8 所示的快捷菜单，选择其中的一种排列方式。

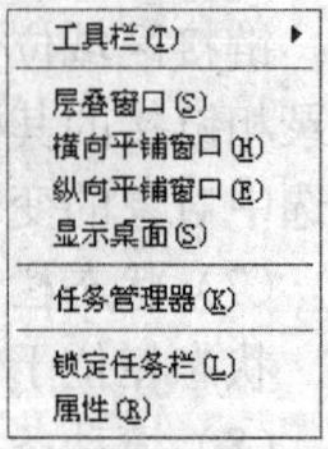

（5）关闭窗口

关闭窗口的常用方法有 4 种：

图 2.8　排列窗口菜单

① 单击标题栏右侧的"关闭"按钮。

② 在任务栏对应的窗口图标上单击鼠标右键，弹出快捷菜单，选择"关闭"命令。

③ 双击标题栏左侧的控制菜单按钮。

④ 按 Alt+F4 组合键。

2.1.4　菜单

菜单是各种应用程序命令的集合。在 Windows 系统中，用户使用鼠标或键盘选中某个菜单选项时，将以下拉菜单的方式显示相应的菜单项。

1. 菜单的分类

Windows 系统包括两种形式的菜单，即"窗口菜单"和"弹出式快捷菜单"。

（1）窗口菜单

窗口菜单又称下拉式菜单，主要指应用程序窗口的菜单栏、菜单项的级联菜单，以及单击窗口控制菜单图标产生的控制菜单，如图 2.9 所示。用户单击某个菜单命令或按下快捷键，可以执行其对应的操作。

（2）弹出式快捷菜单

用鼠标右击某个对象弹出的菜单，即是弹出式快捷菜单，其内容随当前对象的不同而不同，如图 2.10 所示。

2. 菜单项的使用

在 Windows 的菜单中，不同的菜单项代表的意义不同。

（1）灰色命令项：表明该命令在当前状态不可以用。

（2）命令右侧带（▶）标记：表明该项命令有下一级子菜单。

（3）带有（…）的命令项：表明单击此项命令将弹出一个对话框。

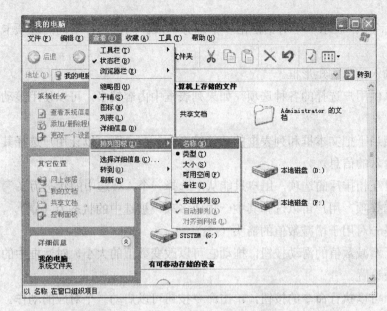

图 2.9 窗口菜单

图 2.10 弹出式快捷菜单

（4）命令左侧带（√）标记：表明此命令项可以在选中和非选中两种状态下转换。

（5）命令左侧带（●）标记：表明此命令项为单选命令，在一组命令中，只允许一个命令被选中。

（6）命令右侧带快捷键：表明在不打开菜单的情况下，可以直接按下快捷键执行相应的命令。

（7）菜单或命令右侧带下划线字母：如果菜单项后带字母，表明按下 Alt+字母键可以打开此菜单；如果命令项后带字母，直接按下该字母可以执行相应的命令。

（8）菜单的分组线（—）：在同一菜单中，将功能相近的菜单命令项分为一组，组与组之间用直线分开。

2.1.5　对话框

对话框是用户与 Windows 系统之间进行信息交流的平台。当用户选中了菜单中带（…）的命令项时，就会弹出一个对话框，它与窗口不同，其大小一般不能改变。

常见的对话框组件包括下列内容，部分组件如图 2.11 所示。

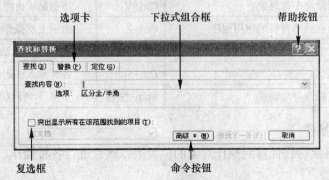

图 2.11　"查找和替换"对话框

（1）选项卡：又称"标签"，表示一个对话框由多个部分构成。用户选择不同的选项卡将显示不同的信息。

（2）文本框：是用户输入信息的矩形框。

（3）列表框：列出可以供用户选择的各种选项，如果列表框中内容较多，可以使用滚动条来滚动选择。

（4）下拉式组合框：相当于把文本框和列表框的功能综合到一起，既可以让用户选择其中的项目，又可以接收用户输入的信息。

（5）单选按钮：是一组互相排斥的选项，用户只能从中选择一个，被选中的状态为（⊙）。

（6）复选框：是一组选择项，用户可以选择其中一项或多项，被选中的状态为（✔）。

（7）微调控制按钮：是一对用于增减数值的箭头（⬍）。

（8）滑块：是一个用于增减数值的滑动按钮，拖动它可以改变数值的大小。对话框中的滑块多用于调节系统组件参数设置。

（9）命令按钮：是一个可以执行命令的按钮，单击命令按钮可以启动一个对应的动作。

（10）帮助按钮：在一些对话框的标题栏右侧，有一个帮助按钮（?），单击该按钮后，鼠标指针将变成（⇖?）形状，然后单击某些项目，可以获得有关该项目的帮助信息。

2.1.6　键盘和鼠标

键盘和鼠标是最常用的两个输入工具，Windows 的大部分操作都是通过键盘和鼠标来完成的。

1. 键盘的基本操作

利用键盘可以实现 Windows 系统提供的一切操作功能，利用其快捷键，还可以大大提高工作效率。表 2.1 列出了 Windows 提供的常用快捷键。

表 2.1　Windows 的常用快捷键

按　键	功　能	按　键	功　能
⊞+D	显示桌面	Ctrl+C	将选中的对象复制到剪贴板
⊞+E	打开"我的电脑"窗口	Ctrl+X	将选中的对象剪切到剪贴板
Shift+Del	永久删除选中的对象	Ctrl+V	将剪贴板内容复制到当前位置
Alt+F4	关闭当前活动窗口或应用程序	Ctrl+Z	撤销上次操作
Alt+Tab	切换任务	Ctrl+空格	中/英文输入法切换
Alt+Esc	切换窗口	Ctrl+Shift	各种输入法间切换
Ctrl+.	中英文标点符号切换	Shift+空格	全角/半角间切换

2. 鼠标的基本操作

鼠标操作是先将鼠标指针移到操作对象的位置上，然后进行各种操作。鼠标的基本操作方式见表 2.2。

表 2.2 鼠标的基本操作

操 作	功 能
指向	将鼠标指针移动到所要操作的对象上，停留片刻，屏幕上会显示出当前对象的功能解释信息
单击	将鼠标指向操作对象，点击鼠标左键，一般用于选中对象
右击	将鼠标指向操作对象，点击鼠标右键，打开所选对象的快捷菜单
双击	连续点击鼠标左键两次，用于运行程序或打开对象
左键拖动	按住左键不放拖动鼠标，常用于所选对象的复制、移动和选中大片区域
右键拖动	按住右键不放拖动鼠标，常用于所选对象的复制、移动和创建快捷方式

需要说明的是：鼠标在不同位置进行不同操作时，其形状和所代表的含义也不同。

2.2　文件和文件夹管理

计算机系统中的数据是以文件的形式存放于外部存储介质上的，而文件夹则是用来组织和管理磁盘文件的一种数据结构。

2.2.1　文件和文件夹的命名

1. 文件

（1）文件名

文件和文件之间要想相互区别，就必须为每个文件命名，文件名是存取文件的依据。文件名由主文件名和扩展名组成，其格式通常为"主文件名.扩展名"。在 Windows 操作系统中，文件名的命名规则如下：

① 最多可以取 255 个字符，但为方便管理，建议文件名不宜太长。

② 不区分大小写。

③ 除第一个字符外，其他位置均可以出现空格。

④ 不可以使用的字符有： / \ ? : * " < > |（其中"："、"？"和"""是指英文状态下的符号）。

⑤ 扩展名由 1~4 个字符组成，可以省略。

⑥ 文件名中可以有多个分隔符"."，以最后一个作为扩展名的分隔符。

（2）扩展名

文件的扩展名代表文件的类型，与主文件名之间用分隔符"."分隔。Windows 系统下常见的文件类型和扩展名见表 2.3 所示。

表 2.3 文件扩展名及其含义

扩 展 名	含 义	扩 展 名	含 义
com	命令文件	doc	Word 文档文件
sys	系统文件	xls	Excel 电子表格文件
exe	可执行文件	ppt	PowerPoint 演示文稿文件
zip、rar	压缩文件	txt	文本文件
wav	声音文件	jpg	图形文件
avi	视频文件	bmp	位图文件

（3）通配符

在 Windows 的文件名中，可以使用"*"和"?"表示具有某些共性的一批文件，"*"和"?"称为通配符。

① "?"：代表任意位置的任意一个字符。

② "*"：代表任意位置的任意多个字符。

例如：*.*：代表所有文件。

*.exe：代表所有可执行文件。

ab?.txt：代表以 ab 开头的主文件名为 3 个字符的所有文本文件。

2. 文件夹

文件夹是用于存储程序、数据、文档和其他文件夹的地方。文件夹中可以有文件，也可以有文件夹。某个文件夹下的文件夹称为此文件夹的子文件夹。用户一般将文件分类存放在不同的文件夹中，从而方便操作，便于管理。

文件夹的命名规则与文件相同，文件夹没有扩展名。

3. 文件的目录与路径

（1）目录

目录像一棵倒置的树，树根为根目录，树中每个分支为子目录，树叶为文件。在树状的目录结构中，用户将同一个项目有关的文件存放在同一个子目录中，集中管理。

（2）路径

目录结构建成后，接下来的问题就是如何访问这些文件。用户可以使用目录路径来查找到所需文件。

目录路径有两种：绝对路径和相对路径。

① 绝对路径：是从根目录（即根文件夹）开始，依序到该文件之前的名称。

② 相对路径：是从当前目录（即当前文件夹）开始到该文件之前的名称。

例如：记事本程序的可执行文件名为 notepad.exe，该文件在磁盘中存储的绝对路径为：c:\windows\system32\notepad.exe。如果当前目录为 c:\program files\microsoft office，则 notepad.exe 的相对路径为：..\..\windows\system32\notepad.exe（用".."表示上一级目录）。

2.2.2　文件和文件夹的管理

Windows 提供了两种管理计算机资源的工具，即资源管理器和我的电脑。利用它们可以很方便地组织和管理文件、文件夹和其他资源，二者在实际的使用功能上基本一致。其中资源管理器是最常用的、最方便的管理工具，下面就资源管理器进行介绍。

1. 启动资源管理器

启动资源管理器的方法有 3 种：

（1）选择"开始"|"程序"|"附件"|"Windows 资源管理器"命令。

（2）鼠标指向"开始"按钮，单击鼠标右键，在弹出的快捷菜单中选择"资源管理器"命令。

（3）鼠标指向"我的文档"、"我的电脑"、"网上邻居"和"回收站"中的任意一个图标，单击鼠标右键，在弹出的快捷菜单中选择"资源管理器"命令。

2. 资源管理器的结构

资源管理器采用双窗格显示结构，左窗格提供了文件夹树的结构，右窗格显示对应左窗格当前活动文件夹的内容，使用户更清楚、更直观地认识和管理计算机中的文件和文件夹。

2.2.3 文件和文件夹的操作

1. 文件和文件夹的显示方式

Windows 可以通过多种方式显示资源管理器右窗格中的文件和文件夹。显示方式主要有"缩略图"、"平铺"、"图标"、"列表"以及"详细信息"。具体选择某一种显示方式的操作方法有3种：

（1）鼠标单击"查看"菜单，选择一种显示方式。

（2）鼠标单击工具栏上的"查看"按钮（▦▾），选择一种方式。

（3）在资源管理器右窗格的空白处单击鼠标右键，在弹出的快捷菜单中选择"查看"命令，选择一种方式，如图 2.12 所示。

如果选择"详细信息"的查看方式，单击某一信息列，可以对文件和文件夹按升序或降序快速排列。

2. 文件和文件夹的排列方式

为了便于查找文件和文件夹，可以对它们进行排列。在默认状态下，Windows 提供了 4 种排列图标方式，分别是"名称"、"大小"、"类型"和"修改时间"，同时还可以让计算机进行"按组排列"、"自动排序"等。具体选择某一种排列方式的操作方法有两种：

（1）选择菜单栏中的"查看"|"排列图标"命令，选择一种排列方式。

（2）在资源管理器右窗格的空白处单击鼠标右键，在弹出的快捷菜单中选择"排列图标"命令，选择一种方式，如图 2.13 所示。

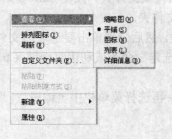

图 2.12 "查看"方式

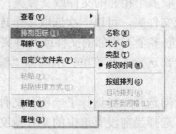

图 2.13 "排列图标"方式

3. 文件和文件夹的创建

在 Windows 系统中创建文件和文件夹的常用方法有 3 种：

（1）打开文件或文件夹所要存储的位置，在工作区的空白处单击鼠标右键，在弹出的快捷菜单中选择"新建"命令，如图 2.14 所示。

（2）打开文件或文件夹所要存储的位置，在菜单栏中选择"文件"|"新建"命令。

（3）启动某个应用程序，在菜单栏中选择"文件"|"新建"命令，即可建立对应类型的文档。

4. 文件和文件夹的打开

打开文件和文件夹的常用方法有 3 种:

(1) 双击某文件或文件夹图标。

(2) 在某个文件或文件夹图标上单击鼠标右键, 在弹出的快捷菜单中选择"打开"命令。

(3) 在某个文件或文件夹图标上单击鼠标右键, 在弹出的快捷菜单中选择"打开方式"命令, 选择用于打开该文件的应用程序, 如图 2.15 所示。

图 2.14 "新建"菜单

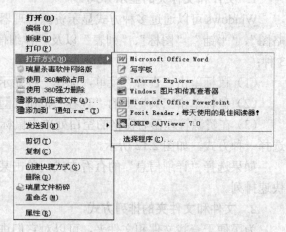

图 2.15 "打开方式"菜单

5. 文件和文件夹的选定

对文件或文件夹进行操作之前, 首先选定要操作的文件或文件夹。选定文件或文件夹的常用方法有 5 种:

(1) 选取单个文件或文件夹: 直接单击文件或文件夹即可。

(2) 选取多个相邻的文件或文件夹: 单击第一个文件或文件夹, 按住 Shift 键, 再单击最后一个文件或文件夹, 可以一次选取多个连续的文件或文件夹。

(3) 选取多个不相邻的文件或文件夹: 按住 Ctrl 键, 然后分别单击要选取的文件或文件夹。

(4) 全部选定: 在菜单栏中选择"编辑"|"全部选定"命令或利用组合键 Ctrl+A 来实现全选。

(5) 反向选择: 先选择了一部分文件或文件夹后, 再选择菜单栏中"编辑"|"反向选择"命令, 即可选择当前没有选中的文件或文件夹。

6. 文件和文件夹的重命名

更改文件或文件夹名称的常用方法有 3 种:

(1) 在资源管理器窗口中选定需要重命名的文件或文件夹, 选择菜单栏中"文件"|"重命名"命令, 输入新名称。

(2) 在需要重命名的文件或文件夹上单击鼠标右键, 在弹出的快捷菜单中选择"重命名"命令, 输入新名称。

(3) 在需要重命名的文件或文件夹名称上单击两次 (两次单击间隔的时间略长), 输入新名称。

7. 文件和文件夹的移动、复制

移动、复制文件或文件夹是计算机资源管理中最常用的操作之一。选定文件或文件夹后,

有以下 4 种常用的移动和复制方法：

（1）文件和文件夹移动

① 菜单方式

在菜单栏中选择"编辑"|"剪切"命令，然后切换到目标文件夹窗口，在菜单栏中选择"编辑"|"粘贴"命令。

或者在选定的对象上单击鼠标右键，在弹出的快捷菜单中选择"剪切"命令，然后右击目标文件夹的空白区域，在弹出的快捷菜单中选择"粘贴"命令。

② 快捷键方式

利用组合键 Ctrl+X 进行剪切，切换到目标文件夹窗口，利用组合键 Ctrl+V 完成粘贴。

③ 快捷工具按钮方式

单击工具栏上的"剪切"按钮（✂）进行剪切，切换到目标文件夹窗口，单击"粘贴"按钮（📋）完成粘贴。

④ 鼠标拖动方式

在同一驱动器中，用鼠标拖动文件或文件夹至目标文件夹，完成移动。

在不同驱动器中，按住 Shift 键的同时，用鼠标拖动文件或文件夹至目标文件夹，完成移动。

（2）文件和文件夹的复制

① 菜单方式

在菜单栏中选择"编辑"|"复制"命令，然后切换到目标文件夹窗口，在菜单栏中选择"编辑"|"粘贴"命令。

或者在选定的对象上单击鼠标右键，在弹出的快捷菜单中选择"复制"命令，然后右击目标文件夹的空白区域，在弹出的快捷菜单中选择"粘贴"命令。

② 快捷键方式

利用组合键 Ctrl+C 进行复制，切换到目标文件夹窗口，利用组合键 Ctrl+V 完成粘贴。

③ 快捷工具按钮方式

单击工具栏的"复制"按钮（📋）进行复制，切换到目标文件夹窗口，单击"粘贴"按钮（📋）完成粘贴。

④ 鼠标拖动方式

在同一驱动器中，按住 Ctrl 键的同时，用鼠标拖动文件或文件夹至目标文件夹，完成复制。

在不同驱动器中，用鼠标拖动文件或文件夹至目标文件夹，完成复制。

8. 文件和文件夹的删除、恢复

（1）文件和文件夹的删除

在计算机的使用中，应该及时删除无用的文件和文件夹。常用的删除方法有 5 种：

① 选定要删除的文件或文件夹，按键盘上的 Delete 键。

② 选定要删除的文件或文件夹，在菜单栏中选择"文件"|"删除"命令。

③ 选定要删除的文件或文件夹，单击工具栏上的"删除"按钮（✖）。

④ 在要删除的文件或文件夹上单击鼠标右键，在弹出的快捷菜单中选择"删除"命令。

⑤ 拖动要删除的文件或文件夹至"回收站"中。

当删除磁盘上的文件或文件夹时，系统并不是立即删除，而是暂时放入"回收站"中，如确定该文件或文件夹无用时，再进行彻底删除。彻底删除有以下 4 种常用方法：

① 在回收站图标上单击鼠标右键，在弹出的快捷菜单中选择"清空回收站"命令。

② 打开回收站窗口，选择菜单栏中的"文件"|"清空回收站"命令。

③ 在回收站窗口的左窗格中选择"清空回收站"任务。

④ 若想删除回收站中的某些文件，可以选定这些文件，选择菜单栏中的"文件"|"删除"命令（或者在文件或文件夹上单击鼠标右键，在弹出的快捷菜单中选择"删除"命令）。

（2）文件和文件夹的还原

常用的还原方法有 3 种：

① 在回收站窗口中，选定要恢复的文件或文件夹，选择菜单栏中的"文件"|"还原"命令。

② 在回收站窗口中，鼠标右击要恢复的文件或文件夹，在弹出的快捷菜单中选择"还原"命令。

③ 在回收站窗口的"回收站任务"窗格中选择"还原此项目"。

9. 文件和文件夹的查找

如果用户忘记所需文件或文件夹的名称或存放位置，可以使用 Windows 提供的搜索功能进行快速查找。以下 3 种方法可以打开搜索窗口，进行搜索。

（1）选择"开始"|"搜索"命令，打开搜索结果窗口，如图 2.16 所示，单击左窗格中"所有文件和文件夹"，在"全部或部分文件名"文本框内输入查找对象名（可含通配符），在"在这里寻找"下拉列表框中选择驱动器号，单击"立即搜索"按钮。

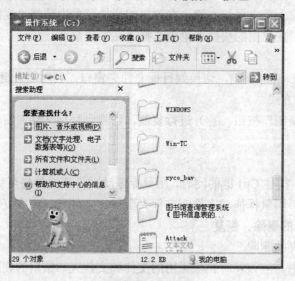

图 2.16　搜索结果窗口

（2）在"开始"菜单（或"我的文档"图标）上单击鼠标右键，在弹出的快捷菜单中选择"搜索"命令，弹出搜索结果窗口，进行搜索。

（3）在"我的电脑"窗口中单击工具栏上的"搜索"按钮，出现"搜索助理"窗格，进行搜索。

10. 设置文件和文件夹的属性

属性是文件系统用来识别文件和文件夹某种性质的记号。Windows 系统中文件和文件夹的属性有 3 种：只读、隐藏和存档。

（1）只读属性：只允许读，不允许修改，可以防止文件被破坏。

（2）隐藏属性：使得文件或文件夹图标变暗，或者直接不显示。

如需显示隐藏的文件或文件夹，可以选择菜单栏中的"工具"|"文件夹选项"命令，在"查看"选项卡中选择"显示所有文件和文件夹"单选按钮，如图 2.17 所示，则可以显示隐藏的对象。

（3）存档属性：每当用户创建一个新文件或改变一个旧文件时，Windows 都会为其分配存档属性。存档属性是系统对已备份的文件做的标记。

查看或更改文件或文件夹的属性，需用鼠标右击文件或文件夹，在弹出的快捷菜单中选择"属性"命令，打开属性对话框，如图 2.18 所示，用户可以查看和修改该文件或文件夹的属性信息。

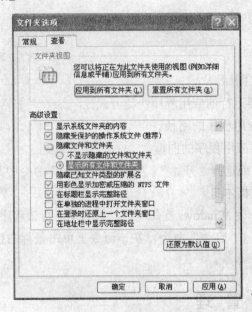

图 2.17 "文件夹选项"对话框

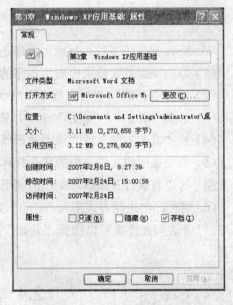

图 2.18 文件属性对话框

2.3 程 序 管 理

2.3.1 应用程序的安装

一般的应用软件都有自己的安装程序，常用 setup.exe 或 install.exe 命名，运行安装程序就可以实现软件的自动安装。用户还可以利用 Windows 提供的"添加或删除程序"功能实现软件的安装。

使用 Windows 提供的"添加/删除程序"功能安装应用程序，操作步骤如下：

（1）选择"开始"|"控制面板"命令，打开"控制面板"窗口，双击"添加或删除程序"

图标。

（2）在打开的"添加或删除程序"窗口中，单击左侧的"添加新程序"按钮，切换到安装应用程序的界面。

（3）单击"CD 或软盘"按钮，弹出"从软盘或光盘安装程序"对话框，根据程序安装向导提示进行操作，可以完成新程序的安装。

2.3.2 应用程序的卸载

使用 Windows 提供的"添加/删除程序"功能卸载应用程序，操作步骤如下：

（1）在"添加或删除程序"窗口中，单击左侧的"更改或删除程序"按钮，切换到目前已安装的程序列表界面。

（2）选择要删除的程序，单击"更改/删除"按钮，在弹出的对话框中单击"是"按钮，则系统自动卸载对应的应用软件。

2.3.3 应用程序的运行

Windows 提供了多种运行应用程序的方法：

（1）双击桌面或文件夹中应用程序的快捷方式图标。

（2）选择"开始"|"所有程序"命令，单击要运行的应用程序快捷方式。

（3）选择"开始"|"运行"命令，输入某种应用程序的路径。

（4）在"我的电脑"或"资源管理器"中双击应用程序的图标。

（5）双击桌面或文件夹中的某个具体的文档，或选择"开始"|"我最近的文档"命令中某个文档，可以直接打开编辑该文档的应用程序和文档本身。

（6）将程序的快捷方式拖入"启动"文件夹中，使 Windows 在每次启动时自动运行该程序。其中，"启动"文件夹可以选择"开始"|"程序"|"启动"命令，在该命令上单击鼠标右键打开。

2.4 磁 盘 管 理

磁盘是计算机系统的外部存储设备，只有管理好磁盘，才能给操作系统创造一个良好的运行环境。目前常用的磁盘设备有硬盘、U 盘、移动硬盘等。

2.4.1 磁盘属性

选定要查看的磁盘，在菜单栏中选择"文件"|"属性"命令，或者在要查看的磁盘上单击鼠标右键，在弹出的快捷菜单中选择"属性"命令，弹出磁盘属性对话框，如图 2.19 所示，从中可以了解磁盘的基本信息。

2.4.2 磁盘格式化

格式化磁盘就是在磁盘上建立可以存放数据的磁道和扇区。格式化磁盘将删除磁盘上的所有信息，因此在格式化操作时，一定要特别慎重，尤其是硬盘。

在"我的电脑"或者"资源管理器"中选定需要格式化的磁盘，在菜单栏中选择"文件"|"格式化"命令，或在需要格式化的磁盘上单击鼠标右键，在弹出的快捷菜单中选择"格式化"命令，打开如图 2.20 所示的格式化对话框。

"格式化选项"说明：

（1）如果选择了"快速格式化"复选框，则快速完成格式化工作，但这种格式化不检查磁盘，只删除磁盘上的信息。

（2）如果在"文件系统"中选择了"NTFS"，则可以在"格式化选项"中选择"启动压缩"复选框，这样存入此驱动器中的文件会被压缩。

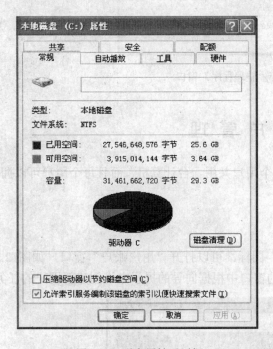

图 2.19　磁盘属性对话框

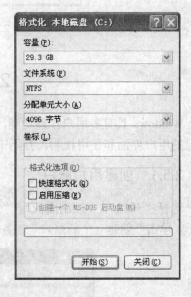

图 2.20　格式化对话框

2.4.3　磁盘碎片整理

在磁盘使用过程中，由于对数据的添加、删除等操作，在磁盘上会形成一些物理位置不连续的文件，即磁盘碎片。磁盘碎片的存在，既影响系统的读写速度，又会降低磁盘的利用率，因此进行磁盘的碎片整理是很有必要的，操作步骤如下：

（1）选择"开始"|"所有程序"|"附件"|"系统工具"|"磁盘碎片整理程序"命令，弹出如图 2.21 所示的"磁盘碎片整理程序"窗口。

（2）选择需要进行碎片整理的驱动器，单击"分析"按钮，判断该磁盘是否需要进行碎片整理，若需要则单击"碎片整理"按钮，即可进行相应磁盘的碎片整理。

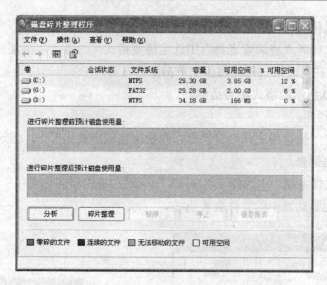

图 2.21　"磁盘碎片整理程序"窗口

2.5　用 户 管 理

Windows 具有多用户管理功能，可以使多个用户共用一台计算机，而且每个用户可以拥有自己的用户界面和使用权利，互不干扰。

2.5.1　创建用户账户

选择"开始"|"控制面板"|"用户账户"图标，可以打开"用户账户"窗口，如图 2.22 所示，单击"创建一个新账户"任务，在弹出的窗口中根据向导的提示完成创建新用户的任务。

图 2.22　"用户账户"窗口

只有计算机管理员才能创建新账户，要创建新账户，必须先以计算机管理员的身份登录。

2.5.2 更改用户账户

在"用户账户"窗口中，选择要更改的账户，进入此用户的管理界面，如图 2.23 所示，可以更改用户的名称、密码、账户图片、账户类型以及删除账户等。其中，计算机管理员用户可以更改任何用户的有关信息，而受限用户只能更改自己的信息。

图 2.23 "用户账户"的管理窗口

2.5.3 注销用户

在计算机上注销当前使用的用户，使其他用户可以使用计算机。

选择"开始"|"注销"命令，弹出"注销 Windows"对话框，如图 2.24 所示。选择"切换用户"，不需关闭应用程序就可以快速切换到另一个用户账户；选择"注销"，系统将关闭当前用户打开的所有文件和文件夹，重新回到登录窗口，准备其他用户使用计算机。

图 2.24 "注销 Windows"对话框

2.6 系 统 管 理

2.6.1 设置桌面显示属性

用户可以对桌面进行各种设置，使得计算机的桌面更加符合个人的需要。

选择"开始"|"控制面板"|"外观和主题"|"显示"图标，或在桌面的空白区域单击鼠标右键，在弹出的快捷菜单中选择"属性"命令，弹出"显示属性"对话框，如图 2.25 所示。

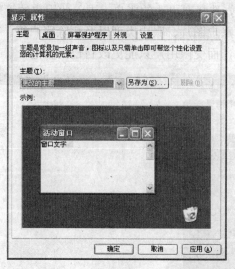

图 2.25　"显示属性"对话框

"显示属性"对话框有 5 个选项卡，选择不同的选项可以进入不同的设置环境。

（1）主题：可以设置桌面主题，包括图标、字体、颜色、声音和其他窗口元素的统一更改。

（2）桌面：可以设置桌面背景、桌面图标及桌面清理等。

（3）屏幕保护程序：可以进行屏幕保护设置、电源设置等。

（4）外观：可以设置窗口和按钮的显示外观及操作窗口的效果等。

（5）设置：可以设置监视器的颜色、显示器的分辨率及刷新频率等属性。

2.6.2　设置日期和时间

选择"开始"|"控制面板"|"日期、时间、语言和区域设置"|"日期和时间"图标，或双击任务栏最右侧的时间显示器，打开"日期和时间属性"对话框，如图 2.26 所示。选择"时间和日期"选项卡，显示当前系统的日期和时间，单击月份的下拉列表框可以选择相应的月份，通过微调按钮可以调整系统的年份和时间。

图 2.26　"日期和时间属性"对话框

2.6.3 设置键盘和鼠标

1. 设置键盘

选择"开始"|"控制面板"|"打印机和其他硬件"|"键盘"图标，打开"键盘属性"对话框，如图 2.27 所示，选择"速度"选项卡，设置字符重复的延迟时间、字符重复率及光标闪烁的频率等属性。

2. 设置鼠标

选择"开始"|"控制面板"|"打印机和其他硬件"|"鼠标"图标，打开"鼠标属性"对话框，如图 2.28 所示。

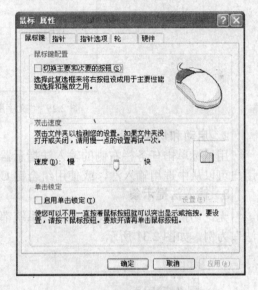

图 2.27 "键盘属性"对话框　　　　　　　图 2.28 "鼠标属性"对话框

"鼠标属性"对话框有 5 个选项卡，可以根据用户的使用习惯，进行一些调整。

（1）鼠标键：可以切换鼠标的主要键和次要键、调整鼠标双击的速度。

（2）指针：可以设置指针方案、指针阴影。

（3）指针选项：可以调整指针移动的速度、设置默认按钮、设置可见性等。

（4）轮：可以设置鼠标滚动滑轮的效果。

（5）硬件：可以查看鼠标的硬件信息。

2.6.4 设置输入法

Windows 提供了多种输入方法，允许用户根据自己的需要添加或删除其他输入法。

1. 设置输入法

选择"开始"|"控制面板"|"日期、时间、语言和区域设置"|"区域和语言选项"图标，打开"区域和语言选项"对话框，选择"语言"选项卡，单击"详细信息"按钮，或者在任务栏右侧输入法指示器上单击鼠标右键，打开"文字服务和输入语言"对话框，如图 2.29 所示，在"设置"选项卡中设置默认输入语言、添加和删除输入法以及设置语言栏和热键。

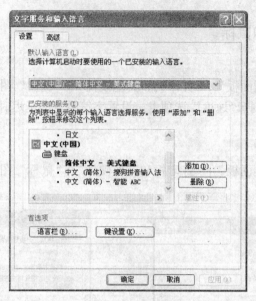

图 2.29　"文字服务和输入语言"对话框

2. 启动和切换输入法

用鼠标单击任务栏右侧的输入法指示器，弹出目前已安装的输入法菜单，如图 2.30 所示，用户可以从中选用输入法，或使用组合键 Ctrl+Shift 实现在各输入法之间的切换。

3. 输入法提示条

无论切换到哪一种中文输入法，系统都会弹出一个汉字输入法提示条，以"搜狗拼音输入法"为例，如图 2.31 所示。

图 2.30　输入法菜单　　　　　图 2.31　"搜狗拼音输入法"提示条

几个选项如下：

（1）中/英文切换。进行中、英文切换，还可以用 Shift 键进行切换。

（2）全/半角字符。进行全角、半角的切换，还可以用组合键 Shift+Space 进行切换。

（3）中/英文标点。进行中文、英文标点的切换，还可以用组合键 Ctrl+.进行切换。

（4）软键盘。为用户提供了一些特殊字符的键盘布局。

案例 1　Windows XP 的基本操作

【案例描述】

本案例要求完成对 Windows 操作系统的基本设置操作，包括对任务栏和"开始"菜单、窗口、图标的设置。

具体要求如下：

（1）在"开始"菜单中扩展控制面板。

（2）设置任务栏为自动隐藏状态。

（3）在桌面上创建画图和记事本应用程序的快捷方式

（4）启动画图和记事本应用程序，将两个窗口纵向平铺。

【操作提示】

（1）打开"任务栏和「开始」菜单属性"对话框，切换到"「开始」菜单"选项卡，选择"经典「开始」菜单"单选项，单击"自定义"按钮，在"高级「开始」菜单选项"中选择"扩展控制面板"复选项。

（2）打开"任务栏和「开始」菜单属性"对话框，切换到"任务栏"选项卡，选择"自动隐藏任务栏"复选项。

（3）在"开始"|"程序"|"附件"中分别找到画图和记事本图标，单击鼠标右键，选择快捷菜单中的"发送到"|"桌面快捷方式"命令。

（4）启动画图和记事本应用程序窗口，在任务栏的空白区域单击鼠标右键，选择快捷菜单中的"纵向平铺窗口"命令（提示：两个窗口不要最小化）。

案例 2　资源管理器的使用

【案例描述】

本案例要求学生在 Windows 下使用资源管理器对文件和文件夹进行管理，包括对文件和文件夹进行创建、查找、重命名、删除、复制、移动、属性设置等操作。

具体要求如下：

（1）在 D 盘下创建如图 2.32 所示的目录结构。

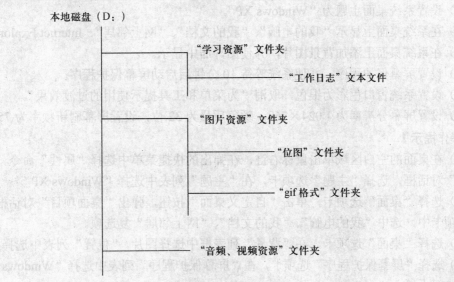

图 2.32　目录结构

（2）搜索 C 盘下所有扩展名为.bmp 的位图文件。

（3）将搜索的文件复制到 D 盘的"位图"文件夹中。

（4）隐藏"工作日志"文本文件。

（5）设置显示文件的扩展名。

【操作提示】

（1）启动资源管理器，在左窗格中选择 D 盘，在右窗格的空白区域创建三个文件夹，分别命名为"学习资源"、"图片资源"、"音频、视频资源"。打开"学习资源"文件夹，创建一个文本文件，命名为"工作日志"。

（2）选择"开始"|"搜索"|"文件或文件夹"命令，要搜索的文件或文件夹名为"*.bmp"，搜索范围选择"C 盘"，单击"立即搜索"。

（3）使用组合键 Ctrl+A 全选 C 盘下搜索到的文件，使用组合键 Ctrl+C 复制文件，切换到 D 盘的"位图"文件夹，使用组合键 Ctrl+V 粘贴文件。

（4）鼠标指针指向"工作日志"文件图标，单击鼠标右键，在弹出的快捷菜单上选择"属性"命令，在该文件属性对话框中选择"隐藏"属性。

（5）选择菜单栏中的"工具"|"选项"命令，弹出"文件夹选项"对话框，选择"查看"选项卡，在"高级设置"列表框中取消"隐藏已知文件类型的扩展名"复选项。

案例 3　显示属性的设置

【案例描述】

本案例要求完成对 Windows 桌面的设置。包括桌面图标、桌面背景、屏幕保护程序、分辨率、刷新频率的设置。

具体要求如下：

（1）设置系统桌面主题为"Windows XP"。

（2）在系统桌面上显示"我的电脑"、"我的文档"、"网上邻居"、Internet Explorer 图标。

（3）在系统桌面上添加背景图片，并使图片居中显示。

（4）设置屏幕保护程序，并使系统等待 10 分钟后启动屏幕保护程序。

（5）设置系统窗口色彩为银色，取消"为菜单和工具提示使用的过渡效果"。

（6）设置屏幕分辨率为 1 024×768，颜色质量为 32 位，设置屏幕刷新频率为 75 Hz。

【操作提示】

（1）在桌面的空白区域单击鼠标右键，在弹出的快捷菜单中选择"属性"命令，弹出"显示属性"对话框，选择"主题"选项卡，在"主题"列表中选择"Windows XP"。

（2）选择"桌面"选项卡，单击"自定义桌面"按钮，弹出"桌面项目"对话框，在"常规"选项卡中，选中"我的电脑"、"我的文档"、"网上邻居"复选项。

（3）选择"桌面"选项卡，在"背景"列表框中选择图片，"位置"列表中选择"居中"。

（4）选择"屏幕保护程序"选项卡，在"屏幕保护程序"列表中选择"Windows XP"，"等待"文本框中输入"10"。

（5）选择"外观"选项卡，在"色彩方案"列表中选择"银色"；单击"效果"按钮，弹出"效果"对话框，取消"为菜单和工具提示使用下列过渡效果"复选项。

（6）选择"设置"选项卡，设置"屏幕分辨率"为"1 024×768"，"颜色质量"为"32 位"；单击"高级"按钮，弹出"即插即用监视器"对话框，选择"监视器"选项卡，选择"屏幕刷新频率"列表中的"75 赫兹"。

小 结

操作系统是计算机最基本的系统软件，它控制和管理着计算机的软、硬件资源，最大限度地发挥了计算机的工作效率，为用户提供了一个方便、快捷和高效的操作环境。

本章系统地介绍了 Windows XP 操作系统的使用方法，使读者可以学会和计算机交流，学会使用计算机的各种工具，提高工作效率，改善工作质量。

习 题 2

1. Windows 可以同时运行多个程序，列举一些在不同程序之间进行切换的方法。
2. "回收站"的作用是什么？如何使删除的文件不经过"回收站"？
3. Windows 中文件的命名规则是什么？
4. 如何查看文件或文件夹的属性？
5. 在 Windows 中，如何复制、移动、重命名、删除、恢复文件或文件夹？
6. 在 Windows 中，启动应用程序有哪几种方法？
7. 在 Windows 中，如何创建新用户？
8. 在 Windows 中，如何改变鼠标指针形状？

第3章 Word 2003 字处理软件

Microsoft Word 是微软公司 Office 系列办公软件的重要组件之一，它可以对文字进行录入、编辑和排版，对表格和图形进行处理，能够编排出图文并茂的文档。该软件具有友好的用户界面、直观的屏幕效果、丰富强大的处理功能、方便快捷的操作方式以及易学易用等特点。

3.1 Word 的基本操作

本节主要介绍 Word 的启动与退出，文档的新建、打开、保存和关闭的基本操作方法。

3.1.1 启动与退出

1. 启动

Word 常用的启动方法有 3 种：

（1）选择"开始"|"所有程序"|"Microsoft Office"|"Microsoft Office Word 2003"命令。

（2）在桌面上双击 Microsoft Office Word 2003 快捷方式图标。

（3）双击已经存在的 Word 文件（扩展名为.doc）。

2. 退出

通过以下 4 种方法之一都可以退出 Word 程序：

（1）在菜单栏中选择"文件"|"退出"命令。

（2）单击标题栏右侧的"关闭"按钮（❌）。

（3）双击标题栏左侧的"控制菜单"图标。

（4）使用组合键 Alt+F4。

3.1.2 窗口的组成

启动 Word 后，将打开如图 3.1 所示的窗口。它由标题栏、菜单栏、工具栏、标尺、编辑区、滚动条、状态栏和任务窗格等部分组成。

1. 标题栏

标题栏位于窗口最顶端，用于显示应用程序和当前文档的名称等信息。标题栏右侧的 3 个按钮，分别用来控制窗口的最大化/向下还原、最小化和关闭。单击标题栏最左侧的控制菜单图标，可以激活窗口的控制菜单。

2. 菜单栏

菜单栏位于标题栏的下方，由 9 个菜单项组成，单击任意一个菜单项，都会打开对应的下拉菜单，可以根据需要选择相应的命令以完成操作。

3. 工具栏

Word 将常用命令以按钮的方式显示在工具栏上，可以快速实现相应的功能。默认状态下只显示"常用"工具栏和"格式"工具栏。如果需要使用其他工具栏，在菜单栏中选择"视图"｜"工具栏"命令就可以打开其他工具栏。

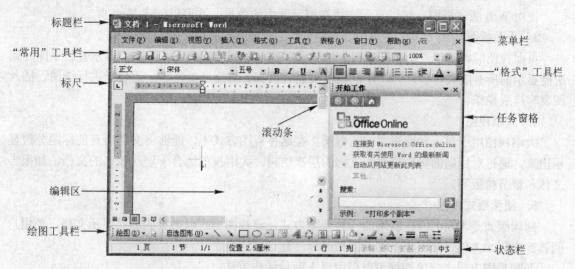

图 3.1 Word 窗口组成

4. 标尺

标尺分为水平标尺和垂直标尺。通过标尺上的刻度和数字，可以查看文档的高度和宽度，还可以进行相应的格式设置等。

5. 编辑区

编辑区是输入文本、插入图片和创建表格的工作区域。其中有一个不断闪动的竖线称为插入点。

6. 滚动条

滚动条分为水平滚动条和垂直滚动条，用于滚动显示文本。滚动条上的滚动块表示当前内容在文档中的位置。

7. 状态栏

状态栏位于窗口的最下方，用于显示当前文档的状态信息，包括文档的总页数、插入点所在页的页数及插入点所在的行数和列数等信息。

8. 任务窗格

任务窗格显示在编辑区的右侧，包括"开始工作"、"剪贴画"、"新建文档"等 14 个任务窗格选项，可以方便地进行相关的操作。

3.1.3 视图方式

Word 提供了 5 种视图方式，同一个文档可以在不同的视图方式下显示和编辑。具体包括普通视图、Web 版式视图、页面视图、大纲视图和阅读版式视图。

1. 普通视图

在普通视图下，可以快速输入文本、图形及表格，并进行简单的排版，可以显示版式的大部分内容，但不能显示页眉、页脚、页码和分栏等效果。

2. Web 版式视图

使用 Web 版式视图，可以显示文档在浏览器中的效果，并可以创建 Web 页。

3. 页面视图

页面视图能够实现"所见即所得"的效果。在这种视图方式下，除了能显示普通视图方式所能显示的所有版式内容之外，还能显示页眉、页脚、脚注及批注等，适合于进行绘图、插入图表等排版操作。

4. 大纲视图

大纲视图用于显示和编辑文档的框架。在这种视图方式下，能够将文档所有的标题分级显示出来，通过对标题的操作来改变文档的层次结构。大纲视图适合于层次较多的文档，如报告文体和章节排版等。

5. 阅读版式视图

阅读版式是 Word 2003 新增的一种视图方式，该视图方式以书页的形式显示文档，使用户阅读起来更加方便，还可以在阅读文档时标注建议和注释。

各种视图方式之间的切换可以采用以下两种操作方法：

（1）在菜单栏中选择"视图"|"普通视图"、"Web 版式视图"、"页面视图"、"阅读版式视图"、"大纲视图"中的一项命令。

（2）单击水平滚动条左侧的视图切换按钮（≡ ⬚ 国 ⬚ 🕮）。

3.1.4   新建、打开、保存和关闭文档

1. 新建文档

通常情况下，在启动 Word 时，系统会自动创建一个新的空白文档，默认名为"文档 1"。在文档编辑过程中，用户还可以通过以下两种方法创建新的文档：

（1）在菜单栏中选择"文件"|"新建"命令，在窗口的右侧弹出"新建文档"任务窗格，如图 3.2 所示。单击"空白文档"选项，可以创建一个新的 Word 空白文档。

（2）单击"常用"工具栏上的"新建空白文档"按钮（🗋），可以创建一个新的 Word 空白文档。

2. 打开文档

Word 会将最近编辑过的文档名列在"文件"菜单的底部（默认为 4 个），要打开这些文档，只需单击相应的文件名即可，如图 3.3 所示。也可以通过以下方法打开其他文档：

（1）在菜单栏中选择"文件"|"打开"命令，或者单击"常用"工具栏上的"打开"按钮（📂），都会弹出"打开"对话框，如图 3.4 所示。

（2）在"查找范围"下拉列表框中选择文档所在的驱动器和文件夹，单击"打开"按钮，或者双击选中的文档都可以打开文档。

图 3.2 "新建文档"任务窗格

3. 保存文档

在创建和编辑文档的过程中，用户要养成随时保存的好习惯，否则，一旦发生意外情况，

可能会导致数据丢失。

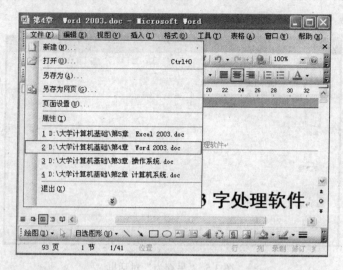

图 3.3　打开最近编辑过的文档

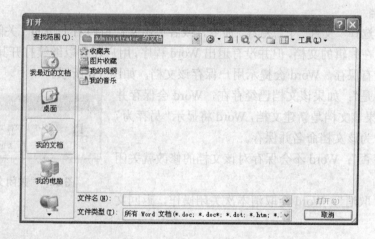

图 3.4　"打开"对话框

（1）保存新建的文档

① 在菜单栏中选择"文件"|"保存"命令，或者单击"常用"工具栏上的"保存"按钮（█），都会弹出"另存为"对话框，如图 3.5 所示。

② 在"保存位置"下拉列表框中选择保存文件的位置，在"文件名"文本框中输入文件的名称，"保存类型"默认为 Word 文档（扩展名为.doc），单击"保存"按钮。

（2）保存已有的文档

如果用户对已经保存过的文档进行了修改，可以单击"常用"工具栏上的"保存"按钮（█），或者在菜单栏中选择"文件"|"保存"命令，则修改前的内容会被覆盖掉，修改后的文档就会以原来的文件名保存下来。

（3）保存文件的副本

如果既想保存修改后的文档，又不想覆盖修改前的内容，则可以选择"文件"菜单|"另

存为"命令，为当前文档重新命名或选择新的保存位置进行保存，而原来文档的内容、名称、位置仍然保持不变。

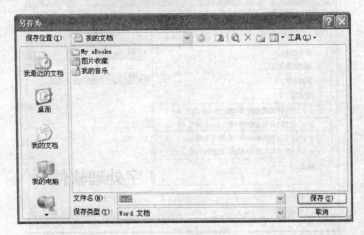

图 3.5　"另存为"对话框

4. 关闭文档

在菜单栏中选择"文件"｜"关闭"命令，或者单击文档窗口右上角的"关闭"按钮（✖），可以关闭当前正在编辑的文档，但并没有退出 Word 程序，用户还可以继续打开其他 Word 文档。如果当前文档没有保存，Word 会提示用户保存该文档，如图 3.6 所示。

（1）选择"是"：如果该文档已经存在，Word 会保存并关闭该文档；如果该文档是新建文档，Word 将显示"另存为"对话框，让用户为该文档命名并保存。

（2）选择"否"：Word 不会保存对该文档的修改就关闭该文档。

图 3.6　"关闭文档"提示框

（3）选择"取消"：Word 会取消本次关闭操作，返回文档编辑窗口。

3.2　文档的编辑

本节主要介绍有关文本输入、文本选择的基本操作方法以及文本编辑的相关操作。

3.2.1　文本的输入

输入文本时，可以通过光标设置插入点来确定文本输入的位置。

（1）输入字符

在文档窗口中有一个不断闪烁的插入点，表示文本输入的位置，随着字符的输入，插入点会自动向右移动。Word 具有自动换行功能，当字符输入到每一行的末尾时，插入点会自动移到下一行的行首位置；只有在段落结束时，才按 Enter 键另起一段。如果文本没有到达行尾就需要另起一行，而又不想开始一个新的段落，可以按 Shift + Enter 键，实现既不产生一个新的段落又可以换行的操作。

在输入字符时，文档默认处于"插入"状态，如图 3.7 所示，输入的字符将出现在插入点的位置；在"改写"状态下，输入的字符将替换其后原来的字符。可以通过以下方法来切换"插入/改写"状态：

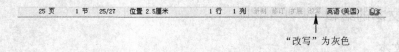

图 3.7 "插入"状态

① 用鼠标双击状态栏上的"改写"二字，灰色为"插入"状态，黑色为"改写"状态。

② 反复按键盘上的 Insert 键进行"插入/改写"状态的切换。

（2）插入特殊符号

通过插入特殊符号，可以在文档中插入键盘上没有定义的符号，具体操作方法如下：

① 将插入点定位在需要插入特殊符号的位置。

② 在菜单栏中选择"插入"|"特殊符号"命令，弹出"插入特殊符号"对话框，如图 3.8 所示。

③ 选择对话框中相应的选项卡，选择需要的符号，单击"确定"按钮。

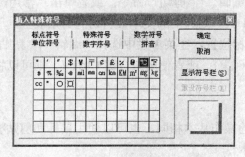

图 3.8 "插入特殊符号"对话框

3.2.2 文本的选择

在进行编辑操作或格式设置前，应该先选择要进行操作的文本，即应遵循"先选择后操作"的原则。以下是常用的选择操作，其中"文本选定区"是指左页边距的空白区，将鼠标指针移动到文本选定区，其形状变为指向右上方的箭头（𝄎）。

（1）选择一个单词：在单词上双击鼠标左键。

（2）选择一句：按住 Ctrl 键，再单击句中的任意位置。

（3）选择一行：在文本选定区单击鼠标左键。

（4）选择多行：在文本选定区上下拖动鼠标左键。

（5）选择一段：在文本选定区双击鼠标左键。

（6）选择整个文档：在文本选定区三击鼠标左键，或者在菜单栏中选择"编辑"|"全选"命令，或者使用组合键 Ctrl+A。

（7）选择任意文本：按住鼠标左键在文本上拖动，可以将鼠标拖动所经过的文本选中；或者先将插入点定位在预选文本的开始位置，单击鼠标左键，然后按住 Shift 键，再将插入点定位到预选文本的结束位置，再次单击鼠标左键。

（8）取消选定：光标移至选定区域以外的任何地方，单击鼠标左键。

3.2.3　文本的编辑

1．移动文本

在编辑文档时，有时需要将一段文本移动到其他位置，可以通过以下方法来实现：

（1）使用鼠标移动文本

① 选择要移动的文本。

② 将鼠标指针移动到被选择的文本区，其形状变为指向左上方的箭头。

③ 按住鼠标左键，鼠标箭头的旁边出现一条竖线，尾部出现一个小方框，拖动竖线到目标位置后释放鼠标左键，完成文本的移动操作。

这种方法适合短距离的移动文本，如果移动距离较远时，可以使用剪贴板操作。

（2）使用剪贴板移动文本

① 选择要移动的文本。

② 在菜单栏中选择“编辑”|“剪切”命令；或者单击“常用”工具栏上的“剪切”按钮（🔧）；或者使用组合键 Ctrl+X。则选中的文本被剪切到剪贴板上。

③ 将插入点定位到目标位置，在菜单栏中选择“编辑”|“粘贴”命令；或者单击“常用”工具栏上的“粘贴”按钮（📋）；或者使用组合键 Ctrl+V。则可以将剪贴板上的文本粘贴到当前插入点位置。

2．复制文本

复制文本与移动文本的操作基本相同，也可以使用鼠标和剪贴板两种方法来实现。

（1）使用鼠标复制文本

① 选择要复制的文本。

② 按住 Ctrl 键，同时将选择的文本拖到目标位置（注意：在这一过程中，鼠标箭头尾部的小方框中会有一个“+”号），释放鼠标左键，完成文本的复制操作。

（2）使用剪贴板复制文本

① 选择要复制的文本。

② 在菜单栏中选择“编辑”|“复制”命令；或者单击“常用”工具栏上的“复制”按钮（📋）；或者使用组合键 Ctrl+C，则选中的文本被复制到剪贴板上。

③ 将插入点定位到目标位置，在菜单栏中选择“编辑”|“粘贴”命令；或者单击“常用”工具栏上的“粘贴”按钮（📋）；或者使用组合键 Ctrl+V，则可以将剪贴板上的文本粘贴到当前插入点位置。

3．删除文本

在文本的编辑过程中，有时需要删除某个字符或一段文本，可以通过以下方法来实现：

（1）删除单个字符

可以使用 Backspace 键删除插入点前面的字符，使用 Delete 键删除插入点后面的字符。

（2）删除一段文本

① 选择要删除的文本。

② 在菜单栏中选择"编辑"|"清除"|"内容"命令，或者按 Delete 键，则选中的文本将会被删除。

4. 撤销、恢复

在"常用"工具栏上有"撤销"按钮（ ↶ ）和"恢复"按钮（ ↷ ），单击"撤销"按钮可以撤销最后一步的误操作，而单击"恢复"按钮则可以恢复被撤销的操作。

单击"撤销"按钮和"恢复"按钮右侧的下三角箭头，都会出现下拉列表框，列表框中记录了最近的多次操作，如果想撤销或恢复多步操作，在列表框中选择要撤销或恢复的操作即可。

5. 查找和替换

（1）查找

Word 提供的查找功能可以帮助用户在一篇文档中快速地找到所需的内容及所在的位置。操作方法如下：

① 在菜单栏中选择"编辑"｜"查找"命令，弹出"查找和替换"对话框，如图 3.9 所示。

图 3.9 "查找和替换"对话框

② 单击"查找"选项卡，在"查找内容"文本框中输入要查找的文本，单击"查找下一处"按钮，查找到的文本会被选中。再单击"查找下一步"按钮，会继续查找目标文本。

③ 对于一些特殊要求的查找，可以通过高级功能来限制查找的范围和格式，单击"高级"按钮，弹出如图 3.10 所示的对话框。

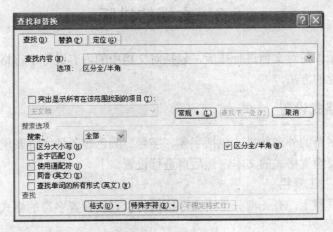

图 3.10 高级"查找和替换"对话框

④ 在"搜索"下拉列表框中可以设定查找的范围，下方的 6 个复选框可以限制查找内容的形式，在"格式"下拉菜单中可以设置查找内容的格式，用户可以根据需要进行选择。

（2）替换

替换功能可以帮助用户用一段文本替换文档中指定的文本。例如，用"计算机"来替换文档中的"computer"。

① 在菜单栏中选择"编辑"｜"替换"命令，弹出"查找和替换"对话框，如图 3.11 所示。

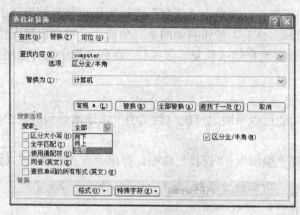

图 3.11 "查找和替换"对话框中"替换"选项卡

② 在"查找内容"文本框中输入要替换的文本，例如"computer"。

③ 在"替换为"文本框中输入替换后的文本，例如"计算机"。

④ 在"搜索"下拉列表框中选择查找替换的范围。

⑤ 单击"替换"按钮，则对查找到的第一处目标文本进行替换。单击"全部替换"按钮，则对查找到的全部目标文本进行替换。单击"查找下一处"按钮，会查找到要替换的文本并选中，如果替换，单击"替换"按钮；如果不替换，则单击"查找下一处"按钮继续查找，直到查找到要替换的文本。

3.3   文档的排版

本节将详细介绍如何对文档进行排版，包括对文档中的内容进行字符格式设置、段落格式设置、特殊格式设置的方法。

3.3.1   字符格式设置

字符格式是指字符的外观效果，包括字体、字号、颜色等各种字符表现形式。在设置字符格式之前，先选择要设置格式的文本，然后再进行设置。

1. 使用"格式"工具栏

在"格式"工具栏上，有一部分常用命令按钮可以直接设置字符的格式，如图 3.12 所示。

（1）字体

Word 提供了几十种中文和英文字体可以选择，单击"字体"按钮右侧的下三角箭头，在下拉列表框中选择字体。

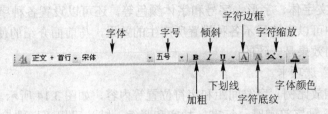

图 3.12 "格式"工具栏上字符格式设置按钮

（2）字号

"字号"就是文字的大小，在 Word 中，表示字号的方式有两种：一种是中文字号，字号越小，对应的字越大；另一种是阿拉伯数字，数字越大，对应的字越大。单击"字号"按钮右侧的下三角箭头，在下拉列表框中选择字号。

（3）字形

"字形"就是文字的形状，"格式"工具栏提供了一些常见的字形设置按钮，包括"加粗、斜体、下划线、字符边框、字符底纹、字符缩放"按钮，用户可以通过它们来设置字形。

（4）字体颜色

"字体颜色"就是文字的颜色，单击"字体颜色"按钮右侧的下三角箭头，在下拉列表框中选择字的颜色。

2. 使用"字体"对话框

使用"字体"对话框可以对字符格式进行综合设置，其中既可以设置字体、字形、字号、颜色和效果，还可以设置字符间距和动态效果等。具体设置方法如下：

（1）选择要进行字符格式设置的文本。

（2）在菜单栏中选择"格式"｜"字体"命令，或者单击鼠标右键，在弹出的快捷菜单中选择"字体"命令，都会弹出"字体"对话框，如图 3.13 所示。

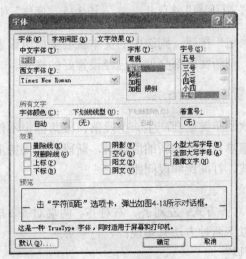

图 3.13 "字体"对话框

① "字体"选项卡

可以设置中/西文字体、字形、字号和字体颜色等,还可以设置各种字符效果。设置完毕后,在"预览"栏中可以直接显示各种设置所产生的效果,与前面介绍的使用"格式"工具栏进行字符格式设置的效果是一致的。

② "字符间距"选项卡

可以设置字符缩放比例、字符间距和字符位置等内容,如图 3.14 所示。

Word 提供了 3 种字符间距:标准、加宽和紧缩,默认采用"标准"间距;同时,Word还提供了 3 种字符位置:标准、提升和降低,其中"提升"和"降低"是相对"标准"位置而言的。

③ "文字效果"选项卡

可以设置文字的动态效果,如图 3.15 所示。

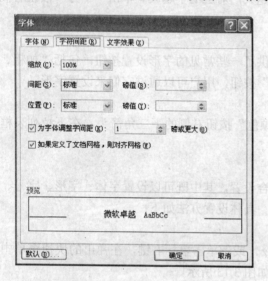
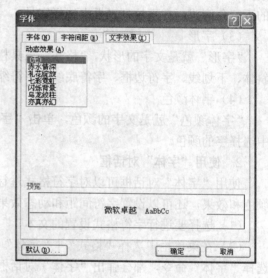

图 3.14 "字体"对话框中"字符间距"选项卡　　　图 3.15 "字体"对话框中"文字效果"选项卡

设置结束后,单击"确定"按钮,则选中的文本就会变成所设置的格式。如果在设置好格式的文本后继续输入文本,则新文本都会使用已经设置好的格式。

3.3.2　段落格式设置

在 Word 中,每按一次回车键就会产生一个段落,段落标记不仅表示一个段落的结束,同时还包含了该段落的格式信息。当开始新的段落时,新段落会保持上一个段落的格式。段落格式包括对齐方式、缩进方式、行间距和段间距等。

1. 对齐方式

Word 提供了 5 种段落对齐方式:左对齐、右对齐、两端对齐、居中对齐和分散对齐。设置段落的对齐方式可以通过以下两种方法来实现:

(1) 使用"格式"工具栏

在"格式"工具栏上,有 4 个命令按钮可以直接设置段落的对齐方式,如图 3.16 所示。

① 两端对齐：段落的每行文本首尾对齐，最后一行文本左对齐。默认情况下使用这种对齐方式。

② 居中对齐：文本位于文档左右边界的中间。

③ 右对齐：文本以文档的右边界为基准对齐。

④ 分散对齐：文本均匀地分布在段落的每一行。

其中，"分散对齐"和"两端对齐"很相似，其区别在于"两端对齐"是当最后一行文本未输满时会左对齐，而"分散对齐"则将未输满行的首尾仍与前一行对齐，而且平均分配字符间距。

（2）使用"段落"对话框

在菜单栏中选择"格式"|"段落"命令，弹出"段落"对话框，如图 3.17 所示。选择其中的"缩进和间距"选项卡，在"对齐方式"下拉列表框中有 5 种对齐方式，与前面介绍的使用"格式"工具栏进行对齐方式设置的效果是一致的。

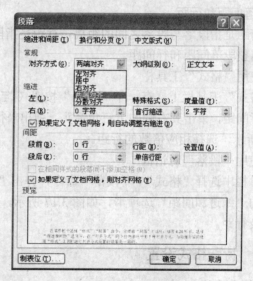

图 3.16 "格式"工具栏上对齐方式设置按钮   图 3.17 "段落"对话框

2. 缩进方式

段落的缩进方式包括 4 种：首行缩进、悬挂缩进、左缩进和右缩进。可以使用以下两种方法进行段落缩进的设置。

（1）使用"水平标尺"

水平标尺如图 3.18 所示。

图 3.18 水平标尺

① 首行缩进：是指段落中的第一行向右缩进一段距离。

② 悬挂缩进：是指段落的首行起始位置不变，其余各行均向右缩进一段距离。

③ 左缩进：是指整个段落向右缩进一段距离。

④ 右缩进：是指整个段落向左缩进一段距离。

具体操作：将插入点放置在段落中的任意位置，用鼠标拖动水平标尺上相应的缩进游标到所需缩进量的位置即可。

（2）使用"段落"对话框

段落缩进也可以使用对话框来设置，与鼠标拖动标尺上游标的方法相比，使用对话框可以使缩进量更加精确。具体操作方法如下：

在菜单栏中选择"格式"｜"段落"命令，弹出"段落"对话框，选择其中的"缩进和间距"选项卡，如图 3.17 所示，从中可以进行相应的"缩进"设置，可以在"特殊格式"下拉列表框里设置"首行缩进"和"悬挂缩进"。

3. 段落间距和行距

段落间距是指段落与段落之间的距离，行距是指段落中行与行之间的距离。可以使用以下两种方法调整段落间距和行间距。

（1）使用"格式"工具栏

在"格式"工具栏上，有一个"行距"按钮（ ）可以直接设置段落的行间距，单击其右侧的下三角箭头，弹出"行距"下拉菜单，如图 3.19 所示，选择相应倍数的行距。

（2）使用"段落"对话框

在菜单栏中选择"格式"｜"段落"命令，弹出"段落"对话框，选择其中的"缩进和间距"选项卡，如图 3.17 所示，可以设置段前、段后间距及行距。

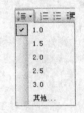

图 3.19   "行距"下拉菜单

3.3.3   特殊格式设置

1. 边框和底纹

为了使整个文档的版面看起来更加清晰和美观，可以为文档设置边框和底纹。

（1）文字或段落边框

文字或段落边框是为某些文字或段落添加边框效果，具体设置方法如下：

① 选择要设置边框的文字或段落。

② 在菜单栏中选择"格式"｜"边框和底纹"命令，弹出"边框和底纹"对话框，选择其中的"边框"选项卡，如图 3.20 所示。

③ 选择边框的类型、线型、颜色、宽度和应用范围等。

注意：当为整个段落设置边框时，"应用于"处必须选择"段落"，否则 Word 会为所选段落的每一行文字添加边框。

（2）页面边框

页面边框是指对整篇文档的页面或部分页面添加边框效果，具体设置方法如下：

① 在菜单栏中选择"格式"｜"边框和底纹"命令，弹出"边框和底纹"对话框，选择其

中的"页面边框"选项卡。

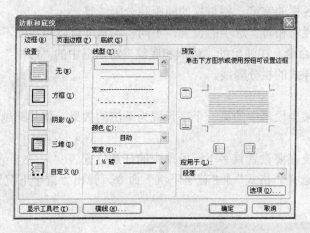

图 3.20 "边框和底纹"对话框中"边框"选项卡

② 选择页面边框的类型、线型、颜色、宽度、艺术型和应用范围等。

（3）底纹

底纹是指给文字或段落添加背景颜色或图案，具体设置方法如下：

① 选择要添加底纹的文字或段落。

② 在菜单栏中选择"格式"│"边框和底纹"命令，弹出"边框和底纹"对话框，选择其中的"底纹"选项卡，如图 3.21 所示。

③ 选择填充颜色、图案样式和颜色、应用范围等。

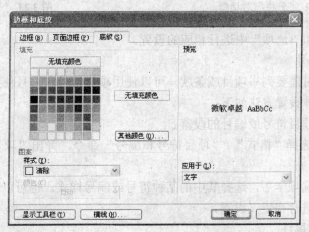

图 3.21 "边框和底纹"对话框中"底纹"选项卡

2. 分栏

分栏是指将一段或多段文本分成并列的几排，常用于报纸、书籍和杂志的排版中。具体设置方法如下：

（1）选择要分栏的段落。

（2）在菜单栏中选择"格式"｜"分栏"命令，弹出"分栏"对话框，如图 3.22 所示。

（3）设置栏数、各栏的宽度、栏与栏的间距和分隔线等。

注意：通过对"栏宽相等"选项的设置，不同栏的宽度可以相同或不同。另外，通过"格式"｜"边框和底纹"命令，在弹出的"边框和底纹"对话框中的"边框"选项卡中对边框线的设置，可以设置特殊样式的栏分隔线。

3. 首字下沉

首字下沉是指将某个段落中的第一个字设置为下沉的效果，使其跨越多行文字显示。具体设置方法如下：

（1）将插入点定位在要设置首字下沉段落中的任意位置。

（2）在菜单栏中选择"格式"｜"首字下沉"命令，弹出"首字下沉"对话框，如图 3.23 所示。

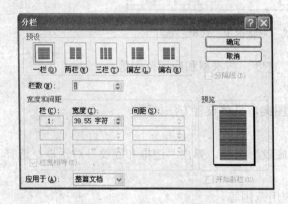

图 3.22　"分栏"对话框

图 3.23　"首字下沉"对话框

（3）在"位置"和"选项"中进行相应的设置。

4. 项目符号和编号

编辑文档时，有时需要列举项目或条款，可以使用项目符号和编号使文档层次分明、结构清晰、便于阅读。具体设置方法如下：

（1）选择要添加项目符号或编号的段落。

（2）在菜单栏中选择"格式"｜"项目符号和编号"命令，弹出"项目符号和编号"对话框，如图 3.24 所示。

（3）选择所需的选项卡后，选择其中的某种符号或编号样式。也可以通过"自定义"按钮对所选的符号或编号进行自定义设置。

5. 批注、脚注和尾注

"批注"是指用户在审阅文档时添加的批阅性文字，一般添加在正文的右页边距处。"脚注"和"尾注"是对文档中的特殊文本进行解释说明，脚注添加在页面底端，尾注添加在文档结尾处。

（1）批注

① 添加批注

选择要添加批注的文本，在菜单栏中选择"插入"｜"批注"命令，显示出"批注"文本框，在文本框中输入批注内容。

② 删除批注

用光标指向已添加批注的文本框或批注内容，单击鼠标右键，在弹出的快捷菜单中选择"删除批注"命令，即可将批注删除。

（2）脚注和尾注

① 添加脚注和尾注

将插入点定位在要插入脚注或尾注的位置；在菜单栏中选择"插入"|"引用"|"脚注和尾注"命令，打开如图 3.25 所示的"脚注和尾注"对话框；选择脚注或尾注，并设置"格式"，单击"插入"按钮确定后，插入点将置于脚注或尾注编辑区，输入内容即可。

图 3.24　"项目符号和编号"对话框

图 3.25　"脚注和尾注"对话框

② 删除脚注和尾注

选择要删除的脚注或尾注标记，按 Delete 键即可删除该脚注或尾注。

6. 中文版式

在对文档进行排版时，根据需要可以使用中文版式对字符做特殊效果的设置。

选择字符，在菜单栏中选择"格式"|"中文版式"命令，在弹出的子菜单中可以对选择的字符做如下设置：

（1）拼音指南，为选中的汉字添加拼音。

（2）带圈字符，为选中的字符添加带圈效果。

（3）纵横混排，对选中的字符进行纵横混排，实现文字混排效果。

（4）合并字符，将选中的字符合成一个整体，字符将被压缩并排列成两行。

（5）双行合一，将选中的字符压缩成长度相等的上下两行，其高度与一行文字的高度相同。

3.3.4　格式刷的使用

在对文档进行格式设置时，根据需要可以将某段文本的格式复制给其他文本，可以通过"格式"工具栏上的"格式刷"按钮（🖌️）来实现。具体操作方法如下：

（1）选择已经格式化的文本，单击"格式刷"按钮，光标变成刷子的形状（🖌️I）。

（2）按住鼠标左键在要格式化的文本上拖动，则其格式与所选文本的格式相同。

注意：单击"格式刷"按钮可以复制一次文本的格式，使用完毕后，"格式刷"会自动消失；双击"格式刷"按钮可以多次复制文本的格式，使用完毕后，再次单击"格式刷"按钮或按 Esc 键，才能取消"格式刷"的使用。

3.4 表格的制作

在日常办公中，经常需要用到各种类型的表格，如账目表、工资表、个人履历表等。Word 提供了强大的制表功能，用户可以轻松地制作和使用各种表格。

3.4.1 创建表格

在 Word 中，用户可以通过多种方式创建表格。

1. 使用"常用"工具栏

（1）将插入点定位在需要插入表格的位置。

（2）单击"常用"工具栏上的"插入表格"按钮（ ▦ ）。

（3）按住鼠标左键并向右下方拖动，如图 3.26 所示。当行数和列数符合要求时，释放鼠标左键，就会在插入点处创建一个表格。

2. 使用"插入表格"命令

（1）将插入点定位在需要插入表格的位置。

（2）在菜单栏中选择"表格"｜"插入"｜"表格"命令，弹出"插入表格"对话框，如图 3.27 所示。

图 3.26 使用"插入表格"按钮创建表格　　　　图 3.27 "插入表格"对话框

（3）分别在"列数"和"行数"微调框中设置表格的列数和行数，在"自动调整"操作栏中选择表格的列宽。

（4）单击"确定"按钮，即可在插入点处创建一个表格。

3. 绘制表格

上述两种方法适合创建较规则的表格，对于一些较复杂的表格，使用绘制表格的方法更加灵活方便。

（1）将插入点定位在需要插入表格的位置。

（2）在菜单栏中选择"表格"｜"绘制表格"命令，或者单击"常用"工具栏上的"表格和边框"按钮（），弹出"表格和边框"工具栏，如图 3.28 所示。

（3）单击工具栏上的"绘制表格"按钮（📝），鼠标指针变为笔形，这时可以进行表格的绘制。

（4）单击工具栏上的"擦除"按钮（📝），鼠标指针变为橡皮形状，在要擦除的线上单击或拖动鼠标左键即可完成擦除操作。

4. 绘制斜线表头

（1）使用"表格和边框"工具栏

① 在菜单栏中选择"表格"｜"绘制表格"命令，鼠标指针自动变成笔形。

② 选择适当的线型，拖动鼠标左键从表头单元格的左上角到右下角绘制一条斜线。

③ 将插入点置于表头单元格中，借助空格键和回车键，输入表头文本。

（2）使用"绘制斜线表头"命令

① 将插入点定位在表格中的任意位置。

② 在菜单栏中选择"表格"｜"绘制斜线表头"命令，弹出"插入斜线表头"对话框，如图 3.29 所示。

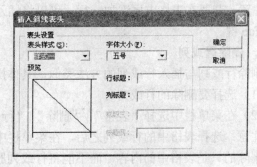

图 3.28 "表格和边框"工具栏　　　　图 3.29 "插入斜线表头"对话框

③ 选择表头样式、字体大小，输入斜线表头的各个标题。

④ 单击"确定"按钮，斜线表头制作完毕。

3.4.2 编辑表格

1. 选择单元格

（1）选择一个单元格

将插入点定位在要选择的单元格中，选择"表格"｜"选择"｜"单元格"命令；或者将鼠标指针指向要选择单元格内左侧的选择区，鼠标指针变成右上角方向黑色箭头形状（➹），单击即可选择该单元格。

（2）选择行

将插入点定位在要选择行的任意一个单元格中，选择"表格"｜"选择"｜"行"命令；或者将鼠标指针指向表格左侧的选择区，鼠标指针变成右上角方向白色箭头形状（➹），单击即可选择该行；若要选择多行，只需在表格左侧的选择区进行拖动选择。

（3）选择列

将插入点定位在要选择列的任意一个单元格中，选择"表格"｜"选择"｜"列"命令；或者将鼠标指针指向表格上边界的选择区，鼠标指针变成向下指的黑色箭头形状（↓），单击即可选择该列；若要选择多列，只需在表格上边界的选择区进行拖动选择。

（4）选择表格区域

当需要选择表格中的一块区域时，只需从要选择区域的左上角单元格起，按住鼠标左键并拖动到要选择区域的右下角单元格，释放鼠标即可。

（5）选择表格

将插入点定位在要选择表格的任意一个单元格中，选择"表格"｜"选择"｜"表格"命令；或者将鼠标指针指向表格，单击表格左上角出现的"选择表格"图标（⊞）即可。

2. 插入行或列

插入列的操作与插入行的操作基本相同，下面以插入行为例介绍具体的操作方法。

（1）选择与插入位置相邻的行，选择的行数与要增加的行数相同。

（2）在菜单栏中选择"表格"｜"插入"｜"行（在上方）"或"行（在下方）"命令，即可完成插入操作。

注意：若要在表格末尾添加一行，可以将插入点定位到最后一行的最后一个单元格中，然后按 Tab 键。

3. 删除行或列

删除行或列与插入行或列的方法类似，具体操作方法如下：

（1）选择要删除的行或列。

（2）在菜单栏中选择"表格"｜"删除"｜"行"或"列"命令，即可完成删除操作。

注意：选择表格中的行或列之后，在菜单栏中选择"编辑"｜"清除"命令，或者按 Delete 键，删除的只是表格中的内容，而不能将行或列删除。

4. 调整行高和列宽

调整表格的行高和列宽的方法类似，下面以调整列宽为例介绍具体的操作方法。

（1）使用鼠标指针调整

① 将插入点定位在要调整列宽的列中或者选中该列。

② 将鼠标指针指向对应于这一列的水平标尺上的列标志处，或者指向要改变列宽的列分隔线上，鼠标指针变成水平双向箭头形状，按住鼠标左键并拖动，即可改变列宽。

如果用户只想改变某列中一个或几个单元格的宽度，则先选择要改变宽度的单元格，再使用鼠标指针调整列宽即可。

（2）使用对话框

① 将插入点定位在要调整列宽的列中或者选中该列。

② 在菜单栏中选择"表格"｜"表格属性"命令，弹出"表格属性"对话框，选择其中的"列"选项卡，如图 3.30 所示。

③ 选中"指定宽度"复选框，设置列宽值和列宽单位。

④ 单击"前一列"或"后一列"按钮，可以继续修改相邻列的宽度。

图 3.30 "表格属性"对话框中"列"选项卡

5. 合并和拆分单元格

（1）合并单元格

合并单元格就是将相邻的多个单元格合并成一个单元格。具体操作方法如下：

① 选择要合并的单元格区域。

② 在菜单栏中选择"表格"｜"合并单元格"命令，或者单击"表格和边框"工具栏上的"合并单元格"按钮（ ），都可以完成合并单元格操作。

（2）拆分单元格

拆分单元格就是将表格中的一个单元格拆分成多个单元格，达到增加行数和列数的目的。具体操作方法如下：

① 选择要拆分的单元格。

② 在菜单栏中选择"表格"｜"拆分单元格"命令，或者单击"表格和边框"工具栏上的"拆分单元格"按钮（ ），都会弹出"拆分单元格"对话框，如图 3.31 所示。

③ 在"列数"和"行数"微调框中输入或选择单元格拆分后的列数和行数。

④ 单击"确定"按钮即可完成设置。

6. 单元格中文本的对齐方式

（1）选择要设置对齐方式的单元格。

（2）单击鼠标右键，选择"单元格对齐方式"命令，或者单击"表格和边框"工具栏上的"单元格对齐"按钮（ ），在弹出的子菜单中共有 9 种对齐方式可供选择，如图 3.32 所示，可进行相应的设置。

图 3.31 "拆分单元格"对话框

图 3.32 单元格对齐方式

3.4.3　表格自动套用格式

Word 提供了许多已经定义好的表格格式,用户可以通过表格自动套用格式来快速地编辑表格。具体操作方法如下:

(1)将插入点定位在表格的任意一个单元格中,或者选中整张表格。

(2)在菜单栏中选择"表格"|"表格自动套用格式"命令,弹出"表格自动套用格式"对话框,如图 3.33 所示。

(3)选择相应的表格样式,在"预览"栏中会显示出格式的效果,单击"应用"按钮。

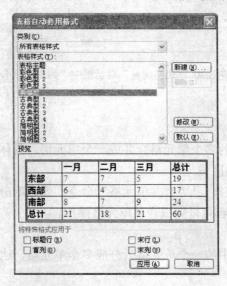

图 3.33　"表格自动套用格式"对话框

3.4.4　表格中数据的计算与排序

1. 表格中数据的计算

Word 提供了很多函数,可以对表格中的数据进行计算,常用的函数有:求和函数 SUM()、平均值函数 AVERAGE()、计数函数 COUNT()、最大值函数 MAX()、最小值函数 MIN()等。下面以求和函数为例介绍具体的操作方法。

(1)将插入点定位在存放结果的单元格中。

(2)在菜单栏中选择"表格"|"公式"命令,弹出"公式"对话框,如图 3.34 所示。

(3)在"公式"文本框中输入计算公式"=SUM()",或者从"粘贴函数"下拉列表框中选择 SUM 函数,并在公式的括号中给定参数求和的范围。

(4)单击"确定"按钮,即可计算出指定单元格中数值的和。

2. 表格中数据的排序

用户可以对表格中的数据进行"升序"或"降序"的排序。具体操作方法如下:

(1)将插入点定位在表格的任意一个单元格中。

(2)在菜单栏中选择"表格"|"排序"命令,弹出"排序"对话框,如图 3.35 所示。

（3）选择排序关键字的优先次序、类型和排序方式，单击"确定"按钮。

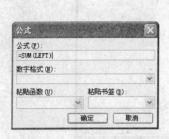

图 3.34 "公式"对话框　　　　　　　图 3.35 "排序"对话框

3.5 图 文 混 排

Word 不仅具有强大的文字处理功能，还具有较强的图片处理能力，可以对图片进行编辑、修改等，排版出图文并茂的文档。

3.5.1 插入与编辑图片

1. 插入图片

Word 可以从 Office 的图片剪辑库中插入剪贴画，也可以将硬盘、光盘、U 盘等存储介质中的图片插入到文档中。

（1）插入剪贴画

① 将插入点定位在要插入图片的位置。

② 在菜单栏中选择"插入"|"图片"|"剪贴画"命令，在窗口右侧出现"剪贴画"任务窗格，如图 3.36 所示。

③ 在"搜索文字"文本框中输入搜索关键字，在"搜索范围"下拉列表框中选择要搜索的范围，在"结果类型"下拉列表框中选择要搜索的媒体类型。

④ 单击"搜索"按钮，搜索结果出现在任务窗格下方的浏览区中，单击要插入的剪贴画即可将其插入到文档的插入点处。

（2）插入图片文件

① 将插入点定位在要插入图片的位置。

② 在菜单栏中选择"插入"|"图片"|"来自文件"命令，弹出"插入图片"对话框，如图 3.37 所示。

③ 在"查找范围"下拉列表框中选择图片所在的位置，在其下方的浏览区中找到要插入的图片，单击"插入"按钮，即可插入图片文件。

图 3.36 "剪贴画"任务窗格

图 3.37 "插入图片"对话框

2. 编辑图片

选择插入的图片，Word 会自动打开"图片"工具栏，如图 3.38 所示，可以对图片进行各种编辑操作。

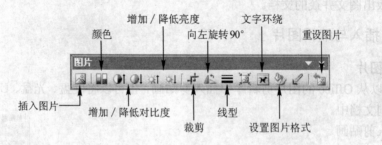

图 3.38 "图片"工具栏

（1）调整图片的大小

① 使用鼠标

选中图片，图片四周会出现 8 个控制点，用鼠标拖动控制点即可改变图片的大小。

② 使用对话框

选中图片，单击"图片"工具栏上的"设置图片格式"按钮，弹出"设置图片格式"对话框，选择"大小"选项卡，如图 3.39 所示。通过调整"高度"和"宽度"的值或者改变缩放比例均可以改变图片的大小。

（2）设置图片的环绕方式

① 使用"图片"工具栏

选中图片，单击"图片"工具栏上的"文字环绕"按钮，弹出"文字环绕"菜单，如图 3.40 所示，从中选择合适的环绕方式即可。

② 使用对话框

选中图片，单击"图片"工具栏上的"设置图片格式"按钮，弹出"设置图片格式"对话框，选择其中的"版式"选项卡，如图 3.41 所示。选择所需的环绕方式和水平对齐方式。单击"高级"按钮，弹出的对话框中包含更多的环绕方式可供选择。

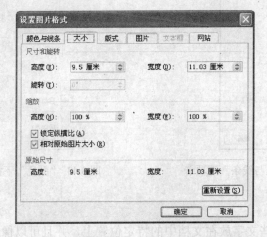

图 3.39 "设置图片格式"对话框中"大小"选项卡   图 3.40 "文字环绕"菜单

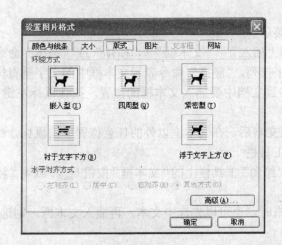

图 3.41 "设置图片格式"对话框中"版式"选项卡

（3）设置图片的效果

① 设置图片的颜色与线条

选中图片，单击"图片"工具栏上的"设置图片格式"按钮，弹出"设置图片格式"对话框，选择其中的"颜色与线条"选项卡，如图 3.42 所示。单击"颜色"下拉列表框右侧的下三角箭头，在下拉列表中可以选择图片的填充色或填充效果。在"线条"设置区可以设置图片的线条颜色、虚实、线型和粗细。

② 设置图片特殊效果

选中图片，单击"图片"工具栏上的"颜色"按钮，弹出"颜色"下拉菜单，如图 3.43 所示，可以设置图片的特殊效果。

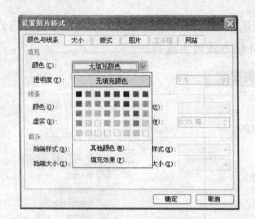

图 3.42　"设置图片格式"对话框中"颜色与线条"选项卡　　　　图 3.43　"颜色"下拉菜单

3.5.2　插入与编辑文本框

在 Word 中，通过文本框可以将某些文字放在文档中的特定位置上，并且可以像设置图片一样来设置文本框的各种效果。

1. 插入文本框

（1）使用"插入"菜单

① 在菜单栏中选择"插入"｜"文本框"｜"横排"或"竖排"命令。其中，"横排"命令表示文本框中的文字水平排列，"竖排"命令表示文本框中的文字垂直排列。

② 将十字形光标移到文档中要插入文本框的位置，按住鼠标左键并拖动，即可在指定位置插入一个文本框。

③ 在文本框中输入文本后，在文本框以外的任意位置单击鼠标，结束文本框操作。

（2）使用"绘图"工具栏

单击文档窗口下方"绘图"工具栏上的"文本框"按钮（▢）或者"竖排文本框"按钮（▥），也可以插入文本框。

注意：在插入文本框时，也可以先选中文本，再插入文本框，则选中的文本会被放置到文本框中。

2. 编辑文本框

（1）选中文本框

在文本框的边框线上单击鼠标左键，即可选中文本框。

（2）调整文本框大小

选中文本框后，其四周会出现 8 个控制点，将鼠标指针移动到其中的任意一个控制点上，按住鼠标左键并拖动，即可调整文本框的大小。

（3）改变文本框位置

将鼠标指针移动到文本框的边框线上，光标变成十字形箭头形状，按住鼠标左键并拖动，会出现虚线框指示文本框的新位置，释放鼠标左键即改变了文本框的位置。

（4）设置文本框格式

① 选中文本框，单击鼠标右键，在弹出的快捷菜单中选择"设置文本框格式"命令，或者用鼠标双击选中的文本框，都会弹出"设置文本框格式"对话框，如图 3.44 所示。

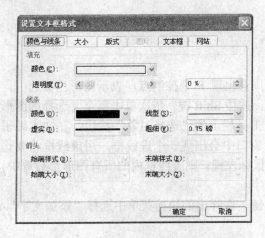

图 3.44 "设置文本框格式"对话框

② 在对话框中可以设置文本框的颜色与线条、大小、版式和文本框的内部边距等。

另外，使用"绘图"工具栏上的按钮可以设置文本框的填充颜色、边框颜色、文字颜色、边框线型以及文本框的阴影样式、三维效果等。

（5）删除文本框

选中文本框，按 Delete 键，文本框和其内部的文本将同时被删除。

3.5.3 绘制与编辑图形

1. 绘制图形

（1）"绘图"工具栏

在菜单栏中选择"视图"｜"工具栏"｜"绘图"命令，会打开"绘图"工具栏，如图 3.45 所示。使用"绘图"工具栏上的绘图工具可以绘制各种图形。

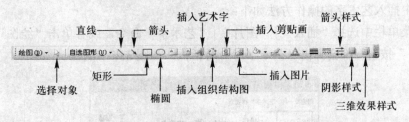

图 3.45 "绘图"工具栏

（2）绘制基本图形

单击"绘制"工具栏上的"直线"、"箭头"、"矩形"或"椭圆"按钮，可以在文本编辑区绘制出这 4 种基本图形。正方形和圆形分别是矩形和椭圆的特例，绘制时先单击"矩形"或"椭圆"按钮，按住 Shift 键，再绘制即可。

（3）绘制自选图形

单击"绘图"工具栏上的"自选图形"按钮，打开"自选图形"菜单，如图 3.46 所示。使用该菜单可以绘制各种线条、连接符、基本形状、箭头、流程图、星与旗帜、标注以及其他自选图形等。

2. 编辑图形

（1）选择图形

单击某个图形，其四周会出现 8 个控制点，表示图形已被选中。
如果要同时选择多个图形，按住 Shift 键，依次单击每个要选择的图形
即可；或者单击"绘图"工具栏上的"选择对象"按钮，在文本编辑
区按下鼠标左键并拖动，窗口中会出现一个虚线框，用虚线框将要选
择的图形全部包括，释放鼠标左键，则虚线框内的所有图形都被选中。

图 3.46　"自选图形"菜单

（2）在图形中添加文字

在图形上单击鼠标右键，在弹出的快捷菜单中选择"添加文字"命令，即可在图形中添加
文字。

（3）图形叠放次序

选择需要调整叠放次序的图形，单击"绘图"工具栏上的"绘图"按钮，在弹出的菜单中
选择"叠放次序"命令，其中包括 6 种叠放次序，选择其中的一种，则选中的图形按此叠放次
序排列；或者在选择的图形上单击鼠标右键，在弹出的快捷菜单中选择"叠放次序"命令，然
后在其子菜单中选择叠放次序的方式。

（4）组合图形

组合图形可以将多个图形组合到一起，使其成为一个对象。具体操作方法如下：

首先选择需要组合的所有图形，然后单击"绘图"工具栏上的"绘图"按钮，选择其中的
"组合"命令。或者在选中的图形上单击鼠标右键，在弹出的快捷菜单中选择"组合"｜"组合"
命令。取消图形组合的方法类似，只要选择相应的"取消组合"命令即可。

3.5.4　插入艺术字

艺术字是指具有特殊效果的文字，可以有各种颜色、字体和形状等，以满足不同排版的需
要。在文档中插入艺术字的操作方法如下：

（1）在菜单栏中选择"插入"｜"图片"｜"艺术字"命令，或者单击"绘图"工具栏上的
"插入艺术字"按钮，都会弹出"艺术字库"对话框，如图 3.47 所示。

图 3.47　"艺术字库"对话框

（2）选择所需的艺术字样式，单击"确定"按钮，弹出"编辑'艺术字'文字"对话框，如图 3.48 所示。

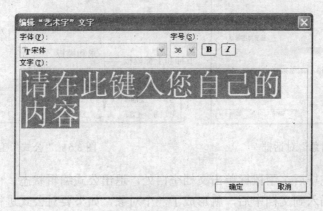

图 3.48　"编辑'艺术字'文字"对话框

（3）在"文字"文本框中输入艺术字的内容，设置字体、字号、是否加粗或倾斜，单击"确定"按钮，艺术字就插入到文档中。

设置艺术字格式可以通过"艺术字"工具栏实现，如图 3.49 所示。

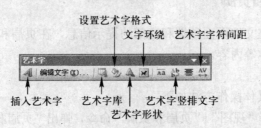

图 3.49　"艺术字"工具栏

3.5.5　公式编辑器

Word 提供的公式编辑器能够帮助用户编辑各种公式。下面以求和公式为例说明其使用方法。

例：求和公式 $s(t) = \sum_{i=0}^{\infty} x_i^2(t)$

具体操作方法如下：

（1）将插入点定位在要插入公式的位置。

（2）在菜单栏中选择"插入"│"对象"命令，弹出"对象"对话框，如图 3.50 所示。

（3）选择"新建"选项卡，在"对象类型"列表框中选择"Microsoft 公式 3.0"选项，单击"确定"按钮，将启动公式编辑器，并显示出"公式"工具栏，如图 3.51 所示。

（4）工具栏的顶行提供了一系列的数学符号，底行提供了一系列的公式模板。要插入求和公式，先输入"s(t)="，然后使用"求和模板"按钮、"下标和上标模板"按钮选择相应的模板，并将插入点移动到相应的位置进行输入。

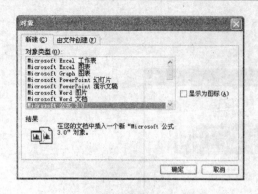

图 3.50 "对象"对话框

图 3.51 "公式"工具栏

（5）公式输入完毕后，用鼠标单击文档空白处，退出公式编辑状态。

注意：公式被插入到文档中后，就形成了一个对象，如果要对公式进行修改，只需用鼠标双击公式，进入到公式编辑器的窗口，就可以重新对公式进行编辑。

3.6　页面设置与打印

3.6.1　设置页眉和页脚

页眉和页脚是显示在文档页面顶端和底部的提示信息，在页眉和页脚中可以插入页码、日期、公司徽标和章节名称等内容。

1. 插入页眉和页脚

插入页眉和页脚的具体操作方法如下：

（1）在菜单栏中选择"视图"|"页眉和页脚"命令，弹出"页眉和页脚"工具栏，如图 3.52所示。

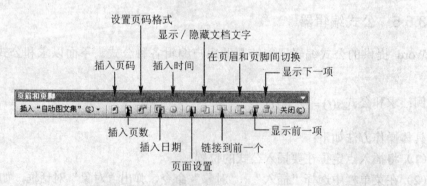

图 3.52 "页眉和页脚"工具栏

（2）页面顶端是页眉编辑区，页面底部是页脚编辑区，单击"页眉和页脚"工具栏上的"在页眉和页脚间切换"按钮，可以在页眉和页脚编辑状态间进行切换。

（3）分别输入页眉和页脚的内容，单击"页眉和页脚"工具栏上的"关闭"按钮，完成页眉和页脚的插入操作，返回到文档的编辑状态。

2. 修改／删除页眉和页脚

修改或删除页眉和页脚的具体操作方法如下：

（1）在菜单栏中选择"视图"｜"页眉和页脚"命令，或者双击页眉、页脚区，出现页眉和页脚编辑窗口及"页眉和页脚"工具栏。

（2）对页眉和页脚进行修改或用 Delete 键删除即可。

3.6.2 插入页码

如果要打印的文档是多页，可以为文档的每一页插入页码，具体操作方法如下：

（1）在菜单栏中选择"插入"｜"页码"命令，弹出"页码"对话框，如图 3.53 所示。

（2）选择插入页码的位置、对齐方式和首页是否显示页码等。

（3）单击"格式"按钮，弹出"页码格式"对话框，如图 3.54 所示，可以设置页码的数字格式和起始页码等。

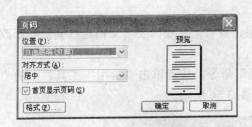

图 3.53 "页码"对话框

图 3.54 "页码格式"对话框

3.6.3 页面设置

文档在打印之前要进行页面设置，页面设置是指对页边距、纸张大小、纸张来源和版式等进行设置。在菜单栏中选择"文件"｜"页面设置"命令，弹出"页面设置"对话框，如图 3.55 所示。

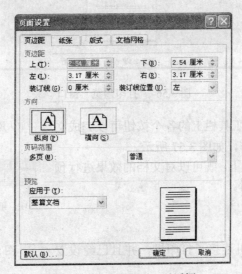

图 3.55 "页面设置"对话框

（1）"页边距"选项卡

①"页边距"是指文本距纸张边缘上、下、左、右的距离，还可以设置打印文档的装订区域。

②"方向"是指纸张为纵向打印还是横向打印。

③"应用于"是指所设定的页面格式将会影响整篇文档或者是插入点以下的页。

（2）"纸张"选项卡

①"纸张大小"是指选择使用的纸张（如 A4、B5 等）。如果在"纸张大小"下拉列表框中选择"自定义大小"，则需在"高度"和"宽度"框中输入纸张的高度和宽度值，否则这两个框内显示的是当前选择的某一规格纸的尺寸。

②"纸张来源"用于设置打印机打印纸的来源。一般情况下，选择默认纸盒即可。

（3）"版式"选项卡

"页眉和页脚"用于设置奇偶页或首页的页眉/页脚是否相同、页眉/页脚距离页边距的宽度等。

3.6.4 打印预览

在打印文档前，应该先预览文档的打印效果，查看是否还需要对文档进行编辑和修改，以得到满意的效果。具体操作方法如下：

（1）在菜单栏中选择"文件"|"打印预览"命令，或者单击"常用"工具栏上的"打印预览"按钮（ ），打开"打印预览"窗口，如图 3.56 所示。

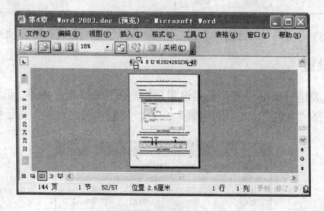

图 3.56 "打印预览"窗口

（2）使用"打印预览"工具栏上的各个按钮可以完成文档在打印预览状态下的操作，如图 3.57 所示。

注意：在打印预览状态下，既可以对文档的效果进行预览，也可以对文档进行编辑。

3.6.5 打印输出

如果正在使用的计算机连接了打印机，并且已经设置好，就可以打印文档了。

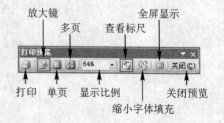

图 3.57 "打印预览"工具栏

（1）如果直接使用打印机的默认设置打印当前文档的全部内容，则单击"常用"工具栏上的"打印"按钮（　），或者在"打印预览"模式下单击"打印"按钮。

（2）如果打印文档之前需要对打印机和打印方式进行设置，则在菜单栏中选择"文件" |"打印"命令，弹出"打印"对话框，如图 3.58 所示。在其中选择打印机名称、设置打印机属性、选择打印页面范围等。

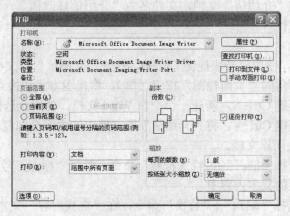

图 3.58　"打印"对话框

案例 1　Word 2003 的基本操作

【案例描述】

本案例要求对"介绍信"文档进行编辑和修改，制作如图 3.59 所示的"介绍信"。

图 3.59　"介绍信"样文

参照样文，具体要求如下：

（1）启动 Word 程序，打开"介绍信"原文档。

（2）将视图方式切换到页面视图方式。

（3）新建一个空白 Word 文档，将"介绍信"原文档中的内容全部复制到新建文档中，关闭原文档。

（4）参考样文，在文档的最后一段文本内容中插入特殊符号"【】"。

（5）在全文中查找"通知"一词，并全部替换为"同志"。

（6）保存修改过的"介绍信"文档，文件名为"介绍信修改稿"。

（7）退出 Word 程序。

【操作提示】

（1）启动 Word 后，使用打开快捷键 Ctrl+O，打开"介绍信"原文档。

（2）单击窗口左下角的"页面视图"按钮（回），将视图方式切换到页面视图。

（3）使用新建快捷键 Ctrl+N，新建一个空白 Word 文档；使用全选快捷键 Ctrl+A、复制快捷键 Ctrl+C、粘贴快捷键 Ctrl+V，将"介绍信"原文档中的内容全部复制到新建文档中；使用关闭快捷键 Alt+F4，关闭原文档。

（4）在菜单栏中选择"插入"|"特殊符号"命令，选择"标点符号"选项卡，将"【】"符号插入到文档最后一段的文本内容中。

（5）在菜单栏中选择"编辑"|"替换"命令，在"查找内容"文本框中输入"通知"，在"替换为"文本框中输入"同志"，单击"全部替换"按钮。

（6）使用保存快捷键 Ctrl+S，将文档保存到适当的位置，文件名为"介绍信修改稿"。

（7）单击标题栏右侧的"关闭"按钮，退出 Word 程序。

案例 2　字符格式设置

【案例描述】

本案例要求对"邀请函"文档进行字体、字号、字形等格式设置，制作如图 3.60 所示的"邀请函"。

图 3.60　"邀请函"样文 1

参照样文，具体要求如下：

（1）启动 Word 程序，打开"邀请函"原文档。

（2）标题文本设置为黑体、二号、加粗、红色，字符间距加宽 20 磅，文字效果设置为礼花绽放。

（3）正文文本设置为宋体、小四号。

（4）正文第 2 段中的文本"新技术、新产品"设置为加粗、倾斜、加着重号；文本"3 月 21—23 日"设置为单下划线效果。

（5）正文第 4、8、11、13 段文本设置为加粗、阴影效果。

（6）正文最后一段文本设置为红色、加字符边框和字符底纹。

（7）替换原文档，保存格式化后的"邀请函"文档。

【操作提示】

（1）启动 Word 后，在菜单栏中选择"文件"|"打开"命令，打开"邀请函"原文档。

（2）选中标题文本，在菜单栏中选择"格式"|"字体"命令，选择"字体"选项卡，设置黑体、二号、加粗、红色；选择"字符间距"选项卡，设置间距加宽 20 磅；选择"文字效果"选项卡，设置动态效果为礼花绽放。

（3）选中全文，使用"格式"工具栏上的"字体"、"字号"按钮设置宋体、小四号。

（4）选中正文第二段中的"新技术、新产品"文本，在菜单栏中选择"格式"|"字体"命令，选择"字体"选项卡，设置加粗、倾斜、着重号；选中"3 月 21—23 日"文本，使用"格式"工具栏上的"下划线"按钮设置单下划线效果。

（5）按住 Ctrl 键，分别选中正文第 4、8、11、13 段文本，在菜单栏中选择"格式"|"字体"命令，选择"字体"选项卡，设置加粗、阴影效果。

（6）选中正文最后一段文本，使用"格式"工具栏上的"字体颜色"、"字符边框"和"字符底纹"按钮设置红色、字符边框和字符底纹效果。

（7）单击"常用"工具栏上的"保存"按钮，保存"邀请函"结果文档。

案例 3　段落格式设置

【案例描述】

本案例要求对案例 2 的"邀请函"结果文档进行对齐方式、段落缩进、段间距、行间距等格式设置，完成如图 3.61 所示的"邀请函"最终排版效果。

参照样文，具体要求如下：

（1）打开案例 2 的"邀请函"结果文档。

（2）对齐方式：标题居中对齐，最后一段分散对齐。

（3）段落缩进：正文 2 至 17 段首行均缩进 2 字符，最后一段左、右各缩进 0.74cm。

（4）段间距：标题段后间距设置为自动，正文最后两段之间的段间距设置为 0.5 行。

（5）行距：标题行距设置为单倍行距，正文各段行距均设置为固定值 20 磅。

（6）保存路径不变，再次保存文档。

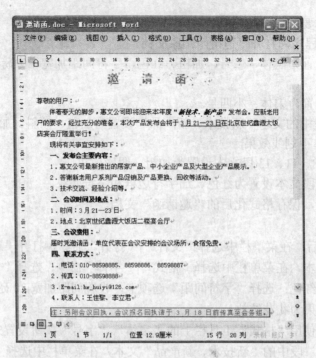

图 3.61 "邀请函"样文 2

【操作提示】

（1）打开案例 2 的"邀请函"结果文档。

（2）将插入点定位在标题行，单击"格式"工具栏上的"居中"按钮；将插入点定位在最后一段，单击"格式"工具栏上的"分散对齐"按钮。

（3）选中正文 2 至 17 段，在菜单栏中选择"格式"|"段落"命令，选择"缩进和间距"选项卡，设置首行缩进 2 字符；同理，选中正文最后一段，设置左、右各缩进 0.74cm。

（4）将插入点定位在标题行，在菜单栏中选择"格式"|"段落"命令，选择"缩进和间距"选项卡，设置段后间距为自动；同理，将插入点定位在最后一段，设置段前间距为 0.5 行（或者将插入点定位在倒数第二段，设置段后间距为 0.5 行）。

（5）将插入点定位在标题行，选择"格式"工具栏上的"行距 1.0"命令选项；选中全文，在菜单栏中选择"格式"|"段落"命令，选择"缩进和间距"选项卡，设置行距为固定值 20 磅。

（6）单击"常用"工具栏上的"保存"按钮，保存"邀请函"结果文档。

案例 4　特殊格式设置

【案例描述】

本案例要求对"论文"文档进行边框和底纹、分栏、项目符号和编号、批注、脚注和尾注等格式设置，完成如图 3.62 所示的论文排版效果。

参照样文，具体要求如下：

基于应用能力培养的计算机实践教学体系研究

郑某某，孙某某

（吉林华桥外国语学院，长春，130117）

摘　要：计算机实践教学作为计算机教学的一个重要环节，对大学生实践能力与创新能力的培养起着关键的作用。本文依据我校以计算机实践操作技能为主、办公自动化软、硬件相结合的实践教学特色，阐述了如何构建适用于外语院校学生的计算机实践教学课程体系，培养计算机实践操作技能，增强大学生的就业竞争实力。

关键词：计算机实践教学　课程体系　操作技能

Research on Practical Teaching System of Computer for Training Application Ability

Abstract: The computer practical teaching as an important part of the computer teaching, which plays a key role in training practical ability and innovation ability of students. This article based on the characteristic of computer practical skills and the software and hardware involved in the office automation of Huaqiao, which showing how to build the practical teaching system of computer in foreign languages institute, to train operating skills of students and enhance the competitive strength of employment.

Key Words: practical teaching of computer; curriculum system; operating skills

一、引言

提倡素质教育、注重能力培养的今天，不同行业领域对大学生的计算机能力也有了更加明确和具体的要求。计算机教学对培养学生的计算机知识、能力、素质等方面起着基础性和先导性的作用，而计算机实践教学作为计算机教学的一个重要环节，对大学生实践能力与创新能力的培养起着非常关键的作用。

二、实践教学课程体系实施

依据"计算机实践教学课程体系框架"，结合计算机基础系列课程，我校将实践教学分为四个层次在大学四年中逐步实施。

1. 一年级基本实践操作技能训练

"一年级基本实践操作技能训练"作为课程体系实施的第一个阶段，是最基础的阶段，学生对基本操作技能的掌握直接反映了其对计算机基本理论知识的理解应用，以及为将来能否顺利地完成后续阶段的学习奠定良好的基础。

培养方式：结合《大学计算机基础》教学，突出技能操作。理论和实践共 68 学时。

2. 二年级 Office 与 Internet 实践操作技能提高

"二年级 Office 与 Internet 实践技能提高"训练作为课程体系实施的第二个阶段，是学生基本操作技能提高的重要保证阶段。旨在加强第一阶段知识应用的熟练程度和技巧的实训，加强 Office 综合应用能力和 Internet 网上操作能力的培养。为学生后续阶段的学习和将来走向工作岗位，利用网络信息化技术和办公自动化软硬件实现现代化办公奠定基础。

培养方式：结合 Office 与 Internet 内容，设计 2 个综合实训在上、下学期完成。导师讲解指导 8 课时/学期，学生利用业余时间自主完成。

> **批注 [MS1]:**
> 删除此处带圈字符效果。

参考文献：

【1】张某某. 外语院校计算机实践课的课程设置与教学方法[J]. ***学院学报, 2008(1)：12-13

【2】韩某某. 高校非计算机专业的计算机教学改革与实践[J]. ***学院学报, 2008(3)：36-37

收稿日期：2011 年 5 月

作者简介：郑某某（1975 年生），男，长春人，硕士，副教授

图 3.62　"论文"样文

（1）打开"论文"原文档。

（2）字符格式化。标题文本设置为宋体、四号、加粗；作者名至关键词部分的所有段落均设置为宋体、小五号，并将"摘要"和"关键词"文本加粗；英文标题设置为 Times New Roman、五号、加粗，英文部分的其他段落均设置为 Times New Roman、小五号，并将"Abstract:"和"Key Words:"文本加粗；正文所有段落均设置为宋体、五号；参考文献部分的所有段落均设置为宋体、小五号，并将"参考文献"文本加粗。

（3）段落格式化。正文第 2 段、第 4 段至最后一段首行均缩进 2 字符；标题至通信地址段落、英文标题段落的对齐方式均设置为居中对齐；中文摘要与通信地址之间的段间距设置为自动；中文关键词与英文标题之间的段间距设置为自动；英文关键词与正文之间的段间距设置为自动；正文最后一段与"参考文献"之间的段间距设置为自动。

（4）边框和底纹。正文第 1、3 段及"参考文献"段的底纹填充颜色设置为"灰色-12.5%"。

（5）分栏。正文第一段至文档结束段平均分成两栏。

（6）项目符号和编号。正文第 1、3 段添加样文所示的连续编号，正文第 5、8 段添加样文所示的连续编号。

（7）中文版式。正文第二段中的"在"字设置为带圈字符效果。

（8）批注。为带圈字符添加批注，内容为"删除此处带圈字符效果"。

（9）尾注和脚注。为第一作者名添加尾注，不显示尾注标记，内容为"收稿日期：2011 年 5 月；作者简介：郑某某（1975 年生），男，长春人，硕士，副教授"。

（10）保存路径不变，再次保存文档。

【操作提示】

（1）打开"论文"原文档。

（2）选中标题文本，使用"格式"工具栏上的"字体"、"字号"、"加粗"按钮设置宋体、四号、加粗；同理，使用"格式"工具栏对其他段落的文本进行字符格式化设置。

（3）选中正文第 2 段、第 4 段至最后一段，在菜单栏中选择"格式"|"段落"命令，选择"缩进和间距"选项卡，设置首行缩进 2 字符；选中标题至通信地址段落、英文标题段落，使用"格式"工具栏上的"居中"按钮设置对齐方式为居中；将插入点定位在通信地址所在段，在菜单栏中选择"格式"|"段落"命令，选择"缩进和间距"选项卡，设置段后间距为自动；同理，设置其他段落间的段间距。

（4）选中正文第 1、3 段及"参考文献"段，在菜单栏中选择"格式"|"边框和底纹"命令，选择"底纹"选项卡，设置填充颜色为"灰色-12.5%"、"应用于"选择"段落"。

（5）选中正文第一段至文档结束段（注意不要选中最后一段的回车符），在菜单栏中选择"格式"|"分栏"命令，在"分栏"对话框中选择"两栏"格式。

（6）选中正文第一段，在菜单栏中选择"格式"|"项目符号和编号"命令，选择"编号"选项卡，设置如样文所示的编号，并使用格式刷将第 1 段的格式复制给第 3 段；同理，给正文第 5、8 段添加编号。

（7）选中正文第二段中的"在"字，在菜单栏中选择"格式"|"中文版式"|"带圈字符"命令，设置"增大圈号◇"。

（8）选中带圈字符"◈"，在菜单栏中选择"插入"|"批注"命令，添加批注内容"删除此处带圈字符效果"。

（9）选中第一作者名"郑某某"，在菜单栏中选择"插入"|"引用"|"脚注和尾注"命令，"位置"选择"尾注"、"自定义标记"选择"空"，其他选项采用默认值，单击"插入"按钮，在文档结尾处输入尾注内容。

（10）单击"常用"工具栏上的"保存"按钮，保存"论文"结果文档。

案例 5　制 作 表 格

【案例描述】

本案例要求制作员工工资表，并对表格中的数据进行处理，完成如图 3.63 所示的表格。

员工工资表

部门 金额 姓名 项目	基本工资	岗位津贴	工龄工资	业绩奖金	实发工资
技术部 赵 轩	1800	500	100	300	2700
技术部 王嘉麟	2000	600	200	200	3000
技术部 沈 晨	2000	600	200	100	2900
销售部 欧 文	1500	500	200	500	2700
销售部 陈 曦	1400	400	100	600	2500
销售部 吴 桐	1500	500	200	400	2600
平均工资					2733.33
工资合计					16400.00

图 3.63 "表格"样文

参照样文，具体要求如下：

（1）输入表格的标题文本，设置为宋体、五号、加粗、居中对齐、字符间距加宽 3 磅。

（2）创建表格：参考样文插入表格，并绘制斜线表头，表头文本设置为宋体、小五号。

（3）输入表格中的文本，设置为宋体、五号。

（4）编辑表格：参考样文，使用"表格和边框"工具栏编辑表格，如合并单元格、文字方向、单元格对齐方式、单元格底纹颜色、表格框线。

（5）数据处理：使用公式在相应的单元格中计算出实发工资、平均工资和工资合计，其中，平均工资和工资合计保留小数点后两位数字。

（6）保存"员工工资表"。

【操作提示】

（1）输入表格的标题文本并选中，使用"格式"工具栏上的"字体"、"字号"、"加粗"、"居中"按钮设置为宋体、五号、加粗、居中对齐；在菜单栏中选择"格式"|"字体"命令，选择"字符间距"选项卡，设置字符间距加宽 3 磅。

（2）在菜单栏中选择"表格"|"插入"|"表格"命令，插入一个 6 列、9 行的表格；在菜单栏中选择"表格"|"绘制斜线表头"命令，制作"样式三"斜线表头，设置为宋体、小五号。

（3）输入表格中的文本，使用"格式"工具栏上的"字体"、"字号"按钮设置为宋体、五号（注意：取消提示 1 中设置表格的标题文本时所带来的格式，如加粗、字符间距）。

（4）在菜单栏中选择"表格"|"绘制表格"命令，弹出"表格和边框"工具栏，使用工具栏上的按钮，对表格进行合并单元格、单元格对齐方式、单元格底纹颜色、表格框线的编辑；在菜单栏中选择"格式"|"文字方向"命令，设置文字方向为竖排文本。

（5）将插入点定位在 G2 单元格中（表格中的列从左至右依次用字母表示，行从上至下依次用数字表示），在菜单栏中选择"表格"|"公式"命令，弹出"公式"对话框，默认公式为"=SUM（LEFT）"，单击"确定"按钮；同理，计算其他员工的"实发工资"，公式为"=SUM（LEFT）"；计算"平均工资"，公式为"=AVERAGE（ABOVE）"，数字格式选择"0.00"；计算"工资合计"，公式为"=SUM（G2:G7）"，数字格式选择"0.00"。

（6）单击"常用"工具栏上的"保存"按钮，保存"员工工资表"。

案例 6　图文混排（一）

【案例描述】

本案例要求设计彩虹旅游公司宣传册的第一页，具体排版效果参照图 3.64。

参照样文，具体要求如下：

（1）打开"公司简介 1"原文档。

（2）字符格式化。正文第一段文本"公司简介"设置为宋体、小四号、加粗、阴影效果；其他各段文本均设置为宋体、小四号。

（3）段落格式化。正文所有段落首行均缩进 2 字符；各段行距均设置为 1.5 倍行距；标题与第一段之间的段间距设置为 2 行，正文各段之间的段间距均设置为 0.5 行；正文第一段的底纹填充颜色设置为绿色。

（4）插入图片。在样文所示的位置分别插入"彩虹假期 1"、"彩虹 1"、"旅游" 3 张图片，其中"彩虹假期 1"、"彩虹 1"图片来自文件，"旅游"图片来自剪贴画。

图 3.64　"公司简介 1"样文

① 图片"彩虹假期 1"的环绕方式设置为上下型环绕，大小设置为高度 2.5cm、宽度 3cm。

② 图片"彩虹 1"的环绕方式设置为四周型环绕，大小设置为高度 2.4cm、宽度 21cm；颜色设置为冲蚀效果。

③ 图片"旅游"的环绕方式设置为四周型环绕，适当调整图片的对比度和亮度。

（5）插入文本框：在样文所示的位置分别插入两个横排文本框。

① 标题文本框中输入"彩虹旅游公司"，设置为楷体_GB2312、初号、加粗、居中，"彩虹旅游"4个字分别设置为绿色、红色、浅橙色和浅蓝色，文本框大小设置为高度 2.5cm、宽度 9.5cm，填充颜色设置为自定义的浅灰色、线条设置为深黄色的短划线，环绕方式设置为上下型环绕，阴影样式设置为阴影样式 13。

② 正文文本框中输入"踏着彩虹，轻松出游！"，设置为华文行楷、二号、加粗、绿色，文本框大小设置为高度 1.1cm、宽度 7.9 cm，线条设置为粗细 0.25 磅的短画线，环绕方式设置为浮于文字上方，阴影样式设置为阴影样式 12。

（6）保存路径不变，再次保存文档。

【操作提示】

（1）打开"公司简介 1"原文档。

（2）选中正文第 1 段文本，在菜单栏中选择"格式"|"字体"命令，选择"字体"选项卡，设置宋体、小四号、加粗、阴影效果；选中其他各段文本，使用"格式"工具栏上的"字体"、"字号"按钮设置宋体、小四号。

（3）选中全文，在菜单栏中选择"格式"|"段落"命令，选择"缩进和间距"选项卡，设置首行缩进 2 字符，行距为 1.5 倍行距；将插入点定位在第一段，在菜单栏中选择"格式"|"段落"命令，选择"缩进和间距"选项卡，设置段前间距为 2 行、段后间距为 0.5 行；同理，选中第 2、3 段，设置段后间距为 0.5 行；选中第一段，在菜单栏中选择"格式"|"边框和底纹"命令，选择"底纹"选项卡，设置底纹填充颜色为绿色。

（4）将插入点定位在第 1 段，在菜单栏中选择"插入"|"图片"|"来自文件"命令，通过"查找范围"选择"彩虹假期 1"图片，使用"图片"工具栏编辑图片（若"图片"工具栏隐藏，在图片上单击"右键"|"显示图片工具栏"）。

① 选中图片，单击"图片"工具栏上的"文字环绕"按钮设置图片环绕方式为上下型环绕，图片放置在样文所示的左上角位置。

② 选中图片，单击"图片"工具栏上的"设置图片格式"按钮，弹出"设置图片格式"对话框，选择"大小"选项卡，取消"锁定纵横比"复选项、高度设置为 2.5cm、宽度设置为 3cm。

同理，使用"图片"工具栏编辑"彩虹 1"、"旅游"两张图片。

（5）在菜单栏中选择"插入"|"文本框"|"横排"命令，拖动十字形光标在样文所示的位置绘制出标题文本框。

① 在文本框中输入标题"彩虹旅游公司"并选中，使用"格式"工具栏上的"字体"、"字号"、"加粗"、"居中"按钮设置为楷体_GB2312、初号、加粗、居中，使用"字体颜色"按钮设置"彩虹旅游"4个字分别为绿色、红色、浅橙色和浅蓝色。

② 在文本框上双击鼠标左键，弹出"设置文本框格式"对话框，选择"大小"选项卡，高度设置为 2.5cm、宽度设置为 9.5cm；选择"颜色与线条"选项卡，填充颜色选择"其他颜色"|"标准"中的浅灰色、线条颜色选择深黄色、虚实选择短画线；选择"版式"选项卡，单击"高

级"按钮|"文字环绕"选项卡，环绕方式选择上下型。

③ 单击文本框的边框线将其选中，选择"绘图"工具栏上的"阴影样式"按钮，选择阴影样式 13。

同理，使用"格式"工具栏、"设置文本框格式"对话框和"绘图"工具栏编辑正文文本框。

（6）单击"常用"工具栏上的"保存"按钮，保存"公司简介 1"结果文档。

案例 7　图文混排（二）

【案例描述】

本案例要求设计彩虹旅游公司宣传册的第 2 页，具体排版效果参照图 3.65。

参照样文，具体要求如下：

（1）打开"公司简介 2"原文档。

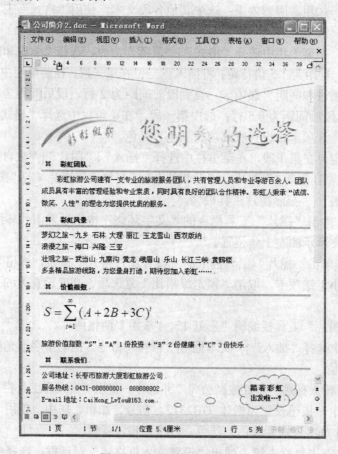

图 3.65　"公司简介 2"样文

（2）字符格式化。正文"彩虹团队"、"彩虹风景"、"价值指数"、"联系我们" 4 段文本均设置为黑体、加粗、小四号、阴影效果；其他各段文本均设置为宋体、小四号。

（3）段落格式化。正文第 2 段首行缩进 2 字符；全文各段行距均设置为固定值 20 磅；正文"彩虹团队"、"彩虹风景"、"价值指数"、"联系我们" 4 段的段间距均设置为段前 1 行，并自定义如样文所示的项目符号"❅"；其余各段的段间距均设置为段前 0.5 行。

（4）插入艺术字。在样文所示的位置插入艺术字标题"您明智的选择"，艺术字样式设置为第 3 行、第 4 列；艺术字字体设置为楷体_GB2312、40 号、加粗；艺术字大小设置为高度 1.8cm，宽度 8.6cm；为艺术字添加阴影样式 3；艺术字环绕方式设置为上下型环绕；艺术字形状设置为正 V 形。

（5）插入图片。在样文所示的位置分别插入图片"彩虹假期 2"、"彩虹 2"两张图片，图片的环绕方式均设置为上下型环绕，适当调整图片大小。

（6）绘制图形。在"彩虹团队"、"彩虹风景"、"价值指数"、"联系我们" 4 段文本的下方分别绘制一条直线，直线的线型设置为 3 磅，线条颜色设置为绿色，大小设置为高度 0cm，宽度 14.8cm，环绕方式设置为浮于文字上方；在样文所示位置，绘制一个云形标注自选图形。

（7）插入公式。在样文所示位置插入公式" $S = \sum_{i=1}^{\infty}(A + 2B + 3C)^i$ "。

（8）保存路径不变，再次保存文档。

【操作提示】

（1）打开"公司简介 2"原文档。

（2）按住 Ctrl 键，分别选中"彩虹团队"、"彩虹风景"、"价值指数"、"联系我们" 4 段文本，在菜单栏中选择"格式"|"字体"命令，选择"字体"选项卡，设置黑体、小四号、加粗、阴影效果；选中其他各段文本，使用"格式"工具栏上的"字体"、"字号"按钮设置宋体、小四号。

（3）选中正文第 2 段，在菜单栏中选择"格式"|"段落"命令，选择"缩进和间距"选项卡，设置首行缩进 2 字符；选中全文，在"缩进和间距"选项卡中，设置行距为固定值 20 磅；分别选中"彩虹团队"、"彩虹风景"、"价值指数"、"联系我们" 4 段文本，在"缩进和间距"选项卡中，设置段前间距为 1 行；分别选中"彩虹团队"、"彩虹风景"、"价值指数"、"联系我们" 4 段文本，在菜单栏中选择"格式"|"项目符号和编号"命令，选择"项目符号"选项卡，选择其中任意一个项目符号后单击右下角的"自定义"|"字符"按钮，弹出"符号"对话框，找到并插入样文所示的项目符号"❅"。

（4）在菜单栏中选择"插入"|"图片"|"艺术字"命令。

① 弹出"艺术字库"对话框，选择艺术字样式为第 3 行、第 4 列的样式，单击"确定"按钮。

② 弹出"编辑'艺术字'文字"对话框，输入标题"您明智的选择"，字体设置为楷体_GB2312、40 号、加粗，单击"确定"按钮。

③ 选中艺术字，单击"艺术字"工具栏上的"设置艺术字格式"按钮，弹出"设置艺术字格式"对话框，选择"大小"选项卡，设置高度为 1.8cm、宽度为 8.6cm，单击"确定"按钮。

④ 选中艺术字，单击"绘图"工具栏上的"阴影样式"按钮，选择阴影样式 3。

⑤ 选中艺术字，单击"艺术字"工具栏上的"文字环绕"按钮，设置艺术字环绕方式为上下型环绕，艺术字放置在样文所示的位置。

⑥ 选中艺术字，单击"艺术字"工具栏上的"艺术字形状"按钮，设置艺术字形状为倒V形。

（5）将插入点定位在第一段，在菜单栏中选择"插入"|"图片"|"来自文件"命令，通过"查找范围"选择"彩虹假期2"和"彩虹2"图片，使用"图片"工具栏上的"文字环绕"按钮，设置图片环绕方式为上下型环绕，并适当调整图片的大小。

（6）在菜单栏中选择"视图"|"工具栏"|"绘图"命令，出现"绘图"工具栏。

① 使用"绘图"工具栏上的"直线"、"线型"、"线条颜色"按钮，绘制出一条 3 磅的绿色直线；在直线图形上双击鼠标左键，弹出"设置自选图形格式"对话框，选择"大小"选项卡，设置高度为0cm、宽度为14.8cm；选择"版式"选项卡，环绕方式设置为浮于文字上方。

② 参考样文，另外复制出三条直线图形，分别放置于"彩虹团队"、"彩虹风景"、"价值指数"、"联系我们"4 段文本的下方。

③ 参考样文，使用"绘图"工具栏上的"自选图形"|"标注"|"云形标注❤"选项、"填充颜色"|"填充效果"命令、"线条颜色"按钮，完成云形标注图形的绘制与编辑。

（7）在菜单栏中选择"插入"|"对象"命令，选择"新建"选项卡，在"对象类型"列表框中选择"Microsoft 公式 3.0"，单击"确定"按钮进入到公式编辑状态。

① 使用"公式"工具栏编辑公式"$S = \sum_{i=1}^{\infty}(A + 2B + 3C)^i$"。

② 公式编辑完毕，在公式编辑器外单击鼠标左键，即可退出公式编辑状态。

③ 用鼠标拖动公式四周的控制点可以改变公式的大小；双击公式可以重新进入公式编辑状态，对公式进行编辑和修改。

（8）单击"常用"工具栏上的"保存"按钮，保存"公司简介2"结果文档。

案例 8　页面设置与打印

【案例描述】

本案例要求对案例 6 和案例 7 的"彩虹旅游公司宣传册"的结果文档进行页面设置，完成"宣传册"的最终排版效果，并打印输出。

具体要求如下：

（1）合并文档。将"公司简介1"和"公司简介2"的结果文档合并为一个 Word 文档。

（2）页面设置。页边距上、下各 2.5cm，左、右各 3cm，装订线 1cm、左侧装订，页眉、页脚各 1.5cm，纸型为 A4。

（3）页眉/页脚。首页页眉文字为"彩虹旅游公司宣传册"，设置为宋体、小五号、两端对齐，下边框线为虚线；页脚为"第*页 共*页"，右对齐。

（4）打印预览。在打印预览状态下查看该文档。

（5）打印输出。通过打印机打印输出该文档。

【操作提示】

（1）打开"公司简介1"结果文档，将插入点定位在最后一段的段尾，在菜单栏中选择"插入" | "分隔符"命令，弹出"分隔符"对话框，"分隔符类型"选择"分页符"，单击"确定"按钮，文档出现第二页空白页；在菜单栏中选择"插入" | "文件"命令，弹出"插入文件"对话框，查找并选中"公司简介2"结果文档，单击"插入"按钮，则将两篇文档合并成一篇文档。

（2）在菜单栏中选择"文件" | "页面设置"命令，选择"页边距"选项卡，设置页边距为上、下各2.5cm，左、右各3cm，装订线1cm、装订线位置为左侧；选择"版式"选项卡，设置页眉、页脚各1.5cm；选择"纸张"选项卡，设置纸型大小为A4，单击"确定"按钮。

（3）在菜单栏中选择"视图" | "页眉和页脚"命令，进入页眉和页脚的编辑状态，单击"页眉和页脚"工具栏上的"页面设置"按钮，弹出"页面设置"对话框，选择"版式"选项卡，"页眉和页脚"选择"首页不同"，单击"确定"按钮。

① 在首页页眉位置输入文本"彩虹旅游公司宣传册"，设置为宋体、小五号、两端对齐；选中页眉文本，在菜单栏中选择"格式" | "边框和底纹"命令，选择"边框"选项卡，自定义页眉下边框线为虚线，应用于"段落"。

② 将插入点定位在首页页脚位置，使用"页眉和页脚"工具栏上的"插入页码"按钮插入首页页码"第*页"，使用"插入页数"按钮插入页数"共*页"，对齐方式设置为右对齐。

③ 将插入点定位在第二页页脚位置，同理，插入其他页的页码和页数，对齐方式设置为右对齐。

（4）在菜单栏中选择"文件" | "打印预览"命令（或单击"常用"工具栏上的"打印预览"按钮），在打印预览状态下查看结果文档。

（5）在菜单栏中选择"文件" | "打印"命令，弹出"打印"对话框，根据需要设置打印参数，单击"确定"按钮。

小　　结

Word 2003字处理软件的主要操作内容包括对文档内容的编辑和排版、表格制作、图文混排、文档的页面设置与打印输出等。其中，编辑和排版包括对文档的字符格式设置、段落格式设置、特殊格式设置和格式刷的使用。表格制作包括创建表格的方法、表格的编辑和格式设置以及表格中数据的计算与排序。图文混排包括如何在文档中插入图片、文本框、图形、艺术字和公式，以及它们的编辑与排版。页面设置与打印输出包括页眉/页脚的设置、插入页码、页面设置以及对文档的打印预览和输出。

习　题　3

1. Word有几种视图方式，它们之间有什么区别？

2. 试叙述不同情况下保存 Word 文档的方法。

3. 在文档中选择文本的操作方式有几种？分别是什么？

4. 如何将文档中的指定内容复制到其他位置？

5. 如何对文本进行字符格式化？

6. 在文档中"段落"的概念是什么？段落格式化主要包括哪些内容？

7. 试叙述创建表格的几种方法。

8. 如何对单元格进行拆分和合并？

9. 如何在文档中绘制图形和插入艺术字？

10. 如何在文档中插入页眉和页脚？

第 4 章   Excel 2003 电子表格软件

Microsoft Excel 是微软公司 Office 系列办公软件的重要组件之一，它能够管理电子表格、分析信息，具有强大的数据计算、数据分析以及数据处理能力，并可以采用图表的形式形象直观地表示数据的动态。因此，它被广泛应用于经济、金融、统计等各个领域。

4.1   Excel 的基础知识

本节主要介绍 Excel 的启动、退出，窗口的组成，工作簿、工作表、单元格的相关概念及基本操作方法。

4.1.1   启动与退出

Excel 的启动与退出方法与 Word 相似，读者可以参考本书第 3 章相关内容。

4.1.2   窗口的组成

启动 Excel 之后，将打开如图 4.1 所示的 Excel 工作窗口。它由标题栏、菜单栏、工具栏、编辑栏、工作表区、工作表标签、状态栏、任务窗格等部分组成。

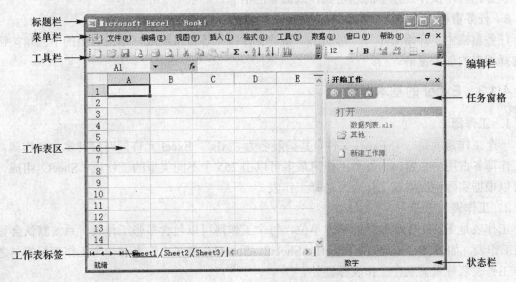

图 4.1   Excel 窗口组成

1. 标题栏

标题栏位于窗口的最顶端，显示应用程序名和当前工作簿的名称。

2. 菜单栏

菜单栏中包括"文件"、"编辑"、"视图"等 9 个菜单项，单击任意一个菜单项，都会打开对应的下拉菜单，可以根据需要选择相应的命令以完成操作。

3. 工具栏

Excel 除了将所有功能以命令方式放在各菜单项中外，还将功能相近的一些常用命令以工具按钮的形式集中在一起形成工具栏，以方便用户操作。默认打开的工具栏有"常用"工具栏和"格式"工具栏。如果需要使用其他工具栏，在菜单栏中选择"视图"|"工具栏"命令即可。

4. 编辑栏

编辑栏位于工具栏下方，由名称框和编辑栏两部分组成。左边是名称框，显示当前活动单元格或区域的地址及名称。右边为编辑栏，用于输入或编辑活动单元格的数据或公式。此外，编辑栏中还有 3 个按钮，分别是："取消"按钮（✕）、"输入"按钮（✓）、"公式"按钮（ƒx）。

输入到单元格的数据会同时显示在单元格和编辑栏。对于长数据，单元格默认宽度（8 个字符宽）通常不能完全显示所有内容，而编辑栏则可以，故常常要在编辑框中编辑数据。

5. 工作表区

可以在"工作表区"输入需要的信息。事实上，Excel 强大功能的实现，主要依靠对"工作表区"数据的编辑及处理。

6. 工作表标签

"工作表标签"中显示当前工作簿中包含的工作表名称，当前工作表的标签默认以白底显示，其他工作表的标签以灰底显示。

7. 状态栏

状态栏显示操作过程中的选定操作或命令的信息。

8. 任务窗格

任务窗格由"开始工作"、"帮助"、"新建工作簿"等窗格组成，单击右侧的下三角按钮可以选择相应的任务窗格。

4.1.3　Excel 的基本概念

1. 工作簿

一个工作簿就是一个 Excel 文件，其扩展名为".xls"。Excel 允许同时打开多个工作簿，每个工作簿各占用一个窗口，每个工作簿最多可以由 255 个不同类型的工作表（Sheet）组成，用户可以根据实际情况增减工作表及选择工作表。

2. 工作表

工作表是 Excel 管理数据的基本单位，每个工作簿可以包含多张工作表，系统默认会显示3 张工作表，如 Book1.xls 中的 Sheet1、Sheet2、Sheet3。每张工作表有一个工作表标签与之对应，工作表名称就显示在工作表标签处。

3. 单元格

单元格是组成工作表的最小单位，工作表中每一行、列交叉处即为一个单元格。每个工作表由 256 列和 65 536 行组成，工作表区的第一行为列标，用 A～Z、AA～IV 表示，左边第一列为行号，用 1～65 536 表示，每个单元格由所在列标和行号来标识，如 A3 表示位于表中第 A 列、第 3 行的单元格。

在工作表中有一个单元格被加黑框标注，此单元格称为当前单元格（或活动单元格），可以通过单击某单元格使其成为当前单元格。当前工作表中只能有一个单元格是活动的，在活动单元格的右下角有一个小黑方块，被称为填充柄，填充柄可以实现数据的快速填充。

4. 单元格区域

由连续的单元格组成的矩形区域，称为单元格区域，简称"区域"。区域可以是工作表中的一行、一列或是多行和多列的组合。

区域的标识符由该区域左上角的单元格地址、冒号与右下角的单元格地址组成，如 A1:D5。

5. 选取单元格或单元格区域

在执行任何命令之前，必须要对进行操作的单元格或单元格区域进行选择。选择方法如表 4.1 所示。

表 4.1　选取单元格或区域的方法

选 取 区 域	操 作 方 法
单元格	单击该单元格
整行（列）	单击工作表中相应的行号（列标）
整张工作表	单击工作表左上角行列交叉按钮
相邻行或列	指针拖过相邻的行号或列标
不相邻行或列	选中第一行（列）后，按住 Ctrl 键，再选择其他行（列）
相邻单元格区域	鼠标左键单击区域左上角单元格，拖至右下角（或鼠标左键单击区域左上角单元格后，按住 Shift 键，再单击右下角单元格）
不相邻单元格区域	选中第一个区域后，按住 Ctrl 键，再选择其他区域

此外，还可以通过编辑栏中的名称框进行单元格（区域）的选定，如在名称框中输入 A:F、2:7、A1:C3, E5:H7，按 Enter 键确认输入后，即可选定 A 列至 F 列、第 2 行至第 7 行、A1 至 C3 和 E5 至 H7 的两个不相邻的单元格区域。

4.2　工作簿、工作表的基本操作

4.2.1　新建、打开和保存工作簿

1. 新建工作簿

通常情况下，Excel 启动后，将打开并显示一个空白的工作簿，系统自动将此工作簿命名为 Book1。在当前工作簿编辑过程中，用户还可以通过以下两种方法创建新的工作簿：

（1）在菜单栏中选择"文件"|"新建"命令，将在窗口的右侧显示"新建工作簿"任务窗格，如图 4.2 所示。选择"空白工作簿"，则可以新建一个空白工作簿。如果要基于现有工作簿或模板来创建工作簿，可以在任务窗格中按照需要进行选择。

（2）单击"常用"工具栏上的"新建"按钮，可以快速新建一个空白工作簿。

图 4.2　"新建工作簿"任务窗格

2. 打开工作簿

打开已经创建并保存过的工作簿的方法与打开 Word 文档的方法相似，读者可以参考本书第 3 章相关内容。

3. 保存工作簿

建立工作簿文件后，在编辑的过程中或者编辑完成后都需要保存工作簿文件，在工作中经常保存当前文件是一个好习惯，可以减少意外发生时的不必要的损失。保存工作簿的方法与保存 Word 文档的方法相似，读者可以参考本书第 3 章相关内容。

4.2.2　工作表的删除、插入和重命名

工作簿建立时系统默认由 3 张工作表组成，它们分别被命名为 Sheet1、Sheet2、Sheet3，但在实际工作过程中，用户常常需要增加或减少工作表的数目。

1. 选取工作表

一个工作簿通常由多张工作表组成，如果要对一张或多张工作表进行操作，必须先选取工作表，然后才能使用。

（1）单击第一张工作表的标签。

（2）按住 Shift 键的同时用鼠标左键单击最后一张工作表的标签，则包含在这两个标签之间的全部工作表都被选中。另外，按住 Ctrl 键的同时用鼠标左键单击工作表标签，可以选中多张不相邻的工作表。

同时选择多张工作表后，这些工作表将组成为一个工作组。向工作组中某一工作表的任意单元格中输入数据或设置格式，工作组中其他工作表的同一位置单元格中将出现相同数据或格式。

2. 删除工作表

（1）选中要删除的工作表。

（2）在菜单栏中选择"编辑"|"删除工作表"命令，弹出确认对话框。

（3）单击"删除"按钮删除该工作表，单击"取消"按钮则撤销删除操作。

3. 插入工作表

（1）选取要在其前插入新工作表的工作表标签。

（2）在菜单栏中选择"插入"|"工作表"命令，新工作表即出现在当前工作表之前，并且成为当前工作表，工作表名称由系统自动顺序设置，如 Sheet4、Sheet5 等。

4. 重命名工作表

工作表默认名为 Sheet1，Sheet2，…，为使工作表名反映出工作表的内容，便于直观识别，可以对工作表进行重命名。

（1）选定要重命名的工作表标签。

（2）在菜单栏中选择"格式"|"工作表"|"重命名"命令。

（3）输入新的工作表名称，按回车键完成操作。

也可以双击要更名的工作表标签，输入新工作表名，按回车键确定。

4.2.3　工作表的移动和复制

实际工作中，常常需要改变工作表之间的顺序或者为某些工作表制作副本，这就涉及工作

表的移动和复制。不同工作簿间移动或复制工作表可以使用菜单命令，同一工作簿中移动或复制工作表可以使用鼠标拖拽。

1. 使用菜单命令移动或复制工作表

（1）打开两个工作簿，并在一个工作簿中选中要移动或复制的工作表。

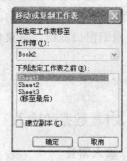

（2）在菜单栏中选择"编辑"|"移动或复制工作表"命令，弹出"移动或复制工作表"对话框，如图4.3所示。

（3）在"工作簿"列表框中选择另一个工作簿，在"下列选定工作表之前"列表框中选择要插入的位置，选中"建立副本"复选项则进行复制工作表操作，否则执行移动操作。

图4.3　"移动或复制工作表"对话框

（4）单击"确定"按钮，完成工作表的移动或复制。

在同一工作簿内工作表的移动或复制也可以采用上述方法完成，只是在"工作簿"列表框中应选择原工作簿。

2. 用鼠标移动或复制工作表

同一工作簿内工作表的移动或复制用鼠标拖曳的方法更方便、直观。移动工作表时，沿标签处拖拽当前工作表标签到所需插入处即可，复制方法类似于移动的方法，只需拖拽的同时按下Ctrl键即可。

4.2.4　工作表窗口的拆分与冻结

1. 工作表窗口的拆分

由于显示屏幕范围有限，工作表很大时，往往出现只能看到工作表中部分数据的情况，当希望比较对照工作表中相距较远的数据时，往往希望能同时看到工作表的不同部分。在 Excel 中，系统提供了分割工作表的功能，即可以将一张工作表横向或纵向分割成2个或4个窗格，以解决因显示屏幕限制而无法观察到全部数据的问题。

工作表窗口的拆分可以分为3种：水平拆分，垂直拆分和水平、垂直同时拆分。

（1）单击要分割处的单元格。

（2）在菜单栏中选择"窗口"|"拆分"命令，则在所选单元格的上方和左侧出现分割框。

此外，使用鼠标拖拽水平分割框或垂直分割框也可以实现水平拆分或垂直拆分。水平分割框位于垂直滚动条上方，垂直分割框位于水平滚动条右方。水平分割窗格时，首先将鼠标指针指向水平分割框，此时鼠标指针变成双向箭头，然后按住鼠标左键拖拽分割框到满意的位置，释放鼠标左键，即可完成对窗格的水平分割的操作。垂直拆分方法与之相同。

要撤销拆分，可以在菜单栏中选择"窗口"|"取消拆分"命令，或者将鼠标指针移动到拆分线上，双击鼠标左键即可。

2. 工作表窗口的冻结

工作表较大时，由于显示屏幕大小的限制，往往需要用滚动条移动工作表来查看其屏幕窗口以外的部分，但有些数据（如行标题和列标题）是不希望随着工作表的移动而消失的，最好能固定在窗口的上方和左侧，这可以通过工作表窗口的冻结来实现。

窗口冻结操作步骤与窗口拆分相似，在菜单栏中选择"窗口"|"冻结窗格"命令即可。冻结线为一黑色细线，窗口冻结以后，当滚动条位置发生变化时，只有水平冻结线下方及垂直冻结线右侧的部分会发生移动。

要撤销窗口冻结，在菜单栏中选择"窗口"|"取消冻结窗口"命令即可。

4.3 数据的输入与编辑

4.3.1 数据的输入

1. 输入常量

Excel 允许在工作表区的单元格中输入文本、数值、日期和时间等多种类型的信息。在输入数据时，按 Tab 键将向右跳动一个单元格，按 Enter 键将向下跳动一个单元格。

（1）输入文本

文本可以是汉字、英文字母、数字、特殊符号、空格或是它们的组合，如"name_1"、"姓名"等。在默认情况下，文本在单元格中左对齐。

如果将数字作为文本输入，则需在数字字符串前加英文的单引号，如输入"'2011"，单引号仅在编辑栏中出现，是一个对齐前缀。

（2）输入数值

输入数值时，Excel 会自动将它在单元格中右对齐。伴随着输入操作，该数值会同时出现在活动单元格和编辑栏中，如 82.6、19%、1/4 等。当输入的数据长度超出单元格宽度时，Excel 自动以科学计数法表示。

为避免输入的数值被视作日期型数据，输入分数时要在分数前加上一个"0"和空格，也可以在输入数据前在菜单栏中选择"格式"|"单元格"命令，在"数字"选项卡的"分类"列表中选择"分数"选项后，单击"确定"按钮。

（3）输入日期、时间

要在工作表中输入日期，必须采用 Excel 事先定义的格式来输入。日期和时间的输入可以有多种格式，日期输入格式为：yy-mm-dd 或 yy/mm/dd。例如：02-01-08、02/01/08。时间输入格式为：hh:mm（am/pm），如 13:25、1:25 PM 等。

输入当前的系统日期，可以使用 Ctrl+;组合键；输入当前的系统时间，可以使用 Ctrl+Shift+;组合键。

2. 数据的填充

（1）使用填充柄

填充柄可以实现数据的快速填充。使用填充柄填充时，只要将光标指向初始值所在单元格右下角的填充柄，拖拽至要填充行（列）的最后一个单元格即完成自动填充操作。例如：首先在 A1 单元格中输入已定义的序列中的数据"星期一"，然后拖动它的填充柄至 A5，则单元格 A2，A3，A4，A5 中的内容被自动填充为"星期二"、"星期三"、"星期四"、"星期五"。停止拖动时，填充柄右下角出现"自动填充选项"标记（），单击该标记还可以通过各种选项实现各种不同类型的填充，如图 4.4 所示。

（2）使用"编辑"｜"填充"命令

用户可以通过在菜单栏中选择"编辑"｜"填充"｜"序列"命令，在如图 4.5 所示的"序列"对话框中来进行等差、等比序列的设定与填充。

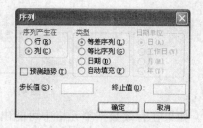

图 4.4　使用填充柄填充数据　　　　　　　图 4.5　"序列"对话框

（3）使用自定义序列

Excel 除本身提供的预定义的序列外，还允许用户自定义序列。在菜单栏中选择"工具"｜"选项"命令，弹出"选项"对话框，选择"自定义序列"选项卡，如图 4.6 所示，在"输入序列"中输入序列成员后单击"添加"按钮即可。

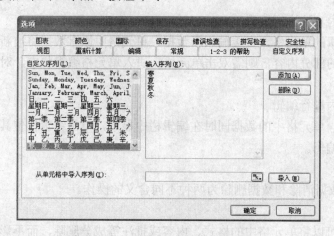

图 4.6　"自定义序列"选项卡

3. 数据的有效性

为了确认所输入数据的有效性，用户可以预先设置某一单元格区域允许输入的数据类型、范围。

（1）选中要定义有效数据的单元格区域。

（2）在菜单栏中选择"数据"｜"有效性"命令，弹出如图 4.7 所示对话框。

（3）在"允许"下拉列表框中选择允许输入的数据类型，如"整数"。

（4）在"数据"下拉列表框中选择所需操作符，如"介于"、"不等于"等，然后在下两行数值栏中根据需要填入上、下限即可。

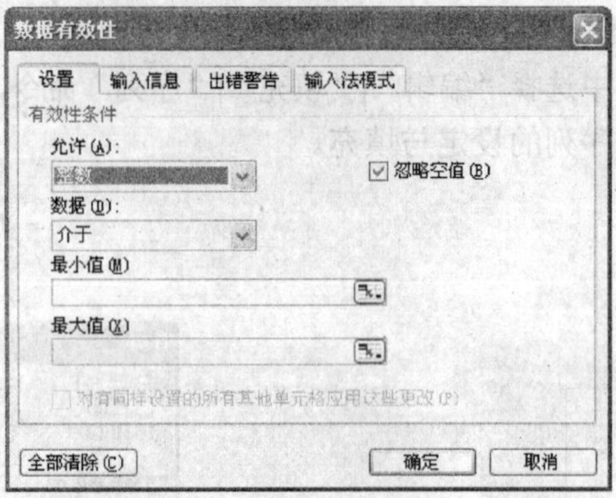

图 4.7　"数据有效性"对话框

（5）如果在有效数据单元格中可能出现空值，应选中"忽略空值"复选项。

此外，还可以设置数据输入时的提示信息和输入错误时的提示信息等。在"数据有效性"对话框中选择"输入信息"选项卡，并在其中输入有关提示信息，则当用户选中该单元格时，数据输入提示信息出现在旁边；"出错警告"选项卡中可以规定输入无效数据时将显示的提示信息。

4.3.2　数据的编辑

1.　数据修改

（1）在单元格内直接进行编辑

选中要进行编辑的单元格，直接输入新数据，单元格中原有数据将被新的数据替代。如果仅仅修改单元格中的部分内容，则需双击单元格，进入单元格编辑状态，对单元格内数据进行修改。

（2）在编辑栏内进行编辑

选中单元格后，单元格中的数据同时在编辑栏中显示，单击编辑栏使其激活，则可以对编辑栏中的数据进行编辑。

2.　数据删除

在 Excel 中，数据清除和数据删除为两种不同含义的操作。

（1）数据清除

数据清除是指可以将单元格中的格式、内容或批注等成分删除，而不影响单元格本身。要清除指定成分，可以选中单元格（或区域）后，在菜单中选择"编辑"|"清除"命令，再选择子菜单（全部、格式、内容、批注）中合适的命令，可以清除单元格数据的相应成分，而单元格本身不发生变化。如果在选中单元格或区域后按 Delete 键，可以直接清除单元格中的内容。

（2）数据删除

数据删除是指将选中的单元格（或区域）的数据及其所在的单元格（区域）一起删除。一旦删除后将影响其他单元格的位置。选中要删除的单元格（区域），在菜单栏中选择"编辑"|"删除"命令，弹出"删除"对话框，如图 4.8 所示。

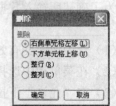

图 4.8　"删除"单元格对话框

在对话框中可以选择删除后相邻单元格的移动方式，以填充被删除的单元格所留下的空缺。

要删除整行或整列，也可以单击其行号或列标，在菜单栏中选择"编辑"|"删除"命令，该行或列即被删除。

3. 移动和复制单元格数据

（1）数据的复制和移动

可以使用菜单命令或"常用"工具栏上的相应按钮进行移动、复制数据。如果原单元格区域与目标位置相距不远，也可以采用鼠标拖拽操作。其操作方法与 Word 中文本的移动、复制相似，读者可以参考本书第 3 章相关内容。

（2）单元格数据的选择性粘贴

一个单元格含有多种特性，如内容、格式、批注等，如果是公式，还会含有有效性规则等，数据复制时有时只需复制其部分特性，如果在复制的同时还要进行算术运算、行列转置等操作，就需要通过选择性粘贴来实现。

① 选中要复制的单元格或区域。

② 在菜单栏中选择"编辑"|"复制"命令，将数据复制到剪贴板中。

③ 选择目标区域中左上角单元格，在菜单栏中选择"编辑"|"选择性粘贴"命令，弹出"选择性粘贴"对话框，如图 4.9 所示。

④ 在对话框中选择相应选项后，单击"确定"按钮。

图 4.9　"选择性粘贴"对话框

4. 单元格、行、列的插入和删除

（1）插入单元格

① 选中要插入单元格的位置。

② 在菜单栏中选择"插入"|"单元格"命令，弹出"插入"对话框（也可以在已选中的单元格区域单击鼠标右键，选择快捷菜单中的"插入"命令）。

③ 选择一种插入方式后，单击"确定"按钮。

（2）插入行、列

① 选中任意一行（列），若要一次性插入多行（列），则选中相同数量的行（列）。

② 在菜单栏选择"插入"|"行"或"列"命令，或单击鼠标右键后选择"插入"命令即可完成行或列的插入。插入的行（列）将出现在选中的行（列）之前。

删除单元格、行、列的方法与"删除数据"方法相同，此处不再复述。

4.4　工作表格式化

对工作表进行格式设置，可以使工作表的外观更美观、排列更整齐、重点更突出、更具有可读性。工作表格式包括单元格、区域、行/列和工作表自身的格式，单元格格式包括数字格式、对齐格式、字体、边框、图案及列宽、行高等格式。

4.4.1　格式化数据

在菜单栏中选择"格式"|"单元格"命令，弹出"单元格格式"对话框，如图 4.10 所示。在 6 个选项卡中进行选择，用于设置单元格格式，使得单元格中的内容更加突出，视觉效果更好。

1.　设置数字格式

在 Excel 中，可以使用数字格式来改变数字的显示格式而不改变数字本身，Excel 提供了大量的数字格式，并将它们进行分类，用于进行数字格式化。可以使用"数字"选项卡的"分类"列表框中的内置数据类型来设置各种类型的数字格式，也可以用其中的"自定义"选项来创建满足实际工作需要的数字格式。

2.　设置对齐格式

默认情况下 Excel 采用文本左对齐，数字右对齐格式。为满足一些表格处理的特殊要求或使整个版面更美观，Excel 中除了最基本的左对齐、右对齐和居中对齐 3 种对齐方式外，还允许数据按任意角度排放。用户可以使用"对齐"选项卡自行设置单元格对齐格式，如图 4.11 所示。

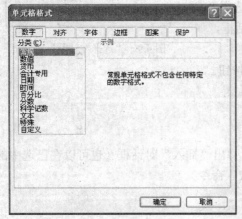
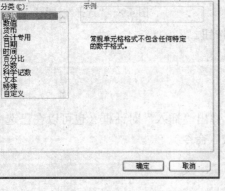

图 4.10　"单元格格式"对话框　　　　　图 4.11　"单元格格式"对话框中"对齐"选项卡

在"文本控制"下的 3 个复选项，用来设定单元格中内容较长时的显示样式。

（1）自动换行：对输入的文本根据单元格列宽自动换行。

（2）缩小字体填充：减小单元格中的字符大小，使数据的宽度与列宽相同。

（3）合并单元格：将多个单元格合并为一个单元格，用来存放长数据。

3.　设置字体

Excel 的字体设置中，字体类型、字体形状、字体尺寸是最主要的三个方面。在"单元格格式"对话框的"字体"选项卡中可以进行设置，其中各项意义与 Word 的"字体"对话框相似，此处不再复述。

4.4.2 设置边框和底纹

1. 设置边框线

默认情况下，Excel 的表格线都是统一的淡虚线，这样的边线不适合于突出重点数据，可以使用"单元格格式"对话框的"边框"选项卡为其加上其他类型的边框线。

边框可以放置在所选区域各单元格的上、下、左、右或外框（即四周），边框的样式有点虚线、实线、粗实线、双线等。

2. 设置图案

图案是指区域的颜色和阴影，设置合适的图案可以使工作表显得更为生动、鲜明。

在"单元格格式"对话框的"图案"选项卡中，"颜色"框用于设置单元格的背景颜色。"图案"框中则有两部分选项，上面 3 行列出了 18 种图案，下面 7 行列出了用于绘制图案的颜色。

另外，"格式"工具栏上的"填充颜色"按钮（ 🖌️· ）也可以用来改变单元格背景的颜色。

4.4.3 设置列宽、行高

工作表建立时，所有单元格具有相同的宽度和高度，使用鼠标可以方便地调整列宽、行高。

默认情况下，当单元格中输入的字符串超过列宽时，超长的文字不被显示，而数字显示为"#######"，因此需要调整行高和列宽，以便于数据的完整显示。

1. 设置列宽

将鼠标指针指向要调整列宽的列标右分隔线上，指针变为双向箭头，此时有两种操作方法：第 1 种是双击此分隔线，列宽自动调整，以适合列中最宽数据；第 2 种是拖拽此分隔线到适当宽度。当列宽为 0 时，隐藏该列数据。

若需要精确设置列宽，首先选中要设置列宽的区域，然后在菜单栏中选择"格式"|"列"|"列宽"命令，弹出"列宽"对话框，在"列宽"文本框中输入要设置的列宽，单击"确定"按钮即可完成设置。

2. 设置行高

Excel 根据输入字体的大小自动调整行高，以适应行中最大字体，行的高度决定打印时行的间距，设置方法与列宽的设置类似。

4.4.4 自动套用格式

所谓自动套用格式，是指一整套可以快速应用于某一数据区域的内置格式和设置的集合，它包括字体大小、图案和对齐方式等设置信息。

（1）选中需要应用自动套用格式的单元格区域。

（2）在菜单栏中选择"格式"|"自动套用格式"命令，弹出"自动套用格式"对话框，如图 4.12 所示。

（3）在示例列表框中，根据需要选择一种格式。

（4）单击"确定"按钮，这时，选中的单元格区域按照选择的表格格式进行设置。

若想删除单元格区域的自动套用格式，可以打开"自动套用格式"对话框，在示例列表框中选择"无"，单击"确定"按钮即可。

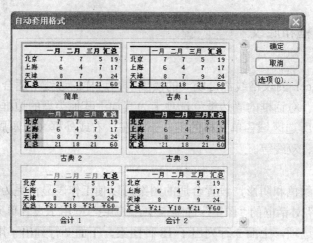

图 4.12 "自动套用格式"对话框

4.4.5 格式的复制和删除

1. 格式复制

格式复制是指将某单元格或区域中已有的格式复制到目标单元格或区域中去。

（1）选中有相应格式的单元格作为样板单元格。

（2）单击"格式刷"按钮（　），鼠标指针变成刷子形状。

（3）用刷形指针选中目标区域，即可完成格式复制。

2. 格式删除

（1）选中要删除格式的单元格区域。

（2）在菜单栏中选择"编辑"|"清除"|"格式"命令，则选中区域中的格式被删除。

格式被删除后，单元格中的数据仍以常规格式表示，即文本左对齐，数字右对齐。

4.4.6 条件格式

使用条件格式可以根据指定的公式或数值确定搜索条件，然后对选定区域内满足条件的单元格应用预定义的格式。

1. 设置条件格式

设置条件格式的具体操作步骤如下：

（1）选中设置条件格式的单元格区域。

（2）在菜单栏中选择"格式"|"条件格式"命令，弹出"条件格式"对话框，如图 4.13 所示。

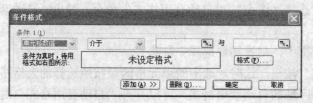

图 4.13 "条件格式"对话框

（3）在"条件 1"下第 1 个下拉列表框显示的"单元格数值"、"公式"两个选项中选择条件格式的依据；在第 2 个下拉列表框显示的"介于"、"未介于"、"等于"、"不等于"、"大于"、"小于"、"大于或等于"、"小于或等于"等选项中选择条件运算符，若选中的是"介于"或"未介于"，则后面出现 2 个编辑框，否则出现 1 个编辑框，可以在编辑框中直接输入相应数据。

（4）单击"格式"按钮，弹出"单元格格式"对话框，如图 4.14 所示，对字体、边框、图案等进行设置，单击"确定"按钮返回。

（5）若需要添加新的条件，单击"添加"按钮，重复前面步骤添加新条件。在一个条件格式的设置中，最多可以设定 3 个条件。当设置了条件格式的单元格区域内的数据发生变化时，Excel 自动进行格式调整。

图 4.14　"单元格格式"对话框

（6）单击"确定"按钮结束条件格式设置。

2. 更改和删除条件格式

若要更改或删除一个或多个已设定好的条件，可以按照以下步骤操作：

（1）选中要更改条件格式的单元格区域。

（2）打开"条件格式"对话框。

（3）若要更改条件，可以在对话框的相应位置上进行修改；若要删除条件，单击"删除"按钮，在弹出的"删除条件格式"对话框中选择要删除的条件。

（4）单击"确定"按钮返回"条件格式"对话框，再单击"确定"按钮即可完成操作。

4.5　公式与函数的使用

公式与函数是 Excel 的重要组成部分，具有非常强大的计算功能，为分析和处理工作表中的数据提供了方便。

4.5.1　公式的使用

Excel 公式是对工作表中的数据进行分析计算的等式，类似于数学中的表达式。公式以等号开始，由数字、字符串、单元格引用、函数和运算符等组成，用以实现各种运算。例如：=A1+B1+C1。

1. 公式运算符

在公式中可以使用的运算符包括：算术运算符、文本运算符、比较运算符、引用运算符。

算术运算符包括：+（加）、-（减）、*（乘）、/（除）、%（百分比）、^（指数）等，其操作对象和运算结果均为数值。

文本运算符是：&，它可以将两个文本连接起来，其操作对象可以是带引号的文字，也可以是单元格地址。

比较运算符包括：=（等于）、>（大于）、<（小于）、>=（大于或等于）、<=（小于或等于）、<>（不等于），比较运算的结果为逻辑值 TRUE 或 FALSE。

引用运算符包括：冒号（区域）、逗号（并）、空格（交）用来将不同的单元格区域进行各种运算。

2. 公式输入

既可以在编辑栏中输入公式，也可以在单元格中输入公式。选中要输入公式的单元格，先输入等号（=），再输入公式中的其他部分（如 A1+B1，B2&C2 等），最后按回车键或单击编辑栏中的（✓）按钮。如果输入有错误或需要重新输入，单击编辑栏中的（✗）按钮。

如果公式中引用了单元格，可以在公式中直接输入单元格（区域）地址，为了确保引用的正确性，也可以通过鼠标直接选中相应的单元格进行输入。

4.5.2　函数的使用

函数是 Excel 为用户提供的内置算法程序。函数处理数据的方式与直接创建的公式处理数据的方式是相同的。例如，使用公式=(B2+B3+B4+B5+B6+B7+B8+B9+B10)/9 与使用函数=AVERAGE(B2:B10)，其作用是相同的。

1. 函数输入

Excel 函数的语法格式为：函数名（参数 1，参数 2……）。其中，函数名用来指明函数要执行的运算，参数是函数运算必需的条件。大多数函数都在括号内包含一个或多个参数，各个参数之间应该用英文的逗号隔开，运算结果是函数的返回值。

使用函数进行计算时，函数名称前应键入等号。例如：=SUM(B3:C4)，其中，SUM 是函数名，说明要执行求和运算，区域 B3:C4 是一个参数，代表参加运算的数据范围为以 B3 为左上角，C4 为右下角的连续区域。

（1）使用向导输入函数

Excel 提供了几百个函数，要记住所有函数名难度很大。为此，Excel 提供了向导指导我们正确地输入函数。在菜单栏中选择"插入" | "函数"命令或单击编辑栏左侧"插入函数"按钮（ *fx* ），将出现各类函数供用户选择。下面以求和函数 SUM(B2:E2)为例，说明如何使用插入函数法输入函数，如图 4.15 所示。

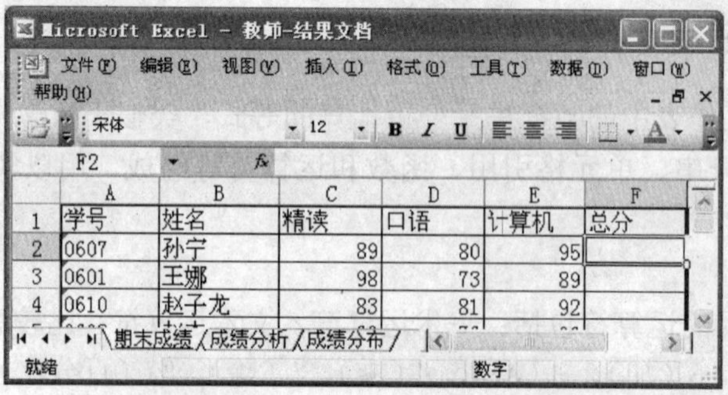

图 4.15　求和示例

① 选中要输入函数的单元格，如 F2。

② 在菜单栏中选择"插入"|"函数"命令，弹出"插入函数"对话框，如图 4.16 所示。

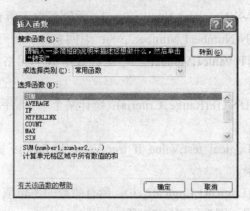

图 4.16 "插入函数"对话框

③ 在对话框中"选择函数"列表框中选中函数名称"SUM"，单击"确定"按钮，弹出"函数参数"对话框，如图 4.17 所示。

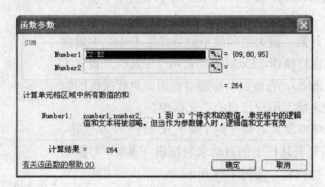

图 4.17 "函数参数"对话框

④ 在 Number1 参数框中输入单元格区域 C2:E2，或单击参数框右侧折叠对话框按钮，暂时折叠起对话框，显露出工作表，拖拽鼠标选中单元格区域 C2:E2，再次单击折叠对话框按钮，恢复"函数参数"对话框，此时系统将自动完成 Number1 参数框中单元格区域的输入。

⑤ 单击"确定"按钮，在单元格 F2 中显示计算的结果，而在编辑栏中显示函数 =SUM(C2:E2)。

（2）直接输入函数

如果用户对函数名称和参数意义都非常清楚，可以直接在单元格中输入该函数，如在 F2 单元格输入＝SUM(C2:E2)，按回车键即可得到函数结果。

2. 常用函数

Excel 提供了许多函数，这里仅对几个较为常用的函数作简单介绍。

（1）取整函数 INT(Number)：返回小于 Number 的最大整数。

例：INT(0.56)=0; INT(8.56)=8; INT(−8.56)= −9

（2）求和函数 SUM(Number1,Number2,…)：返回参数表中所有参数值之和。

（3）取平均值函数 AVERAGE(Number1,Number2,…)：返回参数表中所有参数的平均值。

（4）取最大值函数 MAX(Number1,Number2,…)：返回参数表所有参数中的最大值。

（5）取最小值函数 MIN(Number1,Number2,…)：返回参数表所有参数中的最小值。

（6）计数函数 COUNT(Value1,Value2,…)：统计数组或单元格区域中含有数字单元格的个数。

（7）条件计数函数 COUNTIF(Range, Criteria)：统计某个单元格区域中符合指定条件的单元格数目。

（8）逻辑判断函数 IF(Logical_test,Value_if_true,Value_if_false)：执行真假值判断，根据逻辑计算的真假值返回不同结果。

（9）逻辑与函数 AND(Logical1,Logical2,…)：所有参数的逻辑值为真时返回 TRUE(真)；只要有一个参数的逻辑值为假，则返回 FALSE(假)。

（10）逻辑或函数 OR(Logical1,Logical2,…)：所有参数中只要有一个参数的逻辑值为真即返回 TRUE(真)，否则返回 FALSE(假)。

（11）随机函数 RAND()：返回一个大于等于 0 且小于 1 的随机数。

3. 自动求和

求和、平均值、计数、最大值和最小值等都是 Excel 中最常用的函数，为了方便用户操作，Excel 在"常用"工具栏上设置了一个自动求和按钮（Σ ·），它能自动检测可能需要进行操作的数据区域，并将计算结果填入用户指定的单元格中。

图 4.18　"自动求和"下拉列表

（1）选择一个区域以及其右侧一列（或下方一行）空单元格。

（2）单击"常用"工具栏上的自动求和按钮（Σ ·）右侧的下三角箭头，打开下拉列表，如图 4.18 所示。

（3）在下拉列表中选择要执行的计算命令，各行（或列）数据的计算结果将分别显示在右侧一列（或下方一行）单元格中。

4.5.3　单元格引用

单元格引用分为：相对引用、绝对引用和混合引用。

1. 相对引用

相对引用是指在公式复制时，自动调节公式中单元格地址的引用，此方式仅用列标和行号来指明数据所在位置，如 A1、A2 等。这种引用的特点是：当进行公式复制时，保存公式的单元格的行、列将发生变化，公式参数中的行号与列标会根据公式所在单元格和被引用数据所在单元格之间的相对位置自动变化。

如图 4.19 所示，在 E2 中输入公式=B2+C2+D2。使用填充柄将 E2 中的公式自动填充至 E3。因公式中采用了相对引用，公式从 E2 复制到 E3，列标没有改变而行号增加 1，所以公式中引用的单元格也将行号增加 1，从 B2、C2、D2 变为 B3、C3、D3。因此，E3 单元格中公式自动变为= B3+C3+D3，如图 4.20 所示。

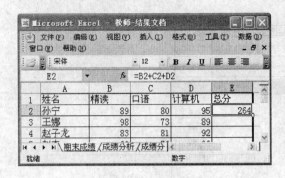
图 4.19 原始公式

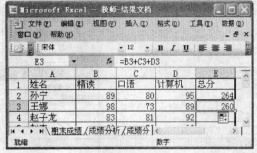
图 4.20 复制公式结果

2. 绝对引用

绝对引用是特定位置单元格的引用，公式复制或移动时，被绝对引用的单元格将不随公式位置变化而改变，总是锁定为指定位置的单元格。

手动在行号、列标前均输入"$"符号，或者在编辑栏中选中公式里要进行绝对引用的部分，按下 F4 功能键，即可实现单元格的绝对引用。例如：在单元格 E2 中输入公式 =$B$2+$C$2+$D$2，此时将 E2 中公式复制到单元格 E3 中，因为公式中采用了绝对引用，单元格 E3 中公式仍为=$B$2+$C$2+$D$2，所以单元格 E2 与 E3 中结果一致。

相对引用和绝对引用使用的目的和得到的计算结果大不相同。在移动公式时，公式中的单元格引用并不发生变化，但在复制公式时，被绝对引用的单元格其结果不发生变化，而被相对引用的单元格却会使结果发生变化，这就是相对引用和绝对引用的重要区别。

3. 混合引用

混合引用是指既包含绝对引用又包含相对引用的单元格引用。当由于公式复制或移动而引起行列变化时，公式的相对地址部分随位置变化，而绝对地址部分并不变化。混合引用的地址表示方法如：A$1，$B2 等。

4.5.4 单元格区域引用

对某一单元格区域进行引用时，用区域左上角及右下角两个对角单元格地址表示，两地址间以冒号"："分隔，例如区域 A1:F6。用户可以对工作表内的单元格或单元格区域重新命名，使它们有一个更有意义、更易记忆的名称，这样既容易识别，又可以减少公式或函数中的错误。

区域的名称可以包含大写或小写字母 A 到 Z、数字 0 到 9、句点"．"和下画线，第一个字符必须是字母或下画线，名称不长于 255 个字符，不能与单元格的引用相同。

区域名称建立的方法有两种：

（1）选中要命名的区域，单击编辑栏左侧的名称框，进入编辑状态，输入该区域名称后按回车键结束。

（2）选中要命名的区域，在菜单栏中选择"插入"|"名称"|"定义"命令，弹出"定义名称"对话框，如图 4.21 所示。在"在当前工作簿中的名称"文本框中，输入该区域名称，如"计算机成绩"，单击"确定"按钮完成区域名称的建立。

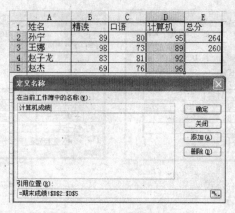

图 4.21　"定义名称"对话框

4.5.5　工作表引用

引用同一工作簿其他工作表中的单元格时，需在工作表名与引用单元格之间用感叹号"！"分开。例如：=Sheet2!A5+A6，其中 A5 为 Sheet2 工作表中单元格，A6 是当前工作表中的单元格。

4.6　数据的图表化

数据的图表化就是将工作表中的数据以各种统计图表的形式显示出来，使编制出的工作表更加直观、易懂。

在 Excel 中，图表可以分为两种类型：一种图表位于单独的工作表中，也就是与源数据不在同一张工作表上，这种图表称为图表单；另外一种图表与源数据在同一张工作表上，作为该工作表中的一个对象，称为嵌入式图表。

4.6.1　图表的创建

本节以创建"学生成绩单"图表为例，说明创建图表的过程。

1. 使用图表向导创建图表

首先需要选择用于制作图表的数据。例如，在图 4.22 所示的工作表中，选择单元格区域 A1:D5，然后在菜单栏中选择"插入"|"图表"命令，进入"图表向导"对话框。

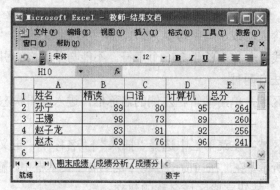

图 4.22　创建图表所使用的源数据表

"图表向导"分 4 个步骤进行：

（1）第 1 个步骤的作用是选择图表的类型，这里选择簇状柱形图。

（2）第 2 个步骤中确定作图依据的数据区域。在进入"图表向导"之前可先选中数据区域，也可以在此重新选择数据区域，单击"下一步"按钮。

（3）第 3 个步骤是对前一步选定的图表作进一步的格式设置，如设置标题（此处设置为"学生成绩单"）、图例以及是否带有网格线等，对话框右侧可以观察图表的预览效果，可以在设置参数的同时观察图表的变化。

（4）第 4 个步骤有两种选择："作为新工作表插入"和"作为其中的对象插入"，分别对应两种不同的图表位置。

在上述每个对话框中，可以单击"下一步"按钮进入下一个对话框，也可以单击"上一步"按钮返回到前一个对话框，直到对设置结果满意为止；最后单击"完成"按钮关闭"图表向导"，生成如图 4.23 所示的图表。

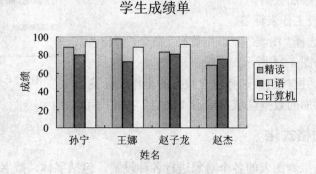

图 4.23　"学生成绩单"图表

2. 快速创建图表

使用"图表"工具栏上的"图表类型"按钮，或直接按 F11 键，可以对选中的数据区域快速地建立图表。使用"图表"工具栏上的"图表类型"按钮创建的图表是嵌入式图表，图表类型为系统默认的子类型。使用 F11 键创建的图表是图表类型为"柱形图"的独立图表。

4.6.2　图表的编辑

创建一个图表后，"图表"工具栏会自动弹出，如果"图表"工具栏未出现，可以通过在菜单栏中选择"视图"|"工具栏"|"图表"命令，打开"图表"工具栏。

1. 图表的移动、复制、缩放和删除

实际上，对选定图表的移动、复制、缩放和删除操作与 Word 中的图形操作相似。拖拽图表可以进行移动；按住 Ctrl 键的同时拖拽图表，可以实现复制；拖拽 8 个控点之一可以进行缩放；按 Delete 键可以删除。通过"编辑"菜单中的"复制"、"剪切"和"粘贴"命令，可以在同一工作表或不同工作表间进行图表的移动和复制。

2. 图表类型的改变

Excel 提供了丰富的图表类型，对已创建的图表，可以根据需要改变图表的类型。

改变图表类型应首先选中要改变类型的图表，然后在菜单栏中选择"图表"|"图表类型"命令，并在弹出的对话框中选择所需的图表类型和子类型即可。

3. 图表中数据的编辑

创建图表后，图表和创建图表的数据区域之间建立了联系，当工作表中的数据发生变化时，图表中对应的数据也自动更新。

（1）删除数据系列

删除图表中的数据系列时，选中需要删除的数据系列，按 Delete 键即可把整个数据系列从图表中删除，但不影响工作表中的数据。

若删除工作表中的数据，则图表中对应的数据系列也被删除。

（2）向图表添加数据系列

向嵌入式图表中添加数据系列，只需选中要添加的数据，然后拖拽到图表中即可。如果图表是独立作为工作表而存在，则需要按以下步骤来添加数据。

① 单击独立图表工作表标签。

② 在菜单栏中选择"图表"|"添加数据"命令，弹出"添加数据"对话框，如图 4.24 所示。

③ 单击折叠对话框按钮，选择包含数据的工作表标签，在工作表中选中要添加的数据区域，单击"确定"按钮即可。

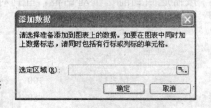

图 4.24 "添加数据"对话框

4.6.3 图表的格式化

图表的格式化是指对图表的各个对象进行各种设置，包括字体、数字格式、图案、刻度、对齐等设置。

在图表对象上双击鼠标左键或单击鼠标右键选择对应的格式，就可以对图表对象的各种格式进行用户的个性化设置，也可以通过"格式"菜单中的相应命令进行操作。例如：要对"学生成绩单"图表的绘图区进行格式设置，只需双击该图表的绘图区，将弹出"绘图区格式"对话框。在此对话框中，可以对边框、颜色、粗细及区域填充效果等进行不同的设置。

4.7　数据管理与分析

Excel 不仅具备简单的数据计算处理能力，而且在数据管理和分析方面具有数据库功能。它提供了一整套功能强大的命令，使用这些命令可以很容易地完成数据的排序、筛选、分类汇总及创建透视表等操作。

4.7.1 数据列表

Excel 的工作表中包含相关数据的单元格区域称为数据列表，也称工作表数据库或数据清单。其数据由若干列组成，每列有一个列标题，相当于数据库的字段名称，每一列必须是同类型的数据，列相当于数据库中的字段，行相当于数据库中的记录。在工作表中，数据列表与其他数据间至少留出一个空白列和一个空白行，列表中应避免空白行（列）。

字段名称是数据列表操作的标记成分，Excel 根据字段名称来执行排序和查找等操作。字段名称必须遵循以下规则：可以使用 1～255 个字符，只能是文字或文字公式，不能是数字、数值公式、逻辑值，另外，只有紧邻数据上方的一行文字才可以作为字段名称，如图 4.25 所示就是一个数据列表的例子。

	A	B	C	D	E	F	G
1	学号	姓名	性别	精读	口语	计算机	总分
2	0601	王娜	女	98	73	89	260
3	0602	赵杰	男	69	76	96	241
4	0603	徐青龙	男	91	58	88	237
5	0604	周琳琳	女	85	68	85	238
6	0605	贾青青	女	55	56	74	185
7	0606	刘丽	女	73	65	91	229
8	0607	孙宁	女	89	80	95	264
9	0608	王小路	男	57	60	82	199
10	0609	卢西奥	男	66	65	75	206
11	0610	赵子龙	男	83	81	92	256
12							

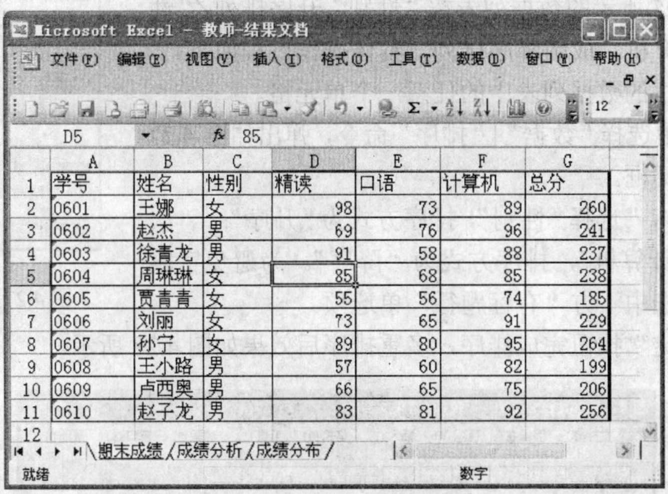

图 4.25 数据列表示意图

对数据列表中内容的编辑，既可以像一般工作表一样进行编辑，也可以使用 Excel 提供的“记录单”命令来添加、删除及查看数据列表中的数据。除数据列表中第一行作为字段名称外，其下的每一行数据都作为一条记录，记录单能够以记录为单位对数据进行查看、添加、修改、删除等操作。

选择数据列表中任意一个单元格，在菜单栏中选择“数据”|“记录单”命令，弹出如图 4.26 所示的记录单对话框。通过各个命令按钮可以对记录进行添加、删除、浏览等编辑操作，单击“关闭”按钮，将结束记录单操作，返回工作表状态。

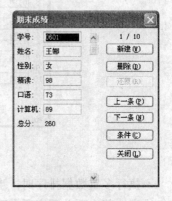

图 4.26 记录单对话框

4.7.2 数据排序

在统计处理中，经常会用到 Excel 对数据列表的排序功能。所谓排序，是根据某特定字段的内容来重排数据列表的记录，如果没有特殊的指定，Excel 会根据选择的“主要关键字”字段的内容按升序（从低到高）对记录进行排序。根据某一个字段来排序时，如果在该字段上有相同的记录，将保持它们的原始次序，排序字段数据为空白单元格的记录会被放在数据列表的最后。

1. 简单数据排序

简单数据排序就是根据某一列的数据按单一关键字对记录进行排序。单击排序所依据的列（如“计算机”列）中任意一个单元格，再单击“常用”工具栏的“升序排序”按钮（A↓Z），则数据列表中的学生信息按“计算机”升序排列。“降序排序”按钮（Z↓A）作用相反。

2. 多重数据排序

当依据某一列的内容对数据列表进行排序时，会遇到这一列中有相同数据的情况，为区分他们的次序，可以进行多重排序。Excel 可以同时按 3 个关键字进行多重排序：主要关键字、次要关键字和第三关键字。

例如：将图 4.25 所示的数据列表按"性别"升序排列，"性别"相同时按"计算机"成绩降序排列，具体操作过程如下：

（1）选择要排序的数据列表中的任意一个单元格。

（2）在菜单栏中选择"数据"|"排序"命令，弹出如图 4.27 所示的"排序"对话框。

（3）"主要关键字"选择"性别"，排序方式为"升序"；"次要关键字"选择"计算机"，排序方式为"降序"。为避免字段名参加排序，可以选中下方"有标题行"单选项。

图 4.27 "排序"对话框

（4）单击"确定"按钮完成排序，多重排序后效果如图 4.28 所示。

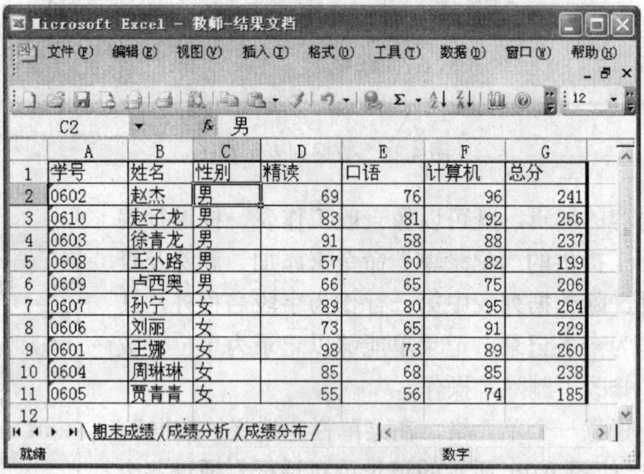

图 4.28 "多重排序"结果

执行多重数据排序时，当主要关键字所在列内容相同时，则根据次要关键字所在列内容进行排序，若次要关键字所在列内容也相同，则根据第三关键字所在列内容对数据进行排序。

若要取消排序结果，在菜单栏中选择"编辑"|"撤销排序"命令，则列表可以恢复成原有顺序。

4.7.3 数据筛选

数据筛选能够快速从数据列表中查找出满足给定条件的数据。

1. 自动筛选

（1）选择数据列表中任意一个单元格。

（2）在菜单栏中选择"数据"|"筛选"|"自动筛选"命令，则数据列表如图 4.29 所示。每一字段名右侧出现一个下三角按钮，称为筛选箭头，表明列表具有自动筛选功能。

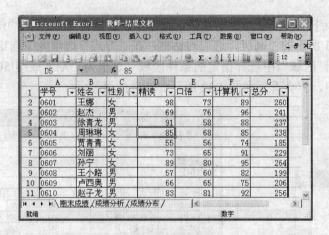

图 4.29　自动筛选

（3）单击要作为筛选条件的"计算机"字段右侧的下三角按钮，弹出一个下拉列表，从中选择某一确定的值、范围或条件，则筛选出符合条件的记录。

如果下拉列表中的条件不够用，可以选择"自定义"选项，打开"自定义自动筛选方式"对话框，根据需要对该字段定义条件。

如果要重新显示筛选数据清单中的所有数据，则在菜单栏中选择"数据"|"筛选"|"全部显示"命令。如果要取消自动筛选功能，可以在菜单栏中选择"数据"|"筛选"|"自动筛选"命令（使其前面"√"号消失），所有字段名右侧的下三角按钮消失，工作表恢复到原始数据状态。

2. 高级筛选

若筛选条件涉及几个字段的复杂条件，则可以使用高级筛选。

例如：在数据列表中筛选出计算机成绩在 80 分以上的男同学。

（1）需要在工作表中预先设定两个条件：性别=男、计算机>80，如图 4.30 所示。

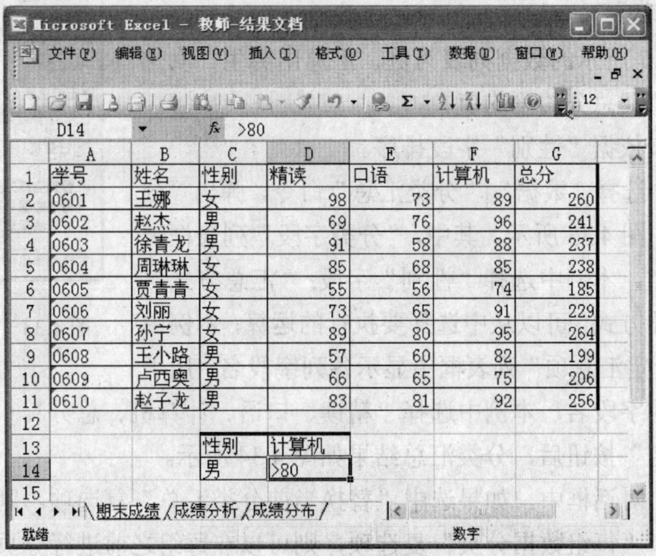

图 4.30　设定"高级筛选"条件

（2）在数据列表中单击任意一个单元格，在菜单栏中选择"数据"|"筛选"|"高级筛选"命令，弹出如图 4.31 所示的"高级筛选"对话框。在"方式"选项区中选定"在原有区域显示筛选结果"，在"条件区域"中选择指定的条件区域（这里为"期末成绩!$C$13:$D$14"），最后单击"确定"按钮，将会看到如图 4.32 所示的筛选结果。

图 4.31 "高级筛选"对话框

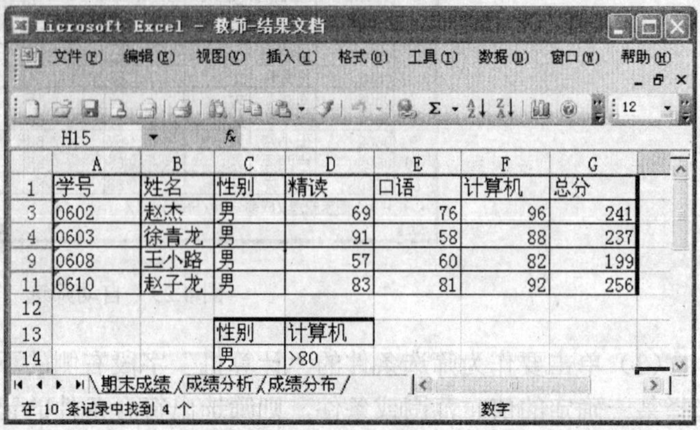

图 4.32 "高级筛选"结果

若取消"高级筛选"操作，可以在菜单栏中选择"数据"|"筛选"|"全部显示"命令，工作表就会恢复到原始数据状态。

4.7.4 分类汇总

分类汇总是对数据列表按某一字段值进行分类，将同类别数据放在一起，并分别为各类数据进行统计汇总，包括求和、计数、平均值、最大值、最小值等统计运算。

1．建立分类汇总表

以前面的图 4.25 所示的数据列表为例，汇总出男生、女生的各个科目的平均值及总分的平均值。

（1）对数据列表依据"性别"字段排序。

（2）在菜单栏中选择"数据"|"分类汇总"命令，弹出"分类汇总"对话框，如图 4.33 所示。其中，"分类字段"列表框表示按该字段进行分类，本例中选择"性别"字段；"汇总方式"列表框给出多种统计方式，可以从中选择要执行的运算，本例中选择"平均值"；"选定汇总项"列表框中显示各列字段名，用于选择需要进行汇总的字段名，本例中选择"精读、口语、计算机、总分"。

图 4.33 "分类汇总"对话框

（3）单击"确定"按钮后，分类汇总结果如图 4.34 所示。

在"分类汇总"对话框中，如果选中"替换当前分类汇总"复选项，则将替换任何现存的分类汇总；如果选中"每组数据分页"复选项，则可以在每组之前进行分页；如果选中"汇总结果显示在数据下方"，则在数据组末尾显示分类汇总结果。

	A	B	C	D	E	F	G
1	学号	姓名	性别	精读	口语	计算机	总分
2	0602	赵杰	男	69	76	96	241
3	0603	徐青龙	男	91	58	88	237
4	0608	王小路	男	57	60	82	199
5	0609	卢西奥	男	66	65	75	206
6	0610	赵子龙	男	83	81	92	256
7			男 平均值	73.2	68	86.6	227.8
8	0601	王娜	女	98	73	89	260
9	0604	周琳琳	女	85	68	85	238
10	0605	贾青青	女	55	56	74	185
11	0606	刘丽	女	73	65	91	229
12	0607	孙宁	女	89	80	95	264
13			女 平均值	80	68.4	86.8	235.2
14			总计平均值	76.6	68.2	86.7	231.5

图 4.34 "分类汇总"结果

2. 分级显示分类汇总表

默认情况下生成的分类汇总表将采用分级显示，在工作表窗口的左侧会出现分级显示区。分级显示区上方有"1、2、3"三个级别按钮，分别代表3种不同的级别：单击"1"按钮，只显示数据列表中的字段名称和总计结果；单击"2"按钮，显示出字段名称、各个分类的汇总结果和总计结果；单击"3"按钮，显示所有的详细数据。

3. 删除分类汇总表

若要删除分类汇总的效果，在菜单栏中选择"数据"|"分类汇总"命令，并在弹出的对话框中单击"全部删除"按钮，则工作表恢复到原始数据状态。

4.7.5 数据透视表

数据透视表是一种交互式的表，它能从一个数据列表的特定字段中概括出信息，可以全方位、多角度地交叉分析列表中的数据。创建数据透视表的操作步骤如下：

（1）选中数据列表中任意一个单元格，在菜单栏中选择"数据"|"数据透视表和数据透视图"命令，打开"数据透视表和数据透视图向导—3 步骤之 1"对话框，如图 4.35 所示，选择合适的数据源类型及创建的报表类型。

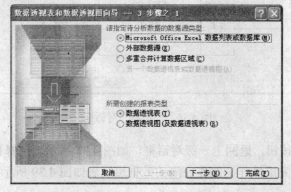

图 4.35 "数据透视表和数据透视图向导—3 步骤之 1"对话框

（2）单击"下一步"按钮，打开"数据透视表和数据透视图向导—3 步骤之 2"对话框，如图 4.36 所示，选择数据源区域。在一般情况下，向导会自动选择活动单元格所在的整个数据列表，如果数据源不在此数据列表中，可以单击"浏览"按钮查找工作表。

图 4.36　"数据透视表和数据透视图向导—3 步骤之 2"对话框

（3）单击"下一步"按钮，打开"数据透视表和数据透视图向导—3 步骤之 3"对话框，如图 4.37 所示。单击"布局"按钮，打开"布局"对话框，如图 4.38 所示，对话框右侧列出列表的所有字段名，按要求用鼠标将适当的字段拖入行、列位置，作为透视表的行、列标题；将汇总的字段拖入数据区。例如，将"姓名"字段拖到行位置，"性别"字段拖到列位置，"总分"字段拖到数据区，即分别统计男女生总分的合计值。

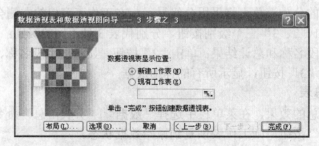

图 4.37　"数据透视表和数据透视图向导—3 步骤之 3"对话框

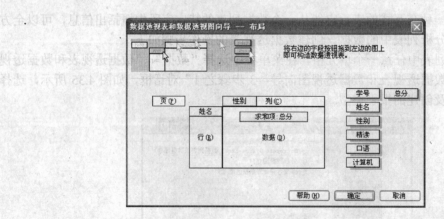

图 4.38　"布局"对话框

（4）单击"确定"按钮，返回上一级对话框，如图 4.37 所示，选择数据透视表的显示位置后，单击"完成"按钮完成操作。制作完成的数据透视表如图 4.39 所示。

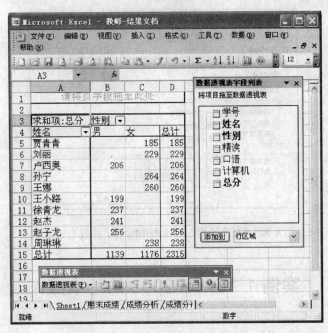

图 4.39 数据透视表

4.8 工作表的打印

如果已经完成了对工作表的编辑，可以把电子文稿打印出来，在打印之前需要为打印文稿做一些必要的设置，例如：设置页面（纸张大小、方向等），设置页边距（页面的大小和页眉、页脚在页面中的位置），添加页眉和页脚等。这些项目的设置方法与 Word 相似，在此不再复述。

除此以外还需要设置一些与工作表本身有关的选项，在菜单栏中选择"文件"|"页面设置"命令，弹出"页面设置"对话框，其中包含"页面"、"页边距"、"页眉/页脚"和"工作表" 4 个选项卡。

单击"工作表"选项卡，如图 4.40 所示。其中某些选项功能如下：

（1）"打印区域"。可以使用编辑框右侧折叠对话框按钮，或直接输入引用区域地址及区域名称来确定打印区域。不输入内容则为全表打印。

（2）"打印标题"。选定或直接输入每页上要打印相同标题的行和列。

（3）"打印"各复选项功能如下：

"网格线"用于决定是否打印网格线。

"单色打印"只进行黑白处理。

"按草稿方式"加快打印速度，不打印网格线和大多数图表。

"行号列标"指打印的表上标出行号和列标。

"批注"用于打印单元格注释，可以根据需要选择。

（4）"打印顺序"。对过宽的工作表选择打印顺序。

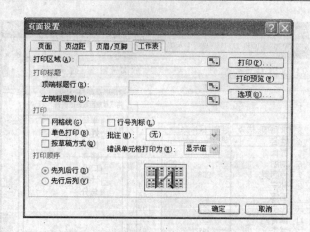

图 4.40 "页面设置"对话框中的"工作表"选项卡

案例 1 Excel 2003 的基本操作

【案例描述】

本案例要求在 Excel "员工信息"工作表中输入各种类型的数据，制作如图 4.41 所示的"员工基本信息表"。

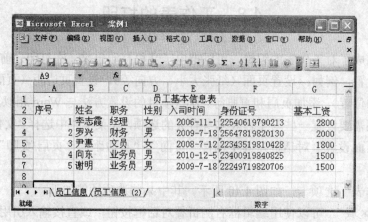

图 4.41 案例 1 样文

参照样文，具体要求如下：

（1）启动 Excel 后，删除工作表 Sheet2 和 Sheet3。

（2）将工作表 Sheet1 重命名为"员工信息"。

（3）标题单元格"员工基本信息表"要求合并及居中显示。

（4）将各种类型数据准确输入，"序号"要求使用填充柄填充。

（5）复制"员工信息"工作表。

（6）在副本"员工信息（2）"工作表中，最左侧插入一列，最上方插入一行。

（7）将工作簿保存到适当位置，文件名为"案例 1"。

【操作提示】

（1）启动 Excel 后，系统自动创建了一个名为"Book1"的工作簿，默认包含 3 张工作表，选中 Sheet2 和 Sheet3 两张工作表标签后，单击鼠标右键，在弹出的快捷菜单中选择相关选项，删除这两张工作表。

（2）在 Sheet1 工作表标签上单击鼠标右键，在弹出的快捷菜单中选择相关选项，将 Sheet1"重命名"为"员工信息"，回车确认。

（3）选中单元格区域 A1:G1，使用"格式"工具栏上的"合并及居中"按钮（⬛）即可将该区域的单元格合并，并且能够在水平方向居中对齐，然后在合并的单元格中输入文本内容。

（4）参照样文准确地输入各种数据。输入文本，默认是左对齐；输入数值，默认是右对齐；"入司时间"属于日期型数据，要按照"yy-mm-dd"或"yy/mm/dd"的格式输入；"身份证号"应作为文本型数据输入，输入时需在数字字符串前加英文单引号；使用填充柄输入等差数列，需要先输入数列中初始的两个数字，即在 A3 和 A4 单元格中分别输入序号 1 和 2 后，将 A3 :A4 区域选中，向下拖动填充柄自动填充其他的序号。

（5）在"员工信息"工作表标签上单击鼠标右键，在弹出的快捷菜单中选择"复制或移动工作表"，通过"建立副本"复制"员工信息"工作表，并将副本置于其后。

（6）在"员工信息（2）"工作表中，在列标 A 上单击鼠标右键，在弹出的快捷菜单中选择相关选项，"插入"一列；类似地，在行号"1"上"插入"一行。

（7）在菜单栏中选择"文件"|"保存"命令，在弹出的"另存为"对话框中，选择适当的保存位置，将工作簿的文件名保存为"案例 1"。

案例 2　工作表格式化

【案例描述】

本案例要求对"案例 1"工作簿中的"员工信息（2）"工作表进行格式化，具体效果参照图 4.42。

图 4.42　案例 2 样文

参照样文，具体要求如下：

（1）将 2、3 两行行高设置为 25，4 至 8 行行高适当同幅度增加；B 至 H 列设置为"最适合的列宽"。

（2）B2 单元格设置字体为黑体，字号为 16 号，字体颜色为褐色，底纹颜色为浅黄色；B3:H3 区域字体设为黑体，底纹颜色设为浅绿色。

（3）将"员工基本信息表"中所有单元格的"水平对齐"方式和"垂直对齐"方式均设置为居中。

（4）"基本工资"一列数字格式设置为"货币格式"。

（5）按照样文设置表格框线。

（6）将工作簿"另存为"至适当位置，文件名为"案例 2"。

【操作提示】

（1）在员工信息（2）工作表中，选中 2、3 两行，单击鼠标右键，将行高设置为 25；选中 4 至 8 行，手动调节其中一行的行高，被选中的其他各行将同幅度增高；选中 B 至 H 列，在菜单栏中选择"格式"|"列"|"最适合的列宽"命令，使得被选中列的列宽恰好适合各列中的文字宽度。

（2）选中要设置格式的单元格区域，在菜单栏中选择"格式"|"单元格"命令，在弹出的"单元格格式"对话框中进行相应设置。

（3）选中"员工基本信息表"中所有的单元格，在菜单栏中选择"格式"|"单元格"命令，使用弹出的"单元格格式"对话框中的"对齐"选项卡进行单元格水平及垂直居中的设置。

（4）选中"基本工资"一列中所有的数值单元格，使用"单元格格式"对话框中的"数字"选项卡将数字格式设置为货币，小数位数为 0，货币符号为￥。

（5）选中 B3:H8 区域，使用"单元格格式"对话框中的"边框"选项卡将该区域的内部框线设置为细实线，上框线和下框线设置为双实线；选中 B2 单元格将其上框线设置为双实线。

（6）在菜单栏中选择"文件"|"另存为"命令，在弹出的"另存为"对话框中选择适当的"保存位置"，将工作簿的"文件名"改为"案例 2"，单击"确定"按钮。

案 例 3　条 件 格 式

【案例描述】

本案例要求对"案例 2"工作簿中的"员工信息（2）"工作表中的"员工基本信息表"进行条件格式的设置，具体效果参照图 4.43 所示。

参照样文，具体要求如下：

（1）对"员工基本信息表"中的"基本工资"进行条件格式的设置，要求"基本工资"大于 2500 的数值用红色文字标识，"基本工资"小于 1800 的数值用"蓝色细水平条纹"的单元格图案来标识。

（2）将工作簿"另存为"至适当位置，文件名为"案例 3"。

【操作提示】

（1）选中设置条件格式的区域，即选中"基本工资"列中的 H4:H8 区域。

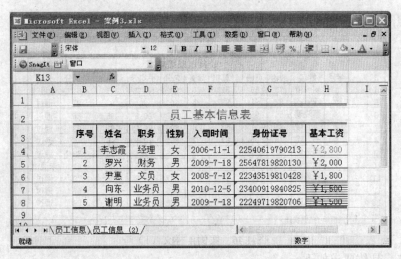

图 4.43　案例 3 样文

（2）在菜单栏中选择"格式"|"条件格式"命令，弹出"条件格式"对话框，如图 4.44 所示。"条件 1"设置为"单元格数值"|"大于"|"2500"，单击"条件 1（1）"的"格式"按钮，在"单元格格式"对话框中设置字体颜色为红色并单击"确定"按钮，即完成第一个条件的设置；单击"添加"按钮，弹出"条件 2"，同理设置第二个条件，"条件 2（2）"的"格式"按照图 4.45 所示进行设置，条件设置完毕，单击"确定"按钮即可得到样文 4.43 所示的结果。

图 4.44　"条件格式"对话框

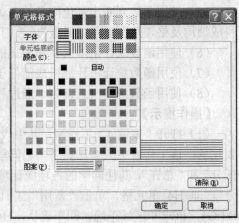

图 4.45　"单元格格式"对话框

（3）在菜单栏中选择"文件"|"另存为"命令，在弹出的"另存为"对话框中选择适当的"保存位置"，工作簿的"文件名"改为"案例 3"。

案例 4　公式与函数

【案例描述】

本案例要求根据现有的 4 科公共课成绩，使用公式与函数计算出表格中所有需统计的项目，具体结果参照图 4.46 和图 4.47。

	学号	姓名	政治	英语	计算机	体育	总分	平均分	最高分	最低分	总评
公共课成绩单											
	1	刘倩	73	66	51	73	263	65.75	73	51	未通过
	2	陈际鑫	87	91	89	93	360	90	93	87	通过
	3	蔡晓莉	86	95	93	88	362	90.5	95	86	通过
	4	李若倩	86	91	63	86	326	81.5	91	63	通过
	5	韦妮	76	95	89	92	352	88	95	76	通过
	6	韦丹伲	92	92	78	94	356	89	94	78	通过
	7	徐保莹	73	41	62	86	262	65.5	86	41	未通过
	8	陈华丽	71	70	85	96	322	80.5	96	70	通过
	9	董强	69	67	82	98	316	79	98	67	通过
	10	范成运	90	86	98	86	360	90	96	86	通过

图 4.46 案例 4 样文（1）

参照样文，具体要求如下：

（1）使用自动求和功能求出每位同学的总分。

（2）使用公式求出每位同学的平均分。

（3）使用函数求出每位同学 4 科成绩之中的最高分。

（4）使用函数求出每位同学 4 科成绩之中的最低分。

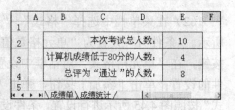

	本次考试总人数：	10
	计算机成绩低于80分的人数：	4
	总评为"通过"的人数：	8

图 4.47 案例 4 样文（2）

（5）使用函数判断出每位同学的总评情况（如果 4 科成绩均及格，总评显示"通过"，否则显示"未通过"）。

（6）使用函数统计出本次参加考试的总人数。

（7）使用函数统计出计算机成绩低于 80 分（不包括 80 分）的人数。

（8）使用函数统计出总评为"通过"的人数。

【操作提示】

（1）打开"案例 4"工作簿，其中"成绩单"工作表中有 10 名同学的 4 门公共课成绩，需要注意：该工作表中只需计算出一名同学，即"刘倩"的"总分"、"平均分"、"最高分"、"最低分"和"总评"，其他同学的各项统计项目都可以通过填充柄来自动填充。选择"刘倩"的"总分"，即 H4 单元格，单击"常用"工具栏上的自动求和按钮（Σ ▼），自动出现的求和区域是D4:G4，该求和区域正确，回车确认，H4 单元格中求出总分"263"。

（2）选择"刘倩"的"平均分"，即 I4 单元格，在该单元格中输入公式=(D4+E4+F4+G4)/4或=H4/4，回车确认，I4 单元格中求出平均分"65.75"。

（3）选择"刘倩"的"最高分"，即 J4 单元格，在菜单栏中选择"插入"|"函数"命令，弹出如图 4.48 所示的"插入函数"对话框。在"常用函数"类别中选择 MAX 函数并单击"确定"按钮，将弹出如图 4.49 所示的"函数参数"对话框，使用"Number1"的折叠对话框按钮选择函数的统计区域为"D4:G4"并单击"确定"按钮，则 J4 单元格中将求出最高分"73"。

（4）计算过程与第 3 题类似，只需在如图 4.50 所示的"插入函数"对话框中选择"全部"函数，在列表中找到 MIN 函数来求最低分。

（5）选择"刘倩"的"总评"，即 L4 单元格，参照第 3 题步骤，选择"IF"函数，在其"函数参数"对话框的 3 个文本框中填入如图 4.51 所示内容，单击"确定"按钮后 L4 单元格中求出总评"未通过"（提示：本题也可以使用 IF 函数嵌套 OR 函数来实现）。

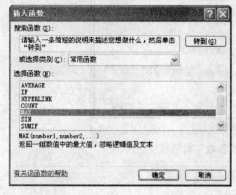

图 4.48 "插入函数"对话框—选择 MAX 函数

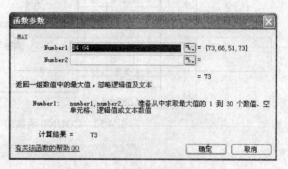

图 4.49 MAX "函数参数"对话框

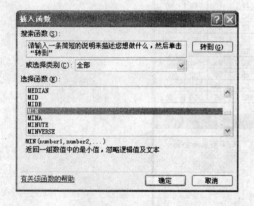

图 4.50 "插入函数"对话框—选择 MIN 函数

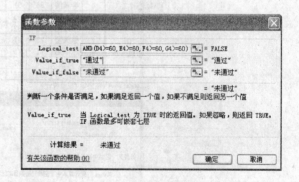

图 4.51 IF "函数参数"对话框

（6）切换到"成绩统计"工作表，选择 E2 单元格，计算总人数选用的是"统计"类别中的 COUNT 函数，但在当前工作表中并没有数据源，因此要使用 COUNT 函数对话框中"Value1"的折叠对话框按钮，到"成绩单"工作表中选中 D4:D13 区域，过程如图 4.52 所示，单击"确定"按钮后 E2 单元格中求出本次考试总人数"10"（注意：COUNT 函数的"Value"参数要求参数值只能是数值型数据，因此，不能选择诸如"姓名"或"年级"这样的文本型数据区域。）

（7）与第 6 题类似，要到"成绩单"工作表中选取数据源，本题选用的是"统计"类别中的 COUNTIF 函数，其参数参照图 4.53 所示进行设置，单击"确定"按钮后 E3 单元格中求出计算机成绩低于 80 分的人数"4"。

（8）本题同样要到"成绩单"工作表中选取数据源，选用 COUNTIF 函数，其参数参照图 4.54 进行设置，单击"确定"按钮后 E4 单元格中求出总评为通过的人数"8"，计算完毕对"案例 4"工作簿进行保存。

图 4.52　COUNT 函数的"函数参数"对话框

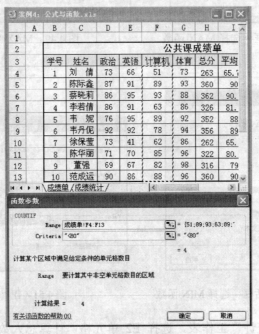

图 4.53　COUNTIF 函数的"函数参数"对话框（1）

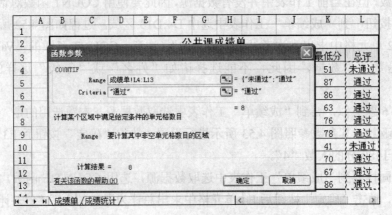

图 4.54　COUNTIF 函数的"函数参数"对话框（2）

案例 5　制　作　图　表

【案例描述】

本案例要求使用现有数据源制作图表，并对图表进行格式化，具体效果参照图 4.55。

参照样文，具体要求如下：

（1）在工作簿"案例 5"中，根据工作表 Sheet1 中的数据，在当前工作表中制作"天景"、"华诚"两只基金净值走势折线图。

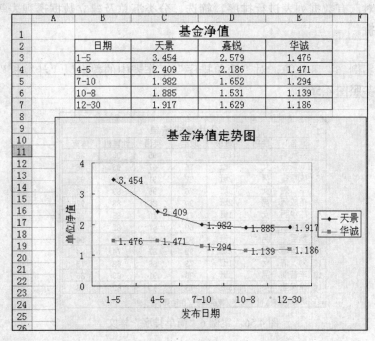

图 4.55　案例 5 样文

（2）对图表进行格式化，效果参考样文。

【操作提示】

（1）打开工作簿"案例 5"，Sheet1 工作表中有"基金净值"相关数据。选择图表的数据来源，即选中 B2:C7 单元格区域，按住 Ctrl 键，再选中 E2:E7 单元格区域，在菜单栏中选择"插入"|"图表"命令，弹出"图表向导"，共分 4 个步骤完成图表制作：

① "图表类型"选择"折线图"，在"子图表类型"中选择"数据点折线图"。

② 图表数据源已经在制作图表前选中，"系列产生在："应选择"行"或者"列"需根据实际情况确定，本例中选择"系列产生在：列"。

③ "图表选项"，选择"标题"选项卡，"图表标题"输入"基金净值走势图"，"分类（X）轴"输入"发布日期"，"数值（Y）轴"输入"单位净值"；选择"网格线"选项卡，取消"数值（Y）轴"的"主要网格线"；选择"数据标志"选项卡，在"数据标签包括"中选择"值"。

④ "图表位置"，位置为"作为其中的对象插入 Sheet1"，单击"完成"按钮即可生成图表。

（2）对图表进行格式化，只需在图表要修改的区域上单击鼠标右键，在弹出的快捷菜单中选择该区域相应的格式设置即可。例如：要修改 Y 轴刻度，只需在图表 Y 轴上单击鼠标右键，在弹出的快捷菜单中选择“坐标轴格式”，在“坐标轴格式”对话框中的“刻度”选项卡中设置“最小值”为“0”，“最大值”为“4”，“主要刻度单位”为“1”。图表其他部分的格式化效果可以参照样文设置，设置完毕对“案例 5”工作簿进行保存。

案例 6　数据管理与分析

【案例描述】

本案例要求对已有数据列表进行排序、筛选、分类汇总及建立数据透视表等操作，完成对数据的管理与分析。

具体要求如下：

（1）打开“案例 6”工作簿，对“简单排序”工作表中的数据以“计算机”为关键字进行降序排序，结果参照图 4.56。

	A	B	C	D	E	F	G
1	公共课成绩单						
2	姓名	性别	班级	政治	英语	计算机	体育
3	蔡晓莉	女	1班	86	95	93	88
4	刘景玲	女	3班	76	67	93	95
5	陈际鑫	男	2班	87	91	89	93
6	韦　妮	女	3班	76	95	89	92
7	范成运	男	2班	90	86	88	97
8	陈华丽	女	1班	71	70	85	96
9	董强	男	3班	69	67	82	99
10	魏军	男	1班	92	92	78	94
11	高运峰	男	2班	92	87	74	84
12	刘　倩	女	1班	73	66	68	73
13	李若刚	男	3班	86	91	63	86
14	徐保莹	女	3班	73	41	62	86

源表　简单排序　复杂排序　自动筛

图 4.56　案例 6“简单排序”样文

（2）对“复杂排序”工作表中的数据以“性别”为主要关键字，“计算机”为次要关键字进行升序排序，结果参照图 4.57。

	A	B	C	D	E	F	G
1	公共课成绩单						
2	姓名	性别	班级	政治	英语	计算机	体育
3	李若刚	男	3班	86	91	63	86
4	高运峰	男	2班	92	87	74	84
5	魏军	男	1班	92	92	78	94
6	董强	男	3班	69	67	82	99
7	范成运	男	2班	90	86	88	97
8	陈际鑫	男	2班	87	91	89	93
9	刘　倩	女	1班	73	66	68	73
10	徐保莹	女	3班	73	41	62	86
11	陈华丽	女	1班	71	70	85	96
12	韦　妮	女	3班	76	95	89	92
13	蔡晓莉	女	1班	86	95	93	88
14	刘景玲	女	3班	76	67	93	95

源表　简单排序　复杂排序　自动筛

图 4.57　案例 6“复杂排序”样文

（3）在"自动筛选"工作表的数据中，自动筛选出"性别"为"女"，并且"计算机"成绩大于或等于 85 的学生记录，结果参照图 4.58。

	A	B	C	D	E	F	G
1				公共课成绩单			
2	姓名 ▾	性别 ▾	班级 ▾	政治 ▾	英语 ▾	计算机 ▾	体育 ▾
5	蔡晓莉	女	1班	86	95	93	88
7	韦　妮	女	3班	76	95	89	92
10	陈华丽	女	1班	71	70	85	96
14	刘景玲	女	3班	76	67	93	95

▶▶▶ \简单排序 \复杂排序 \ 自动筛选 \ 高级◀

图 4.58　案例 6 "自动筛选"样文

（4）在"高级筛选（1）"工作表的数据中，高级筛选出"班级"为"3 班"，并且"计算机"成绩大于 85 的学生记录，结果参照图 4.59。

	A	B	C	D	E	F	G
1				公共课成绩单			
2	姓名	性别	班级	政治	英语	计算机	体育
7	韦　妮	女	3班	76	95	89	92
14	刘景玲	女	3班	76	67	93	95
15							
16							
17		班级	计算机				
18		3班	>85				

▶▶▶ \复杂排序 \自动筛选 \ 高级筛选(1) \◀

图 4.59　案例 6 "高级筛选（1）"样文

（5）在"高级筛选（2）"工作表的数据中，高级筛选出"计算机"大于 90 或者小于 70 的学生记录，筛选结果放置于 A16 单元格开始的区域中，结果参照图 4.60。

	A	B	C	D	E	F	G	H	I
1				公共课成绩单					
2	姓名	性别	班级	政治	英语	计算机	体育		
3	刘　倩	女	1班	73	66	68	73		
4	陈际鑫	男	2班	87	91	89	93		
5	蔡晓莉	女	1班	86	95	93	88		
6	李若刚	男	3班	86	91	63	86		
7	韦　妮	女	3班	76	95	89	92		
8	魏军	男	1班	92	92	78	94		计算机
9	徐保莹	女	3班	73	41	62	86		>90
10	陈华丽	女	1班	71	70	85	96		<70
11	董强	男	3班	69	67	82	99		
12	范成运	男	2班	90	86	88	97		
13	高运峰	男	2班	92	87	74	84		
14	刘景玲	女	3班	76	67	93	95		
15									
16	姓名	性别	班级	政治	英语	计算机	体育		
17	刘　倩	女	1班	73	66	68	73		
18	蔡晓莉	女	1班	86	95	93	88·		
19	李若刚	男	3班	86	91	63	86		
20	徐保莹	女	3班	73	41	62	86		
21	刘景玲	女	3班	76	67	93	95		

▶▶▶ \高级筛选(1) \ 高级筛选(2) \ 分类汇总 \数据透◀

图 4.60　案例 6 "高级筛选（2）"样文

（6）在"分类汇总"工作表的数据中，汇总出各班级各科成绩的最高分，结果参照

图 4.61。

（7）使用"数据透视表"工作表中的数据，以"性别"为页字段，以"姓名"为行字段，以"班级"为列字段，以"计算机"为数据项，在该工作表的 A18 单元格开始的区域建立数据透视表，并显示各班男同学的计算机平均成绩，结果参照图 4.62。

图 4.61　案例 6"分类汇总"样文

图 4.62　案例 6"数据透视表"样文

【操作提示】

（1）打开"案例 6"工作簿，各工作表中提供的数据源均为"公共课成绩单"。在"简单排序"工作表数据区域中，选中"计算机"列任意一个单元格，单击"常用"工具栏上的"降序排序"按钮（ ），即完成排序。

（2）在"复杂排序"工作表的数据区域中选中任意一个单元格，在菜单栏中选择"数据"|"排序"命令，弹出"排序"对话框，"主要关键字"选择"性别"，"次要关键字"选择"计算机"，均按照"升序"排序，单击"确定"按钮后即完成排序。

（3）在"自动筛选"工作表的数据区域中选中任意一个单元格，在菜单栏中选择"数据"|"筛选"|"自动筛选"命令，每一个字段名右侧出现一个下拉按钮（ ），单击"性别"右侧的下拉按钮（ ），选择"女"，再单击"计算机"右侧的下拉按钮（ ），选择"自定义"，在弹出的对话框中将自定义筛选条件设置为"计算机大于或等于 85"，单击"确定"按钮后即完成自动筛选。

（4）在"高级筛选（1）"工作表的空白区域建立如图 4.63 所示的条件区域，选中数据区域中任意一个单元格，在菜单栏中选择"数据"|"筛选"|"高级筛选"命令，在弹出的"高级筛选"对话框中确定筛选方式为"在原有区域显示筛选结果"，将"条件区域"选定为"$B$17:$C$18"，单击"确定"按钮后即完成高级筛选。

（5）在"高级筛选（2）"工作表的空白区域建立如图 4.64 所示的条件区域，选中数据区域中任意一个单元格，选择菜单栏中"数据"|"筛选"|"高级筛选"命令，在弹出的"高级筛选"对话框中确定筛选方式为"将筛选结果复制到其他位置"，将"条件区域"选定为"$I$8:$I$10"，筛选结果复制到以 A16 为左上角的区域中，单击"确定"按钮后即完成高级筛选。筛选出的结

果将出现在以 A16 单元格为左上角的区域中。

16		
17	班级	计算机
18	3班	>85
19		

|◄| ◄ | ► |◄ 自动筛选 ∖ 高级筛选(1) ∖ 高级筛选

图 4.63　条件区域

	A	B	C	D	E	F	G	H	I
1	公共课成绩单								
2	姓名	性别	班级	政治	英语	计算机	体育		
3	刘 倩	女	1班	73	66	68	73		
4	陈际鑫	男	2班	87	91	89	93		
5	蔡晓莉	女	1班	86	95	93	88		
6	李若刚	男	3班	86	91	63	86		
7	韦 妮	女	3班	76	95	89	92		
8	魏军	男	1班	92	92	78	94		计算机
9	徐保莹	女	3班	73	41	62	86		>90
10	陈华丽	女	1班	71	70	85	96		<70
11	董强	男	3班	69	67	82	99		
12	范成运	男	2班	90	86	88	97		
13	高运峰	男	2班	92	87	74	84		
14	刘景玲	女	3班	76	67	93	95		

图 4.64　条件区域

（6）在"分类汇总"工作表中，先按照分类字段"班级"对数据进行升序排序，然后在菜单栏中选择"数据"|"分类汇总"命令，在弹出的"分类汇总"对话框中参照图 4.65 进行设置，"确定"后即完成分类汇总。

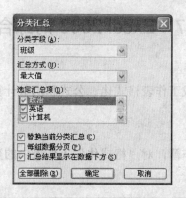

图 4.65　分类汇总

（7）在"数据透视表"工作表的数据区域中选中任意一个单元格，在菜单栏中选择"数据"|"数据透视表和数据透视图"命令，按照向导的提示将数据透视表的框架建立在当前工作表 A18 单元格开始的区域中，如图 4.66 所示；将"数据透视表字段列表"中的"性别"拖至"页字段"，"姓名"拖至"行字段"，"班级"拖至"列字段"，"计算机"拖至"数据项"；在生成的数据透视表中"求和项：计算机"上双击鼠标，在如图 4.67 所示的"数据透视表字段"对话框中将字段"汇总方式"确定为"平均值"，最后将页字段"性别"选定为"男"即完成数据透

视表的制作过程。

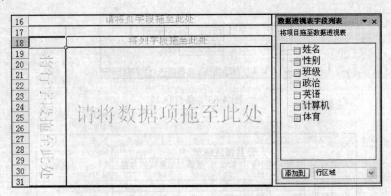

图 4.66　数据透视表框架

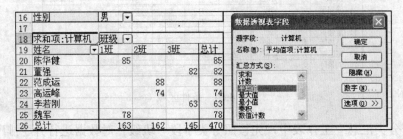

图 4.67　设置字段汇总方式

案例 7　Excel 2003 的综合应用

【案例描述】

本案例要求使用 Excel 完成工作表格式化、公式和函数计算、图表制作、高级筛选、分类汇总、数据透视表制作等操作。

具体要求如下：

（1）打开"综合案例"工作簿，对"格式化"工作表中的数据列表进行格式化，结果参照图 4.68。

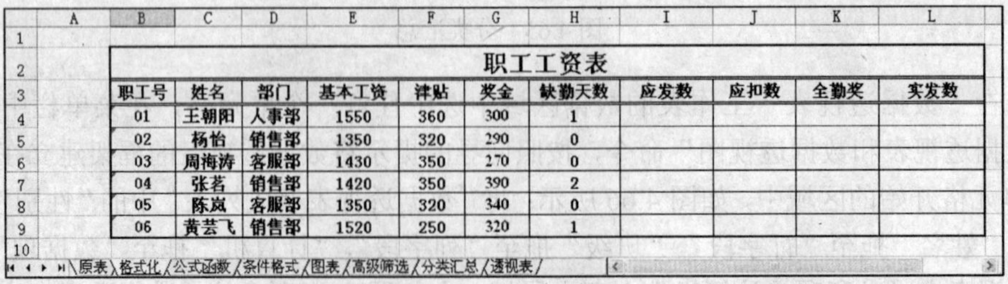

职工号	姓名	部门	基本工资	津贴	奖金	缺勤天数	应发数	应扣数	全勤奖	实发数
					职工工资表					
01	王朝阳	人事部	1550	360	300	1				
02	杨怡	销售部	1350	320	270	0				
03	周海涛	客服部	1430	350	270	0				
04	张若	销售部	1420	350	390	2				
05	陈岚	客服部	1350	320	340	0				
06	黄芸飞	销售部	1520	250	320	1				

图 4.68　综合案例"格式化"样文

（2）使用公式与函数计算出"公式函数"工作表中的"应发数"、"应扣数"、"全勤奖"（如无缺勤记录，则奖励 100 元）、"实发数"和"奖金在 300 元以上的人数"，结果参照图 4.69。

职工号	姓名	部门	基本工资	津贴	奖金	缺勤天数	应发数	应扣数	全勤奖	实发数
职工工资表
01	王朝阳	人事部	1550	360	300	1	2210	30	0	2180
02	杨怡	销售部	1350	320	290	0	1960	0	100	2060
03	周海涛	客服部	1430	350	270	0	2050	0	100	2150
04	张茗	销售部	1420	350	390	2	2160	60	0	2100
05	陈岚	客服部	1350	320	340	0	2010	0	100	2110
06	黄芸飞	销售部	1520	250	320	1	2090	30	0	2060
			统计出奖金在300元以上的人数（不包括300）:					3		

原表／格式化／公式函数／条件格式／图表／高级筛选／分类汇总／透视表／

图 4.69　综合案例 "公式函数" 样文

（3）根据"图表"工作表中的数据，在当前工作表中制作每位职工的"基本工资"和"实发数"的簇状柱形图，并参照图 4.70 对图表进行格式化。

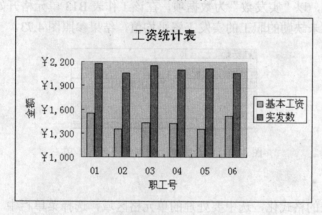

图 4.70　综合案例 "图表" 样文

（4）在"高级筛选"工作表的数据中高级筛选出销售部缺勤的职工记录，筛选结果放置于 B14 单元格开始的区域中，结果参照图 4.71。

职工号	姓名	部门	基本工资	津贴	奖金	缺勤天数	应发数	应扣数	全勤奖	实发数
职工工资表
01	王朝阳	人事部	1550	360	300	1	2210	30	0	2180
02	杨怡	销售部	1350	320	290	0	1960	0	100	2060
03	周海涛	客服部	1430	350	270	0	2050	0	100	2150
04	张茗	销售部	1420	350	390	2	2160	60	0	2100
05	陈岚	客服部	1350	320	340	0	2010	0	100	2110
06	黄芸飞	销售部	1520	250	320	1	2090	30	0	2060
部门	缺勤天数									
销售部	>0									
职工号	姓名	部门	基本工资	津贴	奖金	缺勤天数	应发数	应扣数	全勤奖	实发数
04	张茗	销售部	1420	350	390	2	2160	60	0	¥2,100.0
06	黄芸飞	销售部	1520	250	320	1	2090	30	0	¥2,060.0

原表／格式化／公式函数／图表／高级筛选／分类汇总／透视表／

图 4.71　综合案例 "高级筛选" 样文

（5）在"分类汇总"工作表的数据中汇总出全勤、缺勤 1 天、缺勤 2 天的人数，结果参照图 4.72。

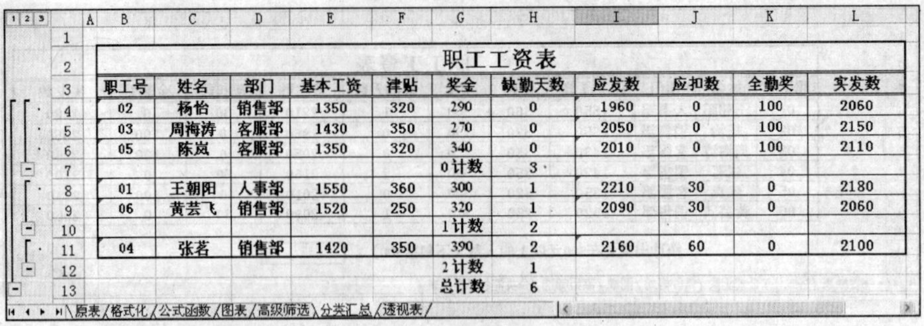

図 4.72　综合案例 "分类汇总" 样文

（6）使用"透视表"工作表中的数据，以"缺勤天数"为页字段，以"姓名"为行字段，以"部门"为列字段，以"实发数"为数据项，在该工作表 B13 单元格开始的区域建立数据透视表，并显示各部门未缺勤的职工的实发工资平均值，结果参照图 4.73。

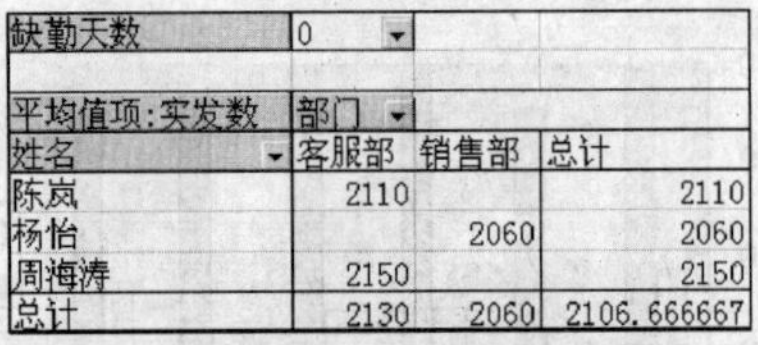

图 4.73　综合案例"数据透视表"样文

【操作提示】

（1）进行工作表的格式化，选中要处理的单元格区域，选择菜单栏中"格式" | "单元格"命令，使用"单元格格式"对话框进行各类格式化；一些常用的单元格格式设置也可以在"格式"工具栏中完成。

（2）以员工"王朝阳"为例，"应发数"的计算方法为"=SUM(E4:G4)"，"应扣数"的计算方法为"=H4*30"，"全勤奖"的计算方法为"=IF(H4=0,100,0)"，"实发数"的计算方法为"=I4-J4+K4"，"奖金在 300 元以上的人数"的计算方法为"=COUNTIF(G4:G9,">300")"。

（3）选中"职工号"、"基本工资"、"实发数" 3 列数据为数据源建立图表；对图表进行格式化，只需在图表要修改的区域上单击鼠标右键，在弹出的快捷菜单中选择该区域相应的格式设置即可，注意修改 Y 轴的刻度与数字格式。

（4）提示："部门"为"销售部"并且"缺勤天数"为">0"，这两个条件为"与"的关系，建立条件区域时应该设置在同一行。

（5）提示：在分类汇总前，需要先按照分类字段"缺勤天数"进行排序；另外，本题的特殊之处在于分类字段和汇总项都是"缺勤天数"。

（6）提示：建立数据透视表除了可以使用"案例 6"中"先在指定位置构建透视表框架，再拖动字段"的方法，也可以在如图 4.74 所示的"数据透视表和数据透视图向导"的"步骤之

3"中选择"布局"按钮,将相应字段拖到框架图上,最终将制作好的数据透视表放置在指定位置。

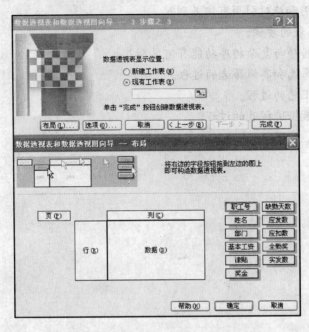

图 4.74 "数据透视表和数据透视图向导—3 步骤之 3"对话框

小 结

本章的内容主要包括 Excel 2003 的基础知识、工作簿和工作表的基本操作、数据的输入与编辑、格式化工作表、公式与函数的使用、数据的图表化、数据管理与分析等。

基础知识中详细介绍了关于工作簿、工作表、单元格的概念。工作簿和工作表的基本操作中介绍了对 Excel 文件的基本操作和对工作表的插入、删除、重命名的方法。格式化工作表中讲述了对工作表进行格式设置及行高、列宽的设置。公式与函数的使用中介绍了引用公式和函数对数据进行计算的方法。数据的图表化中讲述了如何对数据进行图表化,使数据更容易分析。数据管理与分析中讲述了对数据列表的排序、筛选、分类汇总的方法及数据透视表的建立方法。

习 题 4

1. 简述 Excel 中工作簿、工作表、单元格的概念及它们之间的关系。
2. 如何选择单元格或单元格区域?
3. 如何在工作簿中插入、删除和重命名工作表?
4. 试说明在不同的工作簿之间,复制和移动工作表的方法。
5. 数据的复制与填充有什么异同? 它们各有几种实现的途径?

6. 试说明数据删除和数据清除之间的区别。

7. Excel 中，如何对单元格中的数据进行格式化？

8. Excel 相对引用和绝对引用有何差别？

9. 试说明创建图表的步骤。

10. 数据的简单排序与复杂排序功能有何区别？

11. 试说明自动筛选和高级筛选的过程。

12. 试说明分类汇总的过程。

13. 试说明建立数据透视表的过程。

第5章 PowerPoint 2003 演示文稿软件

Microsoft PowerPoint 是微软公司 Office 系列办公软件中的一个重要组件，能够制作集文字、图形、图像、声音及视频等多种媒体形式于一体的演示文稿，被广泛应用于会议报告、学术交流、产品介绍、论文答辩及多媒体课堂教学等方面。

5.1 PowerPoint 的基础知识

本节主要介绍 PowerPoint 的启动、退出、窗口组成、视图方式及文件类型等基础知识。

5.1.1 启动和退出

PowerPoint 的启动与退出方法与 Word 相似，具体内容请参考本书第 3 章相关内容。

5.1.2 窗口的组成

启动 PowerPoint 后，会出现如图 5.1 所示的窗口。与 Word、Excel 等软件的窗口外观相似，PowerPoint 窗口由标题栏、菜单栏、工具栏、演示文稿窗口、任务窗格、视图切换区和状态栏等部分组成。

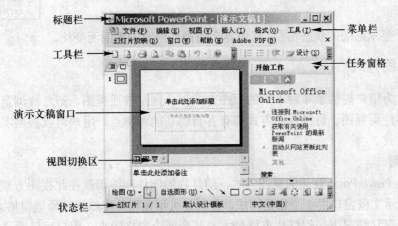

图 5.1 PowerPoint 2003 窗口组成

1. 标题栏
标题栏位于应用程序窗口最顶端，用于显示当前应用程序的名称和演示文稿的名称等信息。标题栏最右侧的 3 个按钮，分别用来控制窗口的最大化/向下还原、最小化和关闭。鼠标单击标题栏最左侧的控制菜单图标，可以激活窗口的控制菜单。

2. 菜单栏

菜单栏位于标题栏的下方,由"文件"、"编辑"、"视图"、"插入"、"格式"、"工具"、"幻灯片放映"、"窗口"和"帮助"9 个主菜单组成,包含了对 PowerPoint 的所有控制功能。

3. 工具栏

工具栏是以图标形式显示的操作命令的集合。在 PowerPoint 应用程序启动后,窗口中默认显示 3 个工具栏,分别是"常用"工具栏、"格式"工具栏和"绘图"工具栏。用户可以选择"视图"|"工具栏"命令,显示所需要的其他工具栏。

4. 演示文稿窗口

演示文稿窗口是编辑演示文稿的区域,可以对当前显示在演示文稿窗口中的幻灯片进行编辑。

5. 任务窗格

PowerPoint 中的任务窗格是将常用对话框中的命令及参数设置以窗格的形式显示在窗口右侧,从而为用户节省查找命令的时间。在图 5.1 中,单击"开始工作"任务窗格右侧的下拉按钮,将打开如图 5.2 所示的任务列表框,其中共包含 16 个任务选项,单击某一项可以切换到相应的任务窗格。

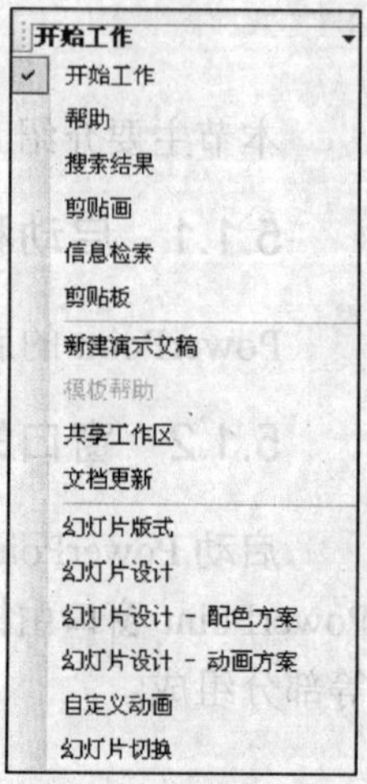

6. 视图切换区

PowerPoint 的视图切换区由 3 个视图按钮组成,分别是普通视图按钮、幻灯片浏览视图按钮和幻灯片放映视图按钮。单击视图切换区的相应按钮可以在 3 种视图方式之间进行切换。

7. 状态栏

状态栏用于显示系统的状态信息,其内容会随操作内容的不同而变化。

图 5.2 任务列表框

5.1.3 视图方式

PowerPoint 为用户提供了 4 种不同的视图方式,分别是普通视图、幻灯片浏览视图、幻灯片放映视图和备注页视图。每种视图方式都有各自的功能和特点,用户可以根据实际情况来选择不同的视图方式。

1. 普通视图

普通视图是 PowerPoint 默认的视图方式,幻灯片的制作和编辑就在此视图方式下进行。在普通视图下,演示文稿窗口由 3 个窗格构成,分别是大纲窗格(或幻灯片预览窗格)、幻灯片窗格和备注窗格。默认情况下,幻灯片窗格最大,其余两个窗格较小,用户可以通过拖动窗格边框来调整各窗格的大小比例,如图 5.3 所示。

（1）大纲窗格（或幻灯片预览窗格）:位于演示文稿窗口左侧,包含 2 个选项卡,分别是"大纲"选项卡和"幻灯片"选项卡,选择不同的选项卡可以将窗格分别切换到"大纲窗格"或"幻灯片预览窗格"。其中:

① 大纲窗格。按顺序显示演示文稿中每一张幻灯片的文本内容以及文本的层次结构,对于幻灯片中的其他对象（如图形、表格、图表等）则不显示,如图 5.4 所示。

② 幻灯片预览窗格。按顺序显示演示文稿中全部幻灯片的编号和缩略图,如图 5.5 所示。

在该选项卡中，每一张幻灯片编号的下方有一个"播放动画"按钮（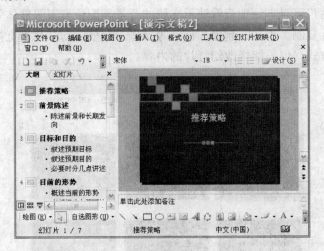），单击此按钮可以观看当前幻灯片的播放效果。

图 5.3 普通视图

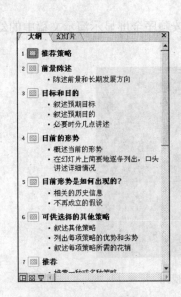

图 5.4 大纲窗格

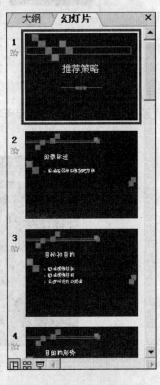

图 5.5 幻灯片预览窗格

（2）幻灯片窗格：位于演示文稿窗口的右上方，在此窗格内可以制作和编辑幻灯片。

（3）备注窗格：位于演示文稿窗口的右下方，用来添加与每张幻灯片内容相关的注释信息或提示，该内容在幻灯片放映时不显示。

2. 幻灯片浏览视图

幻灯片浏览视图是以缩略图的形式、按顺序显示演示文稿中的所有幻灯片，如图 5.6 所示。在此视图方式下，用户可以方便地查看演示文稿的背景和配色方案等整体效果，还可以对演示文稿中的幻灯片进行复制、添加、删除和移动等操作。此外，幻灯片浏览视图也用于增加和编辑幻灯片间的切换方式，但不能修改幻灯片的内容。

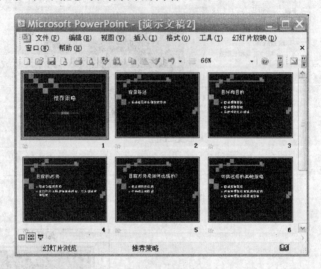

图 5.6　幻灯片浏览视图

3. 幻灯片放映视图

幻灯片放映视图是从当前幻灯片所在位置开始、按顺序全屏显示演示文稿中的幻灯片，如图 5.7 所示。

图 5.7　幻灯片放映视图

进入幻灯片放映视图后，可用以下方法控制幻灯片放映：单击鼠标左键或按回车键播放下一张幻灯片；使用键盘上的上、下、左、右方向键控制幻灯片播放进程的前进和后退；按键盘上的 Esc 键随时结束放映。此外，单击鼠标右键，利用快捷菜单中的命令也可对幻灯片的放映进行控制。

4. 备注页视图

在 PowerPoint 的视图切换区中没有备注页视图按钮，若想切换到备注页视图，可以在菜单栏中选择"视图"|"备注页"命令。备注页视图可以协助用户编辑备注页内容，如图 5.8 所示。

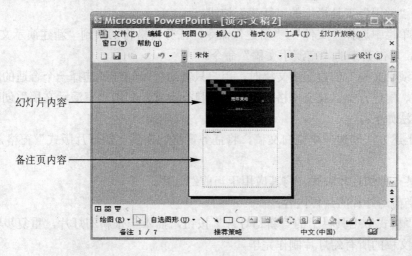

图 5.8　备注页视图

5.1.4　文件的类型

PowerPoint 中有 3 种主要的文件类型，分别是演示文稿文件、模板文件和幻灯片放映文件。

1. 演示文稿文件

演示文稿文件是 PowerPoint 默认的文件类型，若以后要对演示文稿进行编辑和修改，则在保存文件时可以选择这种文件类型，其文件扩展名为.ppt，如"产品简介.ppt"。

2. 模板文件

PowerPoint 为用户提供了数十种精心设计的演示文稿模板，这些模板为待编辑的幻灯片设定了背景、颜色和大纲结构等内容，可以加快演示文稿的制作进程。当然，用户也可以自己设计演示文稿模板，只要把所创建的演示文稿保存为模板文件类型即可，其文件扩展名为.pot，如"会议内容.pot"。

3. 幻灯片放映文件

对于那些已经制作完成的、不需要进一步编辑和修改的演示文稿，可以将其存储为幻灯片放映文件类型，其文件扩展名为.pps，如"论文答辩.pps"。

5.2　演示文稿的基本操作

5.2.1　演示文稿的创建

在 PowerPoint 中，创建演示文稿的方法有多种，如利用空演示文稿创建、根据设计模板创建、根据内容提示向导创建等。

1. 利用空演示文稿创建

通常情况下，在启动 PowerPoint 时，系统会自动创建一个名为"演示文稿 1"的空白文稿。此外，在当前演示文稿制作过程中，用户还可以通过以下两种方法创建新的空白文稿：

（1）单击"常用"工具栏上的"新建"按钮。

（2）在菜单栏中选择"文件"|"新建"命令，任务窗格将切换到"新建演示文稿"窗格，如图 5.9 所示，单击其中的"空演示文稿"命令。

利用"空演示文稿"创建演示文稿时，用户只需为每张幻灯片选择一个合适的版式，至于幻灯片的背景、配色方案以及文本格式等用户可自行设置。利用"空演示文稿"创建演示文稿的具体操作方法如下：

① 利用上述方法创建一个空白文稿，将任务窗格切换到"幻灯片版式"窗格，如图 5.10 所示。

② 单击某一种幻灯片版式，将其应用于当前幻灯片。

③ 编辑当前幻灯片的具体内容。

④ 单击"格式"工具栏上的"新幻灯片"按钮，插入一张新幻灯片，重复步骤②～④，直到整个演示文稿的所有幻灯片制作完毕。

⑤ 对所制作的演示文稿进行保存。

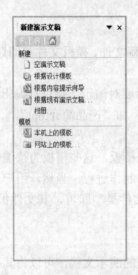

　　　图 5.9　"新建演示文稿"窗格　　　　　　　图 5.10　"幻灯片版式"窗格

2. 根据设计模板创建

PowerPoint 为用户提供了多种精美的设计模板，设计模板预先定义好了演示文稿的样式和风格，包括幻灯片的背景图案、色彩搭配、文字格式等，可以帮助用户快速建立自己的演示文稿。

根据设计模板创建演示文稿时，用户可以为所有幻灯片选择同样风格的设计模板，也可以为每张幻灯片选择不同的模板。具体操作方法如下：

（1）在图 5.9 所示"新建演示文稿"窗格内，单击"根据设计模板"命令，任务窗格切换到"幻灯片设计"窗格，如图 5.11 所示。

（2）单击某一模板，将其应用于演示文稿中的幻灯片。

（3）将任务窗格切换到"幻灯片版式"窗格，为当前幻灯片选择合适的版式。

（4）编辑当前幻灯片的具体内容。

（5）单击"格式"工具栏上的"新幻灯片"按钮，插入一张新幻灯片。

（6）重复步骤（3）～（5），直到整个演示文稿中的所有幻灯片制作完毕。默认情况下，新插入的幻灯片与之前编辑的幻灯片所采用的模板相同，若希望新幻灯片采用不同的模板，可在"幻灯片设计"窗格内单击某一模板缩略图右侧的下拉按钮，在下拉列表中选择"应用于选定幻灯片"命令。

（7）对所制作的演示文稿进行保存。

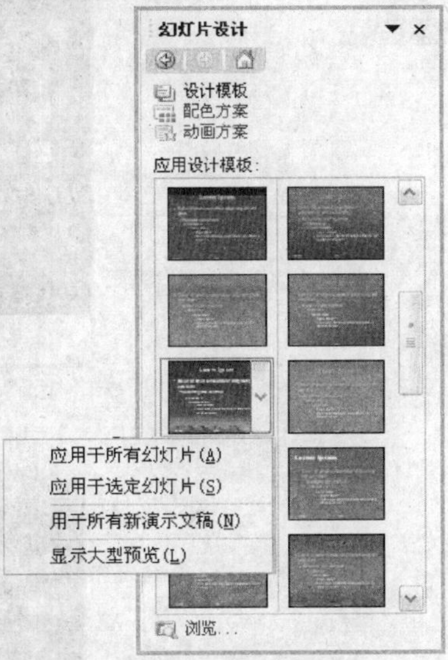

3. 根据内容提示向导创建

内容提示向导为用户提供了多种不同主题和结构的演示

图 5.11 "幻灯片设计"窗格

文稿范例，如公司会议、活动计划、推销策略等，用户使用时可直接对这些演示文稿进行编辑和修改，从而创建个人所需要的演示文稿。

根据内容提示向导创建演示文稿的方法如下：

（1）在"新建演示文稿"窗格内，单击"根据内容提示向导"命令，打开如图 5.12 所示的"内容提示向导"对话框。

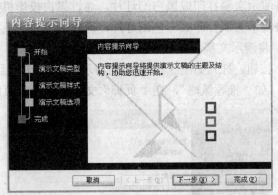

图 5.12 "内容提示向导"开始界面

（2）单击"下一步"按钮，打开如图 5.13 所示的演示文稿类型对话框，在"选择将使用的演示文稿类型"选项区选择一种类型，如选择"常规"分类中的"推荐策略"选项。

（3）单击"下一步"按钮，打开如图 5.14 所示的演示文稿样式对话框，为演示文稿选择合适的输出类型。其中：

① 屏幕演示文稿。直接在计算机屏幕上播放演示文稿。

② Web 演示文稿。将演示文稿发送到 Web 服务器上，以 Web 页的形式供网络中的用户浏览。

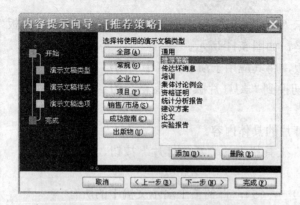

图 5.13　演示文稿类型对话框

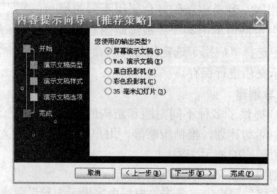

图 5.14　演示文稿样式对话框

③ 黑白投影机。将演示文稿打印成黑白幻灯片，通过黑白投影机播放。

④ 彩色投影机。将演示文稿打印成彩色幻灯片，通过彩色投影机播放。

⑤ 35 毫米幻灯片。将演示文稿制作成 35 毫米幻灯片。

（4）单击"下一步"按钮，打开如图 5.15 所示的演示文稿选项对话框，在"演示文稿标题"文本框中输入标题内容，如"推荐策略"，在"页脚"文本框中输入页脚中要显示的内容。

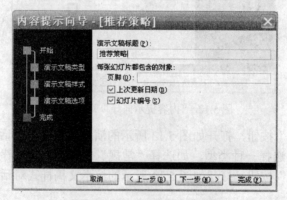

图 5.15　演示文稿选项对话框

（5）单击"完成"按钮，即可完成演示文稿的创建。

利用内容提示向导创建的演示文稿只是一个简单框架，使用时用户应根据实际需要对演示文稿做进一步的修改和完善。

5.2.2　演示文稿的打开

对于已经创建并保存过的演示文稿，可使用以下 3 种方法将其打开：

（1）单击"常用"工具栏上的"打开"按钮。

（2）在菜单栏中选择"文件"|"打开"命令。

（3）在"我的电脑"或"资源管理器"中找到要打开的演示文稿文件，双击鼠标将其打开。

5.2.3　演示文稿的保存

保存演示文稿可以单击"常用"工具栏上的"保存"按钮，或者在菜单栏中选择"文件"|"保存"命令。

在对演示文稿进行保存时，可以为演示文稿选择"保存类型"，如图 5.16 所示。

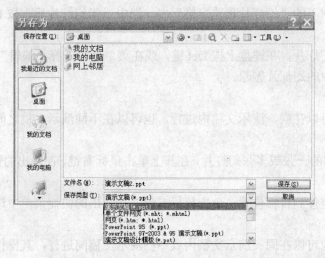

图 5.16　为演示文稿选择不同的"保存类型"

5.3　幻灯片的制作

一个演示文稿由多张幻灯片组成，幻灯片是演示文稿的基本操作对象。对幻灯片的操作包括幻灯片的选中、插入、删除、复制等基本操作以及向幻灯片中输入内容、添加对象等编辑操作。

5.3.1　幻灯片的基本操作

在 PowerPoint 中，用户可以在普通视图下或幻灯片浏览视图下对幻灯片进行选中、插入、删除、复制移动等基本操作。

1. 选中幻灯片

对幻灯片进行操作之前，首先要选中幻灯片。选中单张幻灯片的方法有 3 种：

（1）在普通视图下，在"大纲窗格"中单击幻灯片的图标。

（2）在普通视图下，在"幻灯片预览窗格"中单击幻灯片的缩略图。

（3）在幻灯片浏览视图下，单击幻灯片的缩略图。

利用上述三种方法，配合 Shift 键或 Ctrl 键可以选中连续或不连续的多张幻灯片，使用快捷键 Ctrl+A 可以选中全部幻灯片。

2．插入新幻灯片

要在当前演示文稿中插入新幻灯片，需要先选中一张幻灯片，则待插入的新幻灯片将插入到所选幻灯片之后。插入新幻灯片的方法有以下几种：

（1）单击"格式"工具栏上的"新幻灯片"按钮。

（2）在菜单栏中选择"插入"|"新幻灯片"命令。

（3）在普通视图下的"大纲窗格"或"幻灯片预览窗格"内，在选中的幻灯片上单击鼠标右键，在弹出的快捷菜单中选择"新幻灯片"命令。

（4）在普通视图下的"幻灯片预览窗格"内，选中一张幻灯片后，按 Enter 键。

3．删除幻灯片

选中待删除的幻灯片，在键盘上按 Del 键，或在菜单栏中选择"编辑"|"删除幻灯片"命令，都可以将被选中的幻灯片删除。

4．复制幻灯片

幻灯片的复制可以在同一演示文稿内进行，也可以在不同演示文稿之间进行，其操作方法如下：

（1）选中要复制的一张或多张幻灯片，在其上单击鼠标右键，在弹出的快捷菜单中选择"复制"命令。

（2）将插入点定位到目标位置，单击鼠标右键，在弹出的快捷菜单中选择"粘贴"命令。

5．移动幻灯片

幻灯片的移动也可以在同一演示文稿内或不同演示文稿间进行，其操作方法与幻灯片的复制类似，所不同的是要将复制过程中的"复制"命令改为"剪切"命令。

此外，在同一演示文稿内移动幻灯片时，还可以利用鼠标将待移动的幻灯片直接拖动到目标位置。

5.3.2　文本的编辑

文本编辑是制作演示文稿的基础，PowerPoint 能以多种简便、灵活的方式把文本添加到演示文稿中。

1．文本的输入

在演示文稿的各种版式中，除"空白"版式和"内容"版式外，每一种版式都有如"单击此处添加标题"这样的文本型占位符，如图 5.17 所示，用户可利用文本型占位符向演示文稿中输入文本。若用户选择的是"空白"版式或"内容"版式的幻灯片，或要在幻灯片的空白位置输入文本，则需要先插入一个文本框。

2．文本的格式化

在 PowerPoint 中，文本的格式化与 Word 类似，都遵循"先选中后操作"的原则，即选中

文本后，利用"格式"工具栏上的相关工具按钮，或者在菜单栏中选择"格式"|"字体"命令，对文本进行相应的格式化处理。

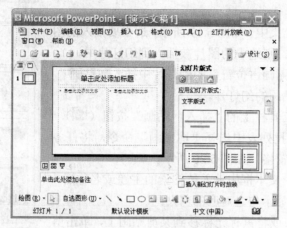

图 5.17 包含占位符的幻灯片

5.3.3 添加图形、图像、艺术字及表格

在演示文稿制作过程中，适当添加图形、图像、艺术字及表格等对象，不仅能使演示文稿图文并茂，还能使其更具生动性和说服力。其中，图形、艺术字及表格的添加及修改方法与Word 相同，此处不再复述，具体内容可参考本书第 3 章相关内容。

1. 插入剪贴画

PowerPoint 根据各行各业的不同需要，提供了包括农业、商业、建筑、通信、科技、人物以及动物等几十种剪贴画，所有剪贴画都经过专业设计，绘制精美、构思巧妙，能够表达各种类型的主题，适合制作各种不同风格的演示文稿。

在 PowerPoint 中插入剪贴画的方法有两种：

（1）在包含"剪贴画占位符"的幻灯片中插入剪贴画

① 新建幻灯片时，在"幻灯片版式"窗格中选择包含"剪贴画占位符"的版式，如图 5.18 所示。

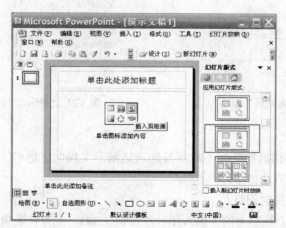

图 5.18 包含"剪贴画占位符"的幻灯片

② 单击"插入剪贴画"图标（），打开"选择图片"对话框，如图 5.19 所示。

③ 在"搜索文字"文本框中输入待搜索的主题或名称，然后单击"搜索"按钮。

④ 在显示的搜索结果中，如图 5.19 所示，选中要插入的图片，单击"确定"按钮，则选中的图片被插入到幻灯片中。

（2）在不包含"剪贴画占位符"的幻灯片中插入剪贴画

① 选中待插入剪贴画的幻灯片。

② 单击"绘图"工具栏上的"插入剪贴画"按钮（），或在"任务窗格"的下拉列表中选择"剪贴画"命令，将任务窗格切换到"剪贴画"窗格，如图 5.20 所示。

③ 在"搜索文字"文本框中输入待搜索的主题或名称后，单击"搜索"按钮，即显示与之对应的剪贴画。

④ 单击某剪贴画，或将鼠标光标移到某剪贴画上，单击剪贴画右侧出现的下拉按钮，在其下拉列表中选择"插入"命令，都可以将剪贴画插入到当前幻灯片中，如图 5.21 所示。

图 5.19 "选择图片"对话框

此外，在剪贴画搜索过程中，用户还可利用"剪贴画"窗格中的"搜索范围"和"结果类型"下拉列表来缩小搜索范围，提高搜索速度。

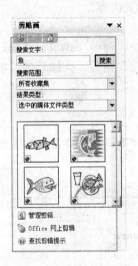

图 5.20 "剪贴画"窗格

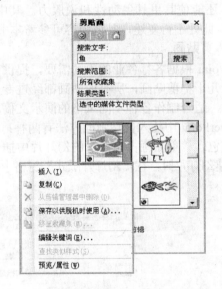

图 5.21 "插入"剪贴画

2. 插入图片

当 PowerPoint 所提供的剪贴画不能很好地表达演示文稿的主题时，用户可以在演示文稿中插入自己准备的图片，方法如下：

（1）选中待插入图片的幻灯片。

（2）单击"绘图"工具栏上的"插入图片"按钮（），或者在菜单栏中选择"插入"|"图片"|"来自文件"命令，打开"插入图片"对话框，如图 5.22 所示。

图 5.22 "插入图片"对话框

（3）找到待插入的图片，单击"插入"按钮，即可将其插入到当前幻灯片中。

5.3.4 插入组织结构图及图表

1. 插入组织结构图

组织结构图是借助图形来直观地描述某个机构或组织中各成员之间的等级和层次关系的示意图。

在 PowerPoint 中，用户可以利用工具栏上的工具按钮或菜单栏中的相应命令插入组织结构图，也可以选择包含组织结构图占位符的幻灯片插入组织结构图。

在包含"组织结构图占位符"的幻灯片中插入并修改组织结构图的方法如下：

（1）新建幻灯片时，在"幻灯片版式"窗格中选择包含"组织结构图占位符"的版式，如图 5.23 所示。

（2）单击"插入组织结构图或其他图示"图标（），打开"图示库"对话框，如图 5.24 所示。

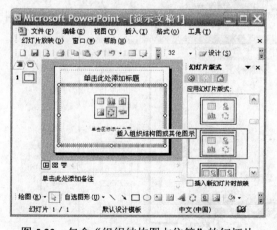

图 5.23 包含"组织结构图占位符"的幻灯片

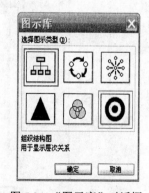

图 5.24 "图示库"对话框

（3）选择"组织结构图"类型，单击"确定"按钮，在当前幻灯片中即插入一个默认的组织结构图，如图 5.25 所示，同时在窗口中显示"组织结构图"工具栏，如图 5.26 所示。

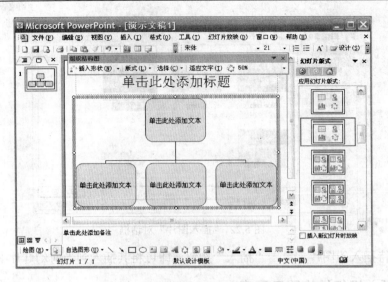

图 5.25 在幻灯片中插入组织结构图

图 5.26 "组织结构图"工具栏

（4）利用"组织结构图"工具栏上的各个工具按钮，对组织结构图进行修改。

（5）若要进一步修改组织结构图中某个图框的格式，可在该图框上双击鼠标，利用弹出的"设置自选图形格式"对话框，对所选图框的格式属性进行修改。

此外，利用"图示库"对话框，用户还可以建立除"组织结构图"以外的其他形式的结构图，如图 5.27 所示的"循环图"。插入"循环图"后，可利用窗口中显示的"图示"工具栏对该结构图做进一步修改，"图示"工具栏如图 5.28 所示。

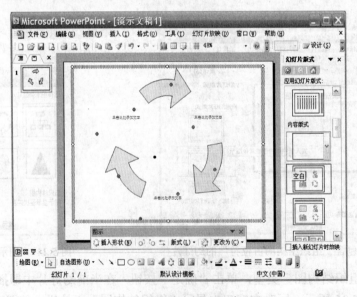

图 5.27 在幻灯片中插入"循环图"

图 5.28 "图示"工具栏

2. 插入图表

图表常用于财务分析、项目总结、市场企划等演示文稿的制作中，是表达数据的一种有效方式，它能将数据间的关系和变化趋势形象、直观地表述出来，从而增加演示文稿的说服力。

在 PowerPoint 中，用户可以利用工具栏上的工具按钮或菜单栏中的相应命令插入图表，也可以选择包含图表占位符的幻灯片插入图表。

（1）在包含"图表占位符"的幻灯片中插入图表

① 新建幻灯片时，在"幻灯片版式"窗格中选择包含"图表占位符"的版式，如图 5.29 所示。

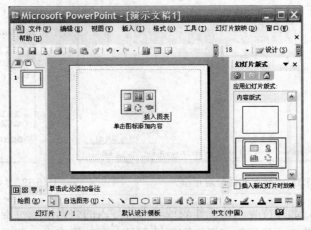

图 5.29 包含"图表占位符"的幻灯片

② 单击"插入图表"图标（ ），进入图表编辑状态，此时窗口中出现图表和数据表，如图 5.30 所示。其中图表中显示的数据由数据表提供，修改数据表中的样本数据，图表中的数据会随之发生变化。

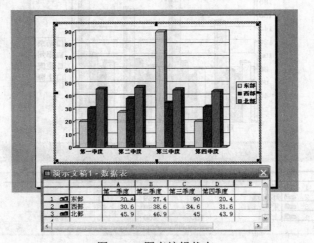

图 5.30 图表编辑状态

（2）修改数据表中的样本数据

修改数据表中的样本数据，既可以在数据表中直接进行，也可以通过导入数据的方法来实现。导入数据的方法如下：

① 在幻灯片中插入图表后，在菜单栏中选择"编辑"|"导入文件"命令，打开"导入文件"对话框，如图 5.31 所示。

② 找到待导入的文件，如 Book1.xls，单击"打开"按钮，窗口中出现"导入数据选项"对话框，如图 5.32 所示。

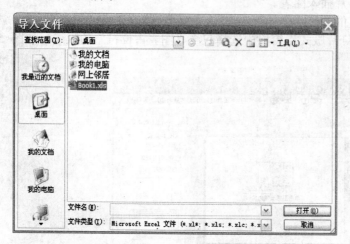

图 5.31   "导入文件"对话框   图 5.32   "导入数据选项"对话框

③ 在图 5.32 中，选择待导入的工作表或输入待导入的数据区域范围，并将"覆盖现有单元格"复选项选中，单击"确定"按钮，则新数据导入到数据表中，同时图表中显示的数据也随之发生变化，如图 5.33 所示。

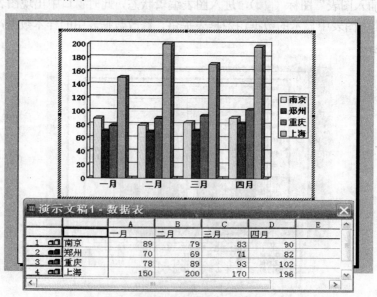

图 5.33   导入数据后的图表及数据表

在图表编辑状态下，当数据表不需要修改时，可将其关闭，需要时可选择"视图"|"数据工作表"命令将其再次显示出来。

图表创建好后，在图表占位符以外的空白区域单击鼠标左键，即可退出图表的编辑状态；若要对图表做进一步修改，需在图表上双击鼠标，再次进入图表的编辑状态。

5.3.5 插入影片和声音

在 PowerPoint 中，用户除了可以插入图片、艺术字等对象外，还可以插入影片和声音等多媒体对象来进一步增强演示文稿的播放效果。

影片和声音的来源有两个，分别是"剪辑库"和"文件"。用户可以使用不同方法插入不同来源的影片和声音。但无论采用哪种方法，在演示文稿中插入二者的操作步骤基本相同。下面以影片文件为例，介绍几种不同的多媒体文件的插入方法。

（1）在包含"媒体占位符"的幻灯片中插入剪辑库中的影片

① 新建幻灯片时，在"幻灯片版式"窗格中选择包含"媒体占位符"的版式，如图 5.34 所示。

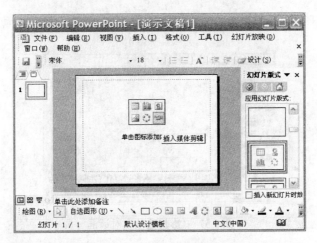

图 5.34　包含"媒体占位符"的幻灯片

② 单击"插入媒体剪辑"图标（ ），窗口中出现"媒体剪辑"对话框，用户可以在"搜索文字"文本框中直接输入待查找的主题或名称，也可以利用通配符"*"或"？"进行搜索，例如搜索当前剪辑库中所有.mpg 格式的文件，如图 5.35 所示。

③ 在"媒体剪辑"对话框中找到待插入的媒体文件后，单击"确定"按钮，媒体文件即被插入到当前幻灯片中，同时，窗口中弹出如图 5.36 所示的对话框，用户可利用该对话框为媒体文件选择一种启动方式，其中：

● 单击"自动"按钮，媒体文件将会在放映当前幻灯片时自动播放。

● 单击"在单击时"按钮，演示文稿在放映过程中，用户需单击媒体文件图标之后，媒体文件才能播放。

④ 对于已经插入到演示文稿中的影片，用户可进一步对其位置、大小、亮度及对比度等进行调整，其操作方法与设置图片格式相同。此外，在插入的影片文件上单击鼠标右键，在弹

出的快捷菜单中选择"编辑影片对象"命令，将打开"影片选项"对话框，如图 5.37 所示，在该对话框中，用户可以对影片的播放属性进行设置，其中：

图 5.35　"媒体剪辑"对话框

图 5.36　选择媒体文件启动方式对话框

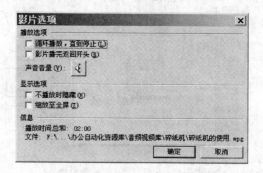

图 5.37　"影片选项"对话框

- "循环播放，直到停止"复选项。选中该复选项后，放映演示文稿时，影片会一直循环播放下去，直至放映下一张幻灯片或停止播放。
- "影片播完返回开头"复选项。选中该复选项，影片播完后，画面停留在影片的第一帧，否则，影片播完后，画面停留在影片的最后一帧。
- "声音音量"按钮（🔊）。单击此按钮，弹出一个音量调整滑块，可控制影片播放时的音量。选中"静音"复选项，则不播放影片中的声音。
- "不播放时隐藏"复选项。选中该复选项，影片不播放时将不被显示。
- "缩放至全屏"复选项。选中该复选项，影片播放时会自动显示为全屏幕模式。

（2）利用菜单命令插入剪辑库中的影片

① 在菜单栏中选择"插入"|"影片和声音"|"剪辑管理器中的影片"命令，任务窗格将切换到"剪贴画"窗格，如图 5.38 所示。"剪贴画"窗格的列表中显示了当前剪辑库中所包含的全部影片文件，用户可在该窗格中的"结果类型"下拉列表中查看影片文件所包括的具体文

件类型。

② 在图 5.38 中，单击所需要的影片文件，即可将其插入到当前幻灯片中。

（3）利用菜单命令插入"文件"中的影片

当剪辑库中没有用户所需要的影片文件时，用户可以使用菜单命令插入来源于"文件"的影片，方法如下：

① 在菜单栏中选择"插入"|"影片和声音"|"文件中的影片"命令，打开"插入影片"对话框，如图 5.39 所示。

② 选择需要插入的影片文件，单击"确定"按钮，影片文件即被插入到当前幻灯片中。

图 5.38 "剪贴画"窗格

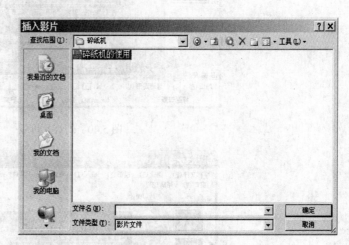

图 5.39 "插入影片"对话框

5.4 演示文稿外观的设计

为了使演示文稿在播放时更能吸引观众，可以为演示文稿设置不同的外观风格。PowerPoint提供了 3 种可以改变演示文稿外观的方法：修改母版、变换配色方案以及设置背景样式。

5.4.1 母版设置

母版是一张特殊的幻灯片，它的作用是让演示文稿中所有的幻灯片具有统一的外观。当用户将演示文稿需要统一设置的格式设置在母版中后，演示文稿中新增的幻灯片就会直接应用母版的格式。

PowerPoint 为用户提供了 3 种类型的母版，分别是幻灯片母版、讲义母版和备注母版。

1. 幻灯片母版

幻灯片母版是记录演示文稿中所有幻灯片布局信息的特殊幻灯片，它决定了幻灯片中文本的格式、背景的样式及配色方案等特征，用户可以通过更改这些特征信息来改变演示文稿的整体外观。

在菜单栏中选择"视图"|"母版"|"幻灯片母版"命令，可以进入幻灯片母版视图窗口。在该窗口的左侧窗格中，可以看到通过灰色方括号连接在一起的一对缩略图，它们分别对应幻灯片母版和标题母版，如图 5.40 和图 5.41 所示。其中，标题母版只用于控制"标题幻灯片"的外观样式，而幻灯片母版用于控制除"标题幻灯片"以外所有其他幻灯片的样式。

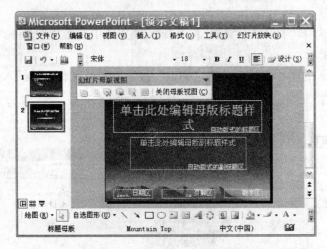

图 5.40   幻灯片母版

图 5.41   标题母版

在幻灯片母版视图窗口中选择需要设置的母版后，就可以对其中的各元素进行设置了。对于母版中没有的对象内容，如图形、图片、艺术字等，用户可以根据需要添加并修改，其修改方法与在幻灯片普通视图下的修改方法相同。

母版设置好后，单击"幻灯片母版视图"工具栏上的"关闭母版视图"按钮，可切换回普通视图。"幻灯片母版视图"工具栏如图 5.42 所示。

图 5.42   "幻灯片母版视图"工具栏

2. 讲义母版

在 PowerPoint 中，用户可以将演示文稿以多张幻灯片为一页的方式打印成讲义。讲义母版主要用于控制演示文稿以讲义形式打印时的格式。

3. 备注母版

演示文稿在播放时并不显示备注内容，但用户可以将演示文稿按"备注页"内容进行打印输出。备注母版主要用于设置备注页的版式以及备注文字的格式。

5.4.2 配色方案设置

配色方案是由 8 个预先设定好的色彩所构成的集合，用于设置演示文稿中幻灯片的主要颜色，包括背景、文本线条、阴影、标题文本、填充、强调和超链接。

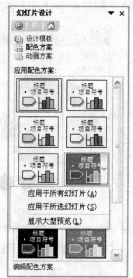

PowerPoint 提供了多种预先设定好的标准配色方案，用户可以直接使用。此外，用户也可以根据需要创建自己喜欢的配色方案。

1. 应用标准配色方案

应用 PowerPoint 提供的标准配色方案是改变演示文稿配色方案最简单的方法，具体操作方法如下：

（1）在演示文稿中选中要应用配色方案的幻灯片。

（2）将任务窗格切换到"幻灯片设计—配色方案"窗格，如图 5.43所示。

（3）单击所需要的配色方案，则演示文稿中所有幻灯片都将应用此方案。要使演示文稿中的幻灯片应用不同的配色方案，可将光标移到所需要的配色方案上，单击右侧出现的下拉按钮，在下拉列表中选择"应用于所选幻灯片"命令即可。

2. 应用自定义配色方案

当标准配色方案不符合演示文稿要求时，用户可以应用自定义配色方案，具体操作方法如下：

图 5.43 "幻灯片设计—配色方案"窗格

（1）将任务窗格切换到"幻灯片设计—配色方案"任务窗格，单击位于该窗格下方的"编辑配色方案"选项，打开"编辑配色方案"对话框，默认打开"自定义"选项卡，如图 5.44 所示。

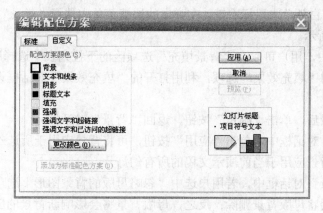

图 5.44 "编辑配色方案"对话框中"自定义"选项卡

（2）在"配色方案颜色"选项区，选择待修改的配色方案，如"背景"，然后单击"更改颜色"按钮，打开"背景色"对话框，如图 5.45 所示。

（3）在图 5.45 中找到需要的颜色，单击"确定"按钮，返回到"编辑配色方案"对话框。

（4）重复步骤（2）～（3），完成其他配色方案的更改。

（5）配色方案被修改后，图 5.44 中的"添加为标准配色方案"按钮被激活，要对修改后的配色方案进行保存，单击"添加为标准配色方案"按钮即可。

（6）配色方案被修改后，图 5.44 中的"预览"按钮被激活，单击"预览"按钮可预览修改后的配色方案效果；单击"应用"按钮，可将此方案应用于当前演示文稿中。

此外，对于已经存在的标准配色方案，利用"编辑配色方案"对话框的"标准"选项卡中的"删除配色方案"按钮，可将其删除，如图 5.46 所示。

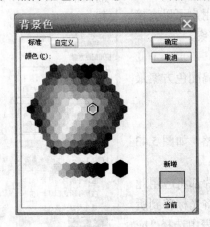

图 5.45　"背景色"对话框

图 5.46　"编辑配色方案"对话框中"标准"选项卡

5.4.3　背景设置

幻灯片的外观在很大程度上是由所设置的背景决定的。在 PowerPoint 中，用户可以为演示文稿中的幻灯片自行设置背景，具体方法如下：

（1）在演示文稿中选中要设置背景的幻灯片。

（2）在幻灯片空白处单击鼠标右键，在弹出的快捷菜单中选择"背景"命令，打开"背景"对话框，如图 5.47 所示。

（3）在图 5.47 中，用户可以在"背景填充"选项区的下拉列表中选择所需要的背景颜色，也可以选择列表中的"填充效果"选项，利用打开的"填充效果"对话框设置背景，如图 5.48 所示。

（4）设置完背景后，单击"确定"按钮，返回"背景"对话框。

（5）在"背景"对话框中，单击"应用"按钮，可将背景应用于所选幻灯片；单击"全部应用"按钮，可将背景应用于当前演示文稿的所有幻灯片。

此外，在"背景"对话框中，若用户选中"忽略母版的背景图形"选项，则新的背景将覆盖母版背景，但不会将母版背景删除；反之，母版背景将会影响新背景的应用。

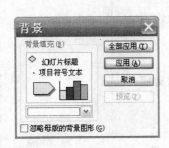

图 5.47 "背景"对话框

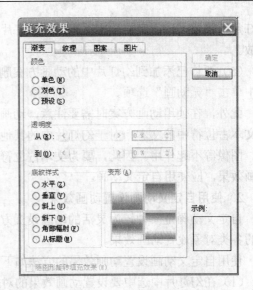

图 5.48 "填充效果"对话框

5.5 演示文稿动画效果的设置

5.5.1 幻灯片的动画效果

在演示文稿中适当地添加动画效果，可以使演示文稿更加生动活泼，富有感染力。

在 PowerPoint 中，幻灯片的动画效果可分为片内动画和片间动画两类。其中，片内动画是指给幻灯片中的对象添加动画效果，可以通过设置动画方案或自定义动画来实现；而片间动画是指幻灯片的切换方式，可以通过设置幻灯片的切换效果来实现。

1. 使用动画方案设置动画效果

添加动画效果最简单的方法是使用预设的动画方案。动画方案是 PowerPoint 提供给用户的一组精致的效果序列，用户不需要对动画属性进行设置，就可以直接将其应用于幻灯片中。

使用动画方案设置动画效果的方法如下：

（1）在演示文稿中选中要设置动画效果的幻灯片。

（2）将任务窗格切换到"幻灯片设计—动画方案"窗格，如图 5.49 所示。

（3）单击某一种动画方案，则该动画方案即被应用于选中幻灯片。

（4）在图 5.49 中若选中了"自动预览"复选项，则幻灯片会立即显示所应用的动画效果；单击"应用于所有

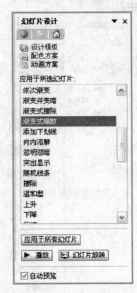

图 5.49 "幻灯片设计—动画方案"窗格

幻灯片"按钮，该方案将被应用于所有幻灯片；单击"播放"按钮，可对当前选中幻灯片进行播放。

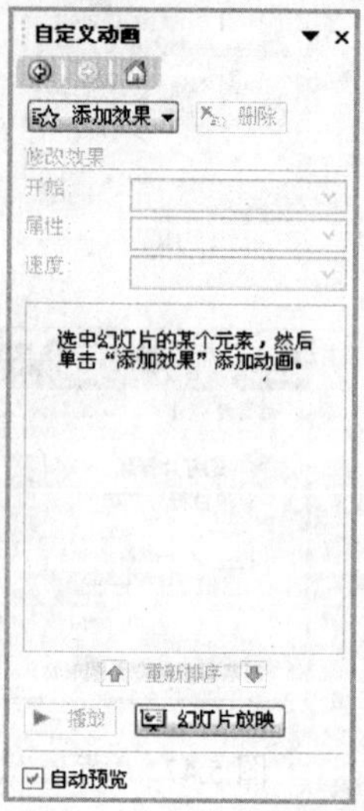

（5）要将已添加到幻灯片中的动画方案删除，可在动画方案列表中单击"无动画"选项。

此外，在使用动画方案时需要注意，动画方案只适用于幻灯片中文本占位符中的文本，对于幻灯片中的其他对象，如文本框、图形、图像等不起作用。因此，要为文本占位符以外的其他对象设置动画效果，应使用自定义动画。

2. 使用自定义动画设置动画效果

自定义动画是一种较为灵活的动画设置方法，可以为演示文稿中的各类对象设置动画效果。

使用自定义动画设置动画效果的方法如下：

（1）在幻灯片中选中要设置动画效果的对象。

（2）将任务窗格切换到"自定义动画"窗格，如图 5.50 所示。

（3）单击"添加效果"下拉按钮，在弹出的下拉列表中为所选

图 5.50 "自定义动画"窗格

对象添加各类动画效果，如图 5.51 所示，其中：

① "进入"用于设置幻灯片中对象进入屏幕的动画效果。

② "强调"用于突出和强调幻灯片中的某对象而设置的动画效果。

③ "退出"用于设置幻灯片中对象退出屏幕的动画效果。

④ "动作路径"用于设定幻灯片中对象的运动路径。

（4）为某一对象添加了动画效果后，"自定义动画"窗格中的"开始"、"方向"和"速度" 3 个下拉列表框被激活，用户可利用这 3 个列表框进一步设置所需要的动画参数，如图 5.52 所示，其中：

图 5.51 添加自定义动画效果

图 5.52 自定义动画参数设置

① "开始"列表框用于设置动画的开始方式。包括以下几种方式：

• "单击时"，表示幻灯片放映时，单击鼠标后该动画开始播放；

• "之前"，表示在上一个动画播放的同时播放该动画，利用此选项可设置多个动画同时播放；

• "之后"，表示在上一个动画播放完毕后才开始播放该动画，利用此选项可设置多个动画自动依次播放。

② "方向"列表框用于设置动画运动的方向。

③ "速度"列表框用于设置动画的播放速度。

（5）要对某动画效果进行更详细的设置，可在自定义动画列表框中单击某动画效果右侧的下拉按钮，在弹出的快捷菜单中选择"效果选项"，打开与该动画效果对应的对话框，如图 5.53 所示的"飞入"对话框，其中包括 3 个选项卡：

① "效果"选项卡包括"设置"和"增强"两个选项区。

• "设置"选项区用于设置与当前动画效果运动形式相关的内容；

• "增强"选项区用于增强动画的播放效果。

② "计时"选项卡的内容如图 5.54 所示。

• "开始"下拉列表框用于设置动画的开始方式；

• "延迟"文本框用于设置动画被激活后延迟播放的时间，利用此项可设置定时播放的动画；

• "速度"下拉列表框用于设置动画播放的速度；

• "重复"下拉列表框用于设置动画重复播放的次数；

• 单击"触发器"按钮，其下方将显示两个单选按钮。默认情况下，触发动画的方式为"部分单击序列动画"，即用户在放映幻灯片时，通过在任意位置单击鼠标来触发播放下一个动画；如果选择"单击下列对象时启动效果"单选按钮，其右侧下拉列表框变为可选状态，用户可从中选择作为触发动画播放的对象。

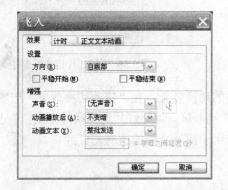
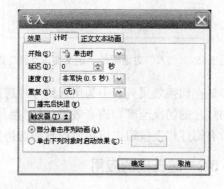

图 5.53 "飞入"对话框的"效果"选项卡　　　图 5.54 "飞入"对话框的"计时"选项卡

③ "正文文本动画"选项卡如图 5.55 所示。

• "组合文本"下拉列表框用来设置文本段落出现的方式；

• "每隔"和"相反顺序"复选项用来设置各段落动画效果的间隔时间和播放顺序。

（6）重复步骤（1）～（5），可为幻灯片中的不同对象设置各类动画效果。

（7）为幻灯片中各对象设置好动画效果后，用户可在"自定义动画"窗格中，利用上移按钮（🔼）和下移按钮（🔽）调整各动画效果的播放次序。

（8）若要更改或删除已设置好的动画效果，可在动画列表框中选中某动画，然后单击"自定义动画"窗格中的"更改"或"删除"按钮。

3. 设置幻灯片的切换效果

幻灯片的切换效果是指在演示文稿的放映过程中，由一张幻灯片进入另一张幻灯片时的动画效果。

设置幻灯片的切换效果可以针对一张幻灯片进行，也可以针对选中的多张幻灯片进行，其设置方法如下：

（1）在普通视图或幻灯片浏览视图下，选中待设置切换效果的一张或多张幻灯片。

（2）将任务窗格切换到"幻灯片切换"窗格，如图 5.56 所示。

图 5.55　"飞入"对话框的"正文文本动画"选项卡

图 5.56　"幻灯片切换"窗格

（3）在切换效果列表中为所选幻灯片选择合适的切换效果；在"修改切换效果"选项区，选择幻灯片的切换速度和声音效果；在"换片方式"选项区，为幻灯片选择换片方式；单击"应用于所有幻灯片"按钮，可将所设置的切换效果应用于演示文稿的所有幻灯片。

5.5.2　超链接的应用

为了使演示文稿的播放过程更加灵活，可以在演示文稿中适当添加超链接，从而实现不相邻幻灯片之间的跳转以及与其他演示文稿、文件或 Web 页的链接。

在 PowerPoint 中，用户可以为图形、图片等对象设置超链接，也可以为文本设置超链接。具体的设置方法如下：

（1）在幻灯片中选中要设置超链接的对象。

（2）单击"常用"工具栏上的"插入超链接"按钮（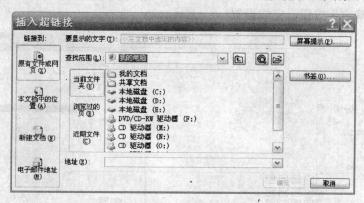），或者在所选对象上单击鼠标右键，在弹出的快捷菜单中选择"超链接"命令，打开"插入超链接"对话框，如图5.57所示。

图5.57 "插入超链接"对话框

（3）在图5.57中，"链接到"选项区指定了链接的目标位置，其中：

①"原有文件或网页"，表示选择该选项后，可以在右侧"查找范围"选项区确定要链接的目标文件或网页所在的位置。

②"本文档中的位置"，表示选择该选项后，可以在当前演示文稿中选择要链接的目标幻灯片。

③"新建文档"，表示选择该选项后，可以在右侧区域对要链接的新文档的名称、位置及内容进行编辑。

④"电子邮件地址"，表示选择该选项后，可以在右侧区域对要链接的电子邮件的地址、主题和内容进行编辑。

（4）超链接创建完成后，在图5.57中单击"确定"按钮。

（5）要对已创建的超链接进行修改或删除，可先选中对象，在其上单击鼠标右键，在弹出的快捷菜单中选择"编辑超链接"或"删除超链接"即可。

5.5.3　动作按钮的应用

在幻灯片中添加动作按钮也可以实现超链接，和前面所讲述的超链接不同，这里的链接对象是标有不同符号的按钮。

利用动作按钮创建超链接的方法如下：

（1）选中要添加动作按钮的幻灯片。

（2）在菜单栏中选择"幻灯片放映"|"动作按钮"，在其级联子菜单中选择所需的动作按钮，如图5.58所示，此时光标变成"十"字形。

（3）在幻灯片中的适当位置拖动鼠标，完成动作按钮的绘制，释放鼠标时弹出"动作设置"对话框，如图5.59所示。

（4）在图5.59的"单击鼠标"选项卡或"鼠标移过"选项卡中，为动作按钮设置动作属性。其中：

①"超链接到"表示单击动作按钮将切换到所选择的链接对象处。

② "运行程序" 表示单击动作按钮将启动所选择的应用程序。

③ "播放声音" 表示单击动作按钮会伴随出现所选择的声音。

（5）单击 "确定" 按钮，完成设置。

图 5.58　添加动作按钮

图 5.59　"动作设置" 对话框

5.6　演示文稿的放映、打包和打印

5.6.1　演示文稿的放映

1. 设置放映方式

在演示文稿放映前，可为其选择合适的放映方式，具体操作方法如下：

（1）打开要放映的演示文稿。

（2）在菜单栏中选择 "幻灯片放映" | "设置放映方式" 命令，打开 "设置放映方式" 对话框，如图 5.60 所示。

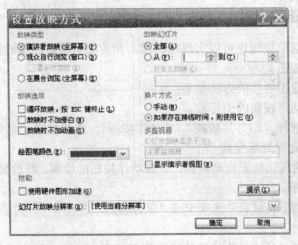

图 5.60　"设置放映方式" 对话框

（3）在"放映类型"选项区选择适当的放映类型，其中：

①"演讲者放映（全屏幕）"。以全屏幕方式放映演示文稿，是最常用的放映方式。在放映过程中，用户可以单击鼠标左键播放下一张幻灯片，也可以单击右键，利用弹出的快捷菜单对放映中的幻灯片进行操作，按 Esc 键可以结束放映。

②"观众自行浏览（窗口）"。以窗口方式放映演示文稿。在此模式下，用户可以利用滚动条或 PageUp、PageDown 键浏览所需要的幻灯片，也可以单击右键，利用弹出的快捷菜单对放映中的幻灯片进行操作，按 Esc 键可以结束放映。

③ 在展台浏览。以全屏幕形式在展台上自动放映演示文稿，不需要人为切换幻灯片，按 Esc 键可以结束放映。

（4）在"放映选项"选项区，选择是否进行循环放映、是否加入旁白和动画等。其中循环放映一般用于在展台上自动、重复放映演示文稿。

（5）在"放映幻灯片"选项区，选择放映幻灯片的范围，包括全部放映、部分放映或自定义放映 3 种。

（6）在"换片方式"选项区，选择换片方式，其中"手动"方式是指可以通过鼠标实现幻灯片切换，"如果存在排练时间，则使用它"方式是指如果设置了排练时间，将按该时间实现幻灯片切换。

（7）设置完成后，单击"确定"按钮。

2. 放映演示文稿

演示文稿制作完成并设置好放映方式后，即可以在屏幕上放映。在 PowerPoint 中，放映演示文稿有以下几种方法：

（1）在视图切换区单击"幻灯片放映"按钮，即从当前幻灯片所在位置开始放映。

（2）在菜单栏中选择"幻灯片放映"|"观看放映"命令，即从"设置放映方式"所设置的起始位置开始放映，或者从演示文稿的第一张幻灯片开始放映。

（3）在菜单栏中选择"视图"|"幻灯片放映"命令，放映顺序同方法（2）。

（4）按 F5 键，放映顺序同方法（2）。

5.6.2　演示文稿的打包和放映

1. 打包演示文稿

要将已经制作完成的演示文稿在未安装 PowerPoint 软件或 PowerPoint 软件版本较低的计算机上进行播放，可利用 PowerPoint 2003 的"打包成 CD"功能。

打包演示文稿的方法如下：

（1）打开要打包的演示文稿，在菜单栏中选择"文件"|"打包成 CD"命令，打开"打包成 CD"对话框，如图 5.61 所示。

（2）在"将 CD 命名为"文本框中，为将要刻录的 CD 光盘命名，如"推荐策略"。

（3）若除了当前演示文稿外，还有其他演示文稿需要一起打包，则可以在图 5.61 中单击"添加文件"按钮，将待打包的其他文件添加进来。

（4）默认情况下，打包所创建的文件夹中除了包含演示文稿外，还有和它链接的影片、声音等文件以及 PowerPoint 播放器，若要更改此设置，可在图 5.61 中单击"选项"按钮，打开"选

项"对话框,如图 5.62 所示,其中:

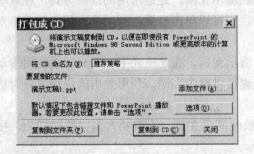

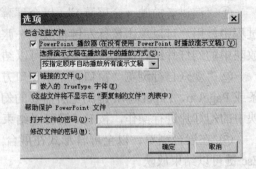

图 5.61　"打包成 CD"对话框　　　　　　　　　图 5.62　"选项"对话框

①"PowerPoint 播放器"。表示选择该复选项,可以使演示文稿在没有安装 PowerPoint 软件的计算机上正常播放。

②"链接的文件"。表示选择该复选项,可将与演示文稿链接的文件一起打包。

③"嵌入的 TrueType 字体"。表示选择该复选项,可将演示文稿中用到的字体一起打包,从而使没有安装某些字体的计算机上能正确显示演示文稿中用到的字体。

④"帮助保护 PowerPoint 文件"。表示可为演示文稿设置"打开"和"修改"用的密码,从而防止他人打开或修改演示文稿。

(5)"选项"对话框中的内容设置完后,单击"确定"按钮,返回到"打包成 CD"对话框。

(6)如果当前没有刻录机或只想把文件打包到某个文件夹,可在图 5.61 中单击"复制到文件夹"按钮,打开"复制到文件夹"对话框,如图 5.63 所示,单击

图 5.63　"复制到文件夹"对话框

"浏览"按钮,为演示文稿选择保存位置,然后单击"确定"按钮,即开始进行演示文稿的打包操作。

(7)若用户当前已将光盘置于刻录机中,则在图 5.61 中可单击"复制到 CD"按钮,系统将把文件打包到 CD 光盘。

(8)打包完成后,在图 5.61 中单击"关闭"按钮。

2. 放映打包的演示文稿

演示文稿打包好后,就可以将其移动到其他计算机上进行播放。若已将演示文稿打包到文件夹,则在该文件夹内找到名为 pptview.exe 的应用程序运行即可;若已将演示文稿打包到 CD,则将打包后的光盘放入光驱中,演示文稿即可自动播放,若光盘无法自动播放,则可在"我的电脑"窗口中双击光驱图标,演示文稿即可进入放映状态。

5.6.3　演示文稿的打印

用户制作的演示文稿不仅可以在计算机上放映,还可以通过多种形式(如讲义、大纲、备注页等)将其打印输出,从而满足用户在不同情况下的需要。

1. 页面设置

为了获得更好的打印效果，在打印之前可对演示文稿进行页面设置，方法如下：

（1）在菜单栏中选择"文件"|"页面设置"命令，打开"页面设置"对话框，如图 5.64 所示。

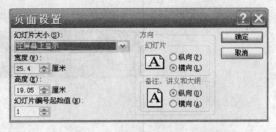

（2）在"幻灯片大小"下拉列表中选择打印纸张的大小，用户也可以在"宽度"和"高度"文本框中自定义纸张的大小；在"幻灯片编号起始值"文本框中输入要打印的起始幻灯片的编号；在"方向"选项区设置幻灯片、备注、讲义和大纲的打印方向。

图 5.64　"页面设置"对话框

（3）单击"确定"按钮，完成设置。

2. 打印演示文稿

完成了演示文稿的页面设置后，即可对演示文稿进行打印设置，方法如下：

（1）在菜单栏中选择"文件"|"打印"命令，打开"打印"对话框，如图 5.65 所示。

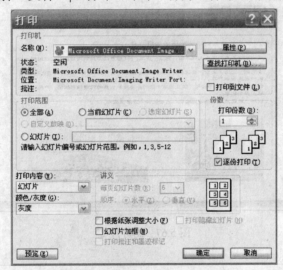

图 5.65　"打印"对话框

（2）在"名称"下拉列表中选择打印机；在"打印范围"选项区选择打印全部或部分幻灯片；在"打印内容"下拉列表框中选择打印内容：幻灯片、备注、讲义或大纲，当选择"讲义"选项时，可以在"讲义"选项区进一步确定每页讲义打印的幻灯片数量以及方向；在"打印份数"文本框中设置待打印的份数。

（3）打印参数设置好后，单击"预览"按钮预览打印效果，以免打印失误。

（4）预览没有问题后，单击"确定"按钮，即可开始打印。

案例 1　PowerPoint 2003 的基本应用

【案例描述】

本案例要求为"北京锐科自动化有限公司"制作公司简介，内容如图 5.66～图 5.71 所示。

图 5.66　幻灯片 1

图 5.67　幻灯片 2

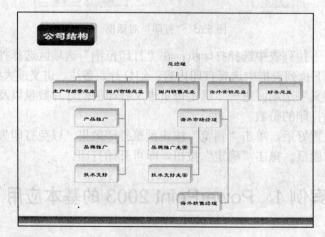

图 5.68　幻灯片 3

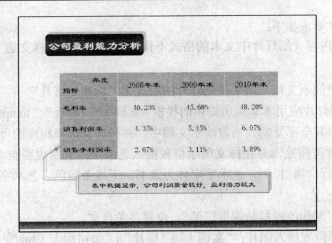

图 5.69 幻灯片 4

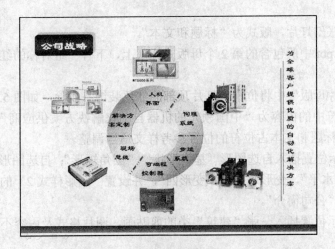

图 5.70 幻灯片 5

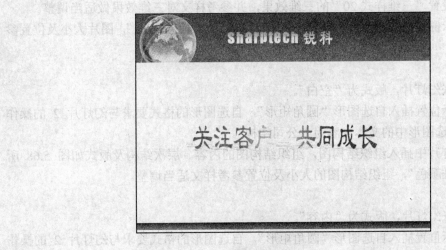

图 5.71 幻灯片 6

参照样文，具体要求如下：

1. 编辑幻灯片内容（幻灯片中文本的格式不作具体要求，参考样文适当调整即可）

幻灯片 1：

（1）创建一个空演示文稿，第 1 张幻灯片的版式为"标题幻灯片"。

（2）为第 1 张幻灯片应用本案例所提供的模板"案例 1"|"模板"|"temp01.pot"，temp01.pot 共包含 3 个母版，将其全部复制到当前演示文稿中，并按样文选择相应的母版式样。

（3）将标题占位符删除，并在样文所示位置插入艺术字"北京锐科自动化有限公司"，艺术字的样式为第 1 行、第 1 列，艺术字字体为隶书，无线条颜色，艺术字大小参考样文适当调整。

（4）副标题为"制作：锐科品牌推广部"，位置参考样文。

（5）在样文所示位置插入图片："案例 1"|"图片"|"公司标志 1.jpg"，图片大小及位置参考样文。

幻灯片 2：

（1）插入第 2 张幻灯片，版式为"标题和文本"。

（2）将 temp01.pot 中所包含的第 2 个母版式样（上、下有一组对称的红色装饰条）应用于第 2 张幻灯片。

（3）在"幻灯片母版"中将位于幻灯片顶部的红色装饰条删除，如图 5.67 所示。

（4）标题占位符中的内容为"中国领先的机器自动化解决方案供应商"，文本占位符的内容如图 5.67 所示；标题和文本占位符的位置参考样文适当调整。

（5）在样文所示位置插入自选图形"基本形状"|"圆角矩形"；自选图形的填充颜色为"蓝色"，底纹样式为"水平"，变形效果为"变形四"，并设置"阴影样式 2"的阴影效果；自选图形中的文本内容为"公司简介"。

（6）在样文所示位置插入一张"建筑"类的剪贴画，图片格式及内容不限，大小参考样文适当调整。

（7）在样文所示位置插入一个横排文本框，文本内容如图 5.67 所示；文本框填充颜色为"靛蓝"；为文本框设置"三维样式 20"的三维效果，并参考样文对三维效果做适当调整。

（8）在样文所示位置插入图片："案例 1"|"图片"|"公司标志 2.jpg"，图片大小及位置参考样文适当调整。

幻灯片 3：

（1）插入第 3 张幻灯片，版式为"空白"。

（2）在样文所示位置插入自选图形"圆角矩形"，自选图形的格式要求与幻灯片 2 的操作要求（5）相同，自选图形中的文本内容为"公司结构"。

（3）在当前幻灯片中插入组织结构图，组织结构图的内容、层次结构及版式如图 5.68 所示，其样式为"三维颜色"，组织结构图的大小及位置参考样文适当调整。

幻灯片 4：

（1）插入第 4 张幻灯片，版式为"内容"。

（2）在样文所示位置插入自选图形"圆角矩形"，自选图形的格式要求与幻灯片 2 的操作要求（5）相同，自选图形中的文本内容为"公司盈利能力分析"。

（3）在幻灯片中插入一个 4 行、4 列的表格，表格的内容及格式如图 5.69 所示。

（4）在样文所示位置插入自选图形："标注" | "线形标注 4（带边框和强调线）"；线形标注的填充颜色为"茶色"，线条颜色为"橙色"，箭头的前端形状和后端形状参考样文；为线形标注设置"阴影样式 2"的阴影效果；线形标注中的文本内容如图 5.69 所示。

幻灯片 5：

（1）插入第 5 张幻灯片，版式为"空白"。

（2）在样文所示位置插入自选图形"圆角矩形"，自选图形的格式要求与幻灯片 2 的操作要求（5）相同，自选图形中的文本内容为"公司战略"。

（3）在样文所示位置插入图片"案例 1" | "图片" | "同心圆.jpg"，图片大小及位置参考样文适当调整。

（4）在"同心圆.jpg"图片的相应位置上添加 6 个横排文本框，文本内容如图 5.70 所示，文本框位置及大小参考样文适当调整。

（5）将图片"同心圆.jpg"和 6 个文本框组合成一个整体。

（6）在当前幻灯片的右侧插入一个"竖排文本框"，内容如图 5.70 所示，颜色及位置参考样文。

（7）在样文所示位置插入来自"案例 1" | "图片"文件夹的 6 幅图片："图片 1.jpg"至"图片 6.jpg"，图片大小及位置参考样文适当调整。

幻灯片 6：

（1）插入第 6 张幻灯片，版式为"空白"。

（2）将 temp01.pot 中所包含的第 3 个母版式样应用于当前幻灯片，如图 5.71 所示。

（3）在样文所示位置插入艺术字"关注客户　共同成长"，艺术字的样式为第 3 行、第 4 列，艺术字字体为隶书，艺术字大小参考样文适当调整。

（4）在样文所示位置插入图片"案例 1" | "图片" | "公司标志 1.jpg"，图片大小及位置参考样文适当调整。

2. 应用动画方案

为演示文稿中的第 2 张幻灯片应用动画方案"渐变式擦除"。

3. 设置切换效果

为演示文稿中的各张幻灯片设置切换效果，并设置"切换速度"为"中速"，"换片方式"为"手动"。

【操作提示】

1. 编辑幻灯片内容

幻灯片 1：

（1）启动 PowerPoint，系统自动创建了一个名为"演示文稿 1"的空演示文稿，单击"开始工作"任务窗格右侧的下拉按钮，在展开的下拉列表中选择"幻灯片版式"选项，在"幻灯片版式"任务窗格中单击"标题幻灯片"。

（2）单击当前任务窗格右侧的下拉按钮，将任务窗格切换到"幻灯片设计"窗格，单击该任务窗格底部的"浏览"按钮，在打开的"应用设计模板"对话框中找到本案例所提供的

temp01.pot 模板，单击"应用"按钮，弹出"此设计模板有多个母版。PowerPoint 已经应用模板中的第一个母版。是否将其他母版复制到演示文稿中，便于以后使用？"的对话框，单击"是"按钮。

（3）选中标题占位符，单击键盘上的 Del 键；在"绘图"工具栏上单击"插入艺术字"按钮（🖼），在幻灯片中插入艺术字，并利用"艺术字"工具栏修改艺术字格式。

（4）在副标题占位符中输入样文所示内容，并按样文对其位置、大小进行调整。

（5）单击"绘图"工具栏上的"插入图片"按钮（🖼），在打开的"插入图片"对话框中找到待插入的图片"公司标志 1.jpg"，单击"插入"按钮；图片大小及位置参考样文调整。

幻灯片 2：

（1）单击"格式"工具栏上的"新幻灯片"按钮，在当前演示文稿中添加第 2 张幻灯片；将任务窗格切换到"幻灯片版式"窗格，单击"标题和文本"版式。

（2）将任务窗格切换到"幻灯片设计"窗格，将光标移到 temp01.pot 所包含的第 2 个母版上（上、下有一组对称的红色装饰条），单击该母版缩略图右侧的下拉按钮，在弹出的下拉列表中选择"应用于选定幻灯片"。

（3）在菜单栏中选择"视图"|"母版"|"幻灯片母版"命令，在打开的"幻灯片母版视图"窗口中选中幻灯片母版上方的红色装饰条，单击键盘上 Del 键；单击"幻灯片母版视图"工具栏上的"关闭母版视图"按钮，返回普通视图。

（4）在标题占位符和文本占位符中分别输入样文所示内容，并适当调整其大小和位置。

（5）选择"绘图"工具栏上的"自选图形"|"基本形状"|"圆角矩形"，在幻灯片中添加一个圆角矩形；在圆角矩形上单击鼠标右键，在弹出的快捷菜单中选择"设置自选图形格式"命令，利用"设置自选图形格式"对话框对圆角矩形的填充颜色、底纹样式及变形效果进行设置；选中圆角矩形，单击"绘图"工具栏上的"阴影样式"按钮（▣），选择"阴影样式 2"；在圆角矩形上单击鼠标右键，在弹出的快捷菜单中选择"添加文本"命令，为圆角矩形添加文本"公司简介"；参考样文修改自选图形的大小及位置。

（6）单击"绘图"工具栏上的"插入剪贴画"按钮（▣），当前任务窗格切换到"剪贴画"任务窗格，在"搜索文字"文本框中输入待查找的关键词"建筑"，单击"搜索"按钮，在显示的搜索结果中，单击某幅建筑类图片，该图片即被插入到当前幻灯片中。

（7）单击"绘图"工具栏上的"文本框"按钮（▤），在幻灯片中添加一个横排文本框；按样文所示在文本框中输入内容，并设置其填充颜色；选中文本框，单击"绘图"工具栏上的"三维效果样式"按钮（▣），选择其中的"三维样式 20"；再利用"三维设置"工具栏上的"上翘"和"三维颜色"按钮，对文本框的三维效果进行修改。

（8）图片"公司标志 2.jpg"的插入方法参考幻灯片 1 的操作提示（5）。

幻灯片 3：

（1）单击"格式"工具栏上的"新幻灯片"按钮，在当前演示文稿中添加第 3 张幻灯片；将任务窗格切换到"幻灯片版式"窗格，单击"空白"版式。

（2）将在第 2 张幻灯片中制作的"圆角矩形"复制到当前幻灯片中，并将其中内容修改为

"公司结构"。

（3）单击"绘图"工具栏上的"插入组织结构图或其他图示"按钮（🔘），在打开的"图示库"对话框中选择"组织结构图"类型，单击"确定"按钮；利用"组织结构图"工具栏上的"插入形状"按钮设置组织结构图的层次结构；按样文添加组织结构图中各图框的文本内容；选中内容为"国内市场总监"的图框，单击"组织结构图"工具栏上的"版式"按钮，在其下拉列表中选择"左悬挂"；同理，分别选中内容为"海外营销总监"和"海外市场经理"的图框，将其所在的分支结构设置为"左悬挂"；在组织结构图的占位符内单击鼠标，选中组织结构图，再单击"组织结构图"工具栏上的"自动套用格式"按钮，在弹出的"组织结构图样式库"对话框中选择"三维颜色"；按样文适当调整组织结构图的位置和大小。

幻灯片 4：

（1）单击"格式"工具栏上的"新幻灯片"按钮，在当前演示文稿中添加第 4 张幻灯片；将任务窗格切换到"幻灯片版式"窗格，单击"内容"版式。

（2）将在第 2 张幻灯片中制作的"圆角矩形"复制到当前幻灯片中，并将其中内容修改为"公司盈利能力分析"。

（3）单击"内容"占位符中的"插入表格"图标（▦），在弹出的"插入表格"对话框中按样文输入表格的行数和列数；适当调整表格的大小和位置；利用"表格和边框"工具栏对表格的填充颜色、线条颜色、文本对齐方式等进行调整；按样文在表格中输入内容。

（4）自选图形的插入和设置方法参考幻灯片 2 的操作提示（5）。

幻灯片 5：

（1）"空白"版式幻灯片的插入方法参考幻灯片 3 的操作提示（1）。

（2）将在第 2 张幻灯片中制作的"圆角矩形"复制到当前幻灯片中，并将其中内容修改为"公司战略"。

（3）图片"同心圆.jpg"的插入方法参考幻灯片 1 的操作提示（5）。

（4）6 个文本框的插入方法参考幻灯片 2 的操作提示（7）。

（5）选中待组合的多个对象中的一个，如图片"同心圆.jpg"，在键盘上按下 Shift 键，再依次选中其他 5 个文本框，在选中的对象上单击鼠标右键，在弹出的快捷菜单中选择"组合"|"组合"命令。

（6）单击"绘图"工具栏上的"竖排文本框"按钮（▥），在幻灯片中添加一个竖排文本框，按样文在文本框中输入内容。

（7）"图片 1.jpg"至"图片 6.jpg"的插入方法参考幻灯片 1 的操作提示（5）。

幻灯片 6：

（1）"空白"版式幻灯片的插入方法参考幻灯片 3 的操作提示（1）。

（2）将任务窗格切换到"幻灯片设计"窗格，将光标移到 temp01.pot 所包含的第 3 个母版上，单击该母版缩略图右侧的下拉按钮，在弹出的下拉列表中选择"应用于选定幻灯片"。

（3）艺术字的插入及修改方法参考幻灯片 1 的操作提示（3）。

（4）图片"公司标志 1.jpg"的插入方法参考幻灯片 1 的操作提示（5）。

2．应用动画方案

选中演示文稿中的第 2 张幻灯片，将任务窗格切换到"幻灯片设计—动画方案"窗格，在动画方案列表中选择"渐变式擦除"。

3．设置切换效果

在窗口左侧的"幻灯片预览窗格"内，选择一张或多张幻灯片，将任务窗格切换到"幻灯片切换"窗格，为所选的幻灯片分别设置"切换效果"、"速度"和"换片方式"。

案例 2　PowerPoint 2003 的综合应用

【案例描述】

本案例要求为"朗威科技有限公司"制作 2010 年度营销报告，内容如图 5.72～图 5.78 所示。

图 5.72　幻灯片 1

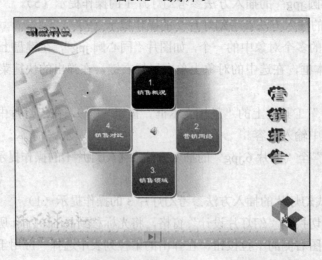

图 5.73　幻灯片 2

图 5.74　幻灯片 3

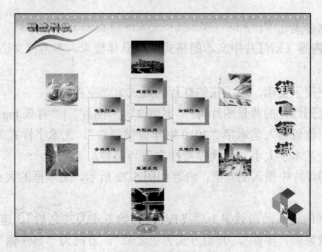

图 5.75　幻灯片 4

图 5.76　幻灯片 5

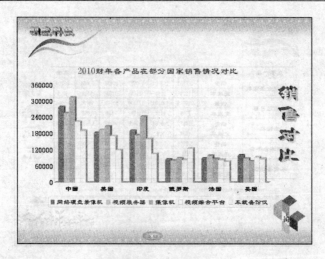

图 5.77　幻灯片 6

图 5.78　幻灯片 7

参照样文，具体要求如下：

1. 编辑幻灯片内容（幻灯片中文本的格式不作具体要求，参考样文适当调整即可）

幻灯片 1：

（1）创建一个空演示文稿，第 1 张幻灯片的版式为"空白"。

（2）设置第 1 张幻灯片的背景图片为："案例 2" | "图片" | "背景.jpg"。

（3）在样文所示位置插入艺术字"2010 财年营销报告"，艺术字样式为第 3 行、第 2 列，艺术字字体为隶书，艺术字大小、形状参考样文适当调整。

（4）在第 1 张幻灯片中插入文本框，内容如图 5.72 所示，文本框的大小及位置参考样文适当调整。

（5）设置艺术字的进入动画效果为"飞旋"，开始方式为"之后"，速度为"快速"；设置文本框的进入动画效果为"擦除"，开始方式为"之后"，方向为"自左侧"，速度为"快速"。

幻灯片 2：

（1）插入第 2 张幻灯片，版式为"空白"。

（2）为第 2 张幻灯片应用本案例所提供的模板："案例 2"|"模板"|"temp02.pot"。

（3）在样文所示位置插入艺术字"营销报告"，样式自选，艺术字大小及位置参考样文适当调整。

（4）在样文所示位置插入图片："案例 2"|"图片"|"目录.jpg"，图片大小及位置参考样文。

（5）在图片"目录.jpg"的相应位置上添加 4 个横排文本框，文本内容如图 5.73 所示，文本框大小参考样文适当调整。

（6）在样文所示位置添加动作按钮："动作按钮：结束"，设其超链接到"最后一张幻灯片"；动作按钮的大小、颜色及位置参考样文。

（7）在当前幻灯片中插入音频文件："案例 2"|"音乐.mp3"；设置音频文件的播放顺序在所有对象之前，开始方式为"之后"，重复方式为"直到幻灯片末尾"，并设置"幻灯片放映时隐藏声音图标"。

（8）为当前幻灯片中的图片及 4 个文本框分别设置进入动画，并设置 4 个文本框在图片出现之后同时出现，文本框中文本"按字/词"发送。

幻灯片 3：

（1）插入第 3 张幻灯片，版式为"标题和文本"。

（2）删除标题占位符，参考样文适当调整文本占位符的位置及大小，文本占位符中的内容如图 5.74 所示。

（3）插入本案例所提供的 Excel 文件："案例 2"|"数据源 1.xls"，并设置当"数据源 1.xls"中内容发生变化时，演示文稿中所插入的 Excel 表格内容同步变化。

（4）在样文所示位置插入艺术字"销售概况"，样式自选，艺术字大小及位置参考样文适当调整。

（5）在样文所示位置插入自选图形"椭圆"，自选图形的填充效果为"渐变"|"预设"|"雨后初晴"，底纹样式为"中心辐射"，变形效果为"变形二"；自选图形中的文本内容为"返回"；为自选图形中的文本设置超链接：链接到"幻灯片 2"；自选图形的大小及位置参考样文适当调整。

（6）为当前幻灯片中的 Excel 表格和文本占位符分别设置进入动画，其中文本占位符在 Excel 表格之后出现。

幻灯片 4：

（1）插入第 4 张幻灯片，版式为"空白"。

（2）在样文所示位置插入艺术字"营销网络"，样式自选，艺术字大小及位置参考样文适当调整。

（3）在样文所示位置插入来自"案例 2"|"图片"文件夹的三幅图片："地球.jpg"、"中国地图.jpg"及"世界地图.jpg"，图片位置及大小参考样文适当调整。

（4）在样文所示位置插入 3 个自选图形："基本形状"|"圆角矩形"，自选图形的填充效果可自行设置，位置及大小参考样文；自选图形中的文本内容如图 5.75 所示。

（5）为图片"地球.jpg"分别设置进入动画和强调动画，使图片"地球.jpg"在出现之后按顺时针方向缓慢旋转，直至切换到下一张幻灯片时停止；为 3 个圆角矩形分别设置进入动画，并使 3 个圆角矩形与图片"地球.jpg"同时出现；为图片"中国地图.jpg"和"世界地图.jpg"分别设置进入动画，并为二者分别设置相应的触发对象：单击内容为"截止至 2010 年末，在中国大陆共开设 27 家分公司"的圆角矩形时启动"中国地图.jpg"，单击内容为"在美国、印度、俄罗斯、法国、英国相继设立了全资与合资子公司"的圆角矩形时启动"世界地图.jpg"；图片"中国地图.jpg"和"世界地图.jpg"均出现后，为二者设置退出动画，并保证二者同时退出。

（6）将在第 3 张幻灯片中制作的自选图形"椭圆"复制到当前幻灯片中。

幻灯片 5：

（1）插入第 5 张幻灯片，版式为"空白"。

（2）在样文所示位置插入艺术字"销售领域"，样式自选，艺术字大小及位置参考样文适当调整。

（3）在样文所示位置插入图示库中的"射线图"，参考样文调整射线图的结构，并设置图示样式为"方形阴影"，图示中的文本内容如图 5.76 所示，图示大小及位置参考样文适当调整。

（4）在样文所示位置插入来自"案例 2"|"图片"文件夹的 6 幅图片："图片 1.jpg"至"图片 6.jpg"，图片大小及位置参考样文适当调整。

（5）为图示和 6 幅图片分别设置进入动画，并使图示中心的矩形最先出现，周围各个矩形随后同时出现，6 幅图片在图示出现后同时出现。

（6）将在第 3 张幻灯片中制作的自选图形"椭圆"复制到当前幻灯片中。

幻灯片 6：

（1）插入第 6 张幻灯片，版式为"内容"。

（2）在样文所示位置插入艺术字"销售对比"，样式自选，艺术字大小及位置参考样文适当调整。

（3）在幻灯片中插入图表，图表中的数据源来自"案例 2"|"数据源 2.xls"；参考图 5.77 对图表进行修改：为图表添加标题"2010 财年各产品在部分国家销售情况对比"、修改图例位置、去掉网格线、修改数值轴刻度，调整各个数据系列的颜色；图表的大小及位置参考样文适当调整。

（4）为图表设置进入动画，并设置图表所显示的内容"按序列"依次出现。

（5）将在第 3 张幻灯片中制作的自选图形"椭圆"复制到当前幻灯片中。

幻灯片 7：

（1）插入第 7 张幻灯片，版式为"空白"。

（2）在样文所示位置插入艺术字"谢谢观看！"，样式自选，艺术字大小及位置参考样文适当调整。

（3）为艺术字分别设置进入动画、动作路径和强调动画，即艺术字出现后沿着所设置的动作路径运动到幻灯片的中心位置，并通过强调动画将艺术字进一步放大显示。

（4）在样文所示位置添加动作按钮中"动作按钮：第一张"，设置其超链接到"第一张幻灯片"；动作按钮的大小、颜色及位置参考样文。

2. **设置超链接**

根据第 2 张幻灯片中各个文本框的内容，为 4 个文本框分别设置超链接。

【操作提示】

1. **编辑幻灯片内容**（对于幻灯片中一些基本内容的制作请参考案例 1，此处不再赘述）

幻灯片 1：

（1）背景设置：在幻灯片空白处单击鼠标右键，在弹出的快捷菜单中选择"背景"命令；在打开的"背景"对话框中，单击"背景填充"选项区的下拉按钮，在下拉列表中选择"填充效果"选项；在打开的"填充效果"对话框的"图片"选项卡中，单击"选择图片…"按钮；在随后打开的"选择图片"对话框中，找到图片"背景.jpg"，单击"插入"按钮，返回到"填充效果"对话框，单击其中的"确定"按钮，返回到"背景"对话框，选中"忽略母版的背景图形"复选项，单击"确定"按钮。

（2）进入动画设置：选中艺术字，将任务窗格切换到"自定义动画"窗格，单击"添加效果"|"进入"命令，在"进入"的级联子菜单中选择"飞旋"，如果没有可以选择"其他效果"命令，在随后打开的"添加进入效果"对话框中找到"飞旋"，单击"确定"按钮；进入动画添加好后，在"自定义动画"窗格中，单击"开始"选项区右侧的下拉按钮，在其下拉列表中选择"之后"，单击"速度"选项区右侧的下拉按钮，在其下拉列表中选择"快速"。文本框进入动画的设置方法与艺术字相同。

幻灯片 2：

（1）添加动作按钮：在菜单栏中选择"幻灯片放映"|"动作按钮"|"动作按钮：结束"，在幻灯片中添加一个动作按钮，同时窗口中弹出"动作设置"对话框，在"单击鼠标"选项卡的"单击鼠标时的动作"选项区，选择"超链接到：最后一张幻灯片"，单击"确定"按钮。

（2）插入音频文件：在菜单栏中选择"插入"|"影片和声音"|"文件中的声音"命令，在打开的"插入声音"对话框中找到"音乐.mp3"，单击"确定"按钮；在随后出现的"您希望在幻灯片放映时如何开始播放声音"对话框中，单击"自动"按钮；在"自定义动画"窗格内，单击"开始"选项区右侧的下拉按钮，在其下拉列表中选择"之后"；单击音频动画右侧的下拉按钮，在其下拉列表中选择"效果选项"，在随后弹出的"播放声音"对话框的"效果"选项卡中的"停止播放"选项区，为使声音在演示文稿的播放过程中不会停止，可选择"在 10 张幻灯片后"（也可输入更多张）；切换到"计时"选项卡，单击"重复"选项区右侧的下拉按钮，在其下拉列表中选择"直到幻灯片末尾"；切换到"声音设置"选项卡，选中"幻灯片放映时隐藏声音图标"复选项，单击"确定"按钮。

（3）动画效果及播放顺序设置：图片和 4 个文本框进入动画效果的设置方法参考幻灯片 1 的操作提示（2）；为文本框添加好进入动画后，单击文本框动画效果右侧的下拉按钮，在其下拉列表中选择"效果选项"，在随后弹出的动画效果对话框中，单击"效果"选项卡中"动画文本"选项区右侧的下拉按钮，在其下拉列表中选择"按字/词"；按 4 个文本框中的序号，将内容为"销售概况"的文本框所对应的动画效果调整到其他 3 个文本框所对应的动画效果之前，并设置其开始方式为"之后"，其余 3 个文本框的动画效果的开始方式均设置为"之前"；将图片的动画效果调整到 4 个文本框的动画效果之前；将声音动画效果调整到图片的动画效果之前。

幻灯片 3：

（1）插入 Excel 文件：在菜单栏中选择"插入"|"对象…"命令，在弹出的"插入对象"对话框中，选择"由文件创建"单选项，然后单击"浏览"按钮，在弹出的"浏览"对话框中，找到"数据源 1.xls"文件，单击"确定"按钮，返回到"插入对象"对话框，选中"链接"复选项，从而使演示文稿中所插入的 Excel 表格内容随数据源同步变化，单击"确定"按钮。

（2）为文本设置超链接：选中自选图形"椭圆"中的文本内容"返回"，在其上单击鼠标右键，在弹出的快捷菜单中选择"超链接…"命令，在弹出的"插入超链接"对话框中，单击"链接到"选项区中的"本文档中的位置"，在右侧"请选择文档中的位置"选项区选择"幻灯片 2"。

（3）Excel 表格和文本占位符的进入动画效果及播放顺序的设置，参考幻灯片 2 的操作提示（3）。

幻灯片 4：

（1）强调动画设置：为图片"地球.jpg"添加好进入动画后，再次选中图片"地球.jpg"，单击"自定义动画"窗格中的"添加效果"|"强调"命令，在"强调"的级联子菜单中选择"陀螺旋"，如果没有可以选择"其他效果"命令，在随后打开的"添加强调效果"对话框中找到"陀螺旋"，单击"确定"按钮；强调动画添加好后，设置其开始方式为"之前"，数量为"完全旋转顺时针"，速度为"非常慢"；为使图片"地球.jpg"在当前幻灯片的播放过程中不停旋转，单击强调动画效果"陀螺旋"右侧的下拉按钮，在其下拉列表中选择"计时"选项，在随后打开的"陀螺旋"对话框中的"计时"选项卡内，单击"重复"选项区右侧的下拉按钮，在其下拉列表中选择"直到下一次单击"。

（2）触发器设置：为图片"中国地图.jpg"和"世界地图.jpg"分别设置好进入动画后，单击"中国地图.jpg"的动画效果右侧的下拉按钮，在其下拉列表中选择"计时"选项，在随后打开的动画效果对话框的"计时"选项卡内，单击"触发器"按钮，并选择"单击下列对象时启动效果"单选项，然后在其右侧的下拉列表中选择内容为"截至 2010 年末，在中国大陆共开设 27 家分公司"的圆角矩形；按同样方法，将内容为"在美国、印度、俄罗斯、法国、英国相继设立了全资与合资子公司"的圆角矩形设置为"世界地图.jpg"所对应动画效果的触发器。

（3）退出动画设置：为图片"中国地图.jpg"和"世界地图.jpg"分别设置好进入动画和触发器后，再次选中图片"中国地图.jpg"，单击"自定义动画"窗格中的"添加效果"|"退出"命令，在"退出"的级联子菜单中选择某种退出效果，单击"确定"按钮；"中国地图.jpg"的退出效果添加好后，设置其开始方式为"之后"；按同样方法，为图片"世界地图.jpg"设置退出效果，并设置其开始方式为"之前"，从而保证两幅图片在出现后，同时退出。

幻灯片 5：

图示的插入及设置：单击"绘图"工具栏上的"插入组织结构图或其他图示"按钮（ ），在打开的"图示库"对话框中选择"射线图"类型，单击"确定"按钮；利用"图示"工具栏上的"插入形状"按钮，调整射线图的整体结构；按样文在射线图中输入文本内容；选中射线图，单击"图示"工具栏上的"自动套用格式"按钮，在弹出的"图示样式库"中选择"方形阴影",单击"确定"按钮;按样文适当调整图示的大小及位置。

幻灯片 6:

(1)图表的插入及设置:单击"内容"占位符中的"插入图表"图标(📖),进入图表编辑状态;在菜单栏中选择"编辑"|"导入文件"命令,在打开的"导入文件"对话框中找到"数据源 2.xls",单击"打开"按钮,在随后出现的"导入数据选项"对话框中,选择数据源所在的工作表"Sheet1",在"导入"选项区选择"整张工作表"单选项,并选中"覆盖现有单元格"复选项,单击"确定"按钮;在"图表区域"单击鼠标右键,在弹出的快捷菜单中选择"图表选项"命令,利用"图表选项"对话框为图表添加标题、修改图例位置并去掉网格线;在某一系列数据所对应的柱形图上单击鼠标右键,在弹出的快捷菜单中选择"设置数据系列格式"命令,在弹出的"数据系列格式"对话框的"图案"选项卡中,修改当前选中系列的"内部"颜色;图表编辑好后,在图表占位符以外空白区域单击鼠标,退出图表编辑状态;按样文适当调整图表的大小及位置。

(2)为图表设置动画效果:为图表设置好进入动画效果后,单击图表动画效果右侧的下拉按钮,在其下拉列表中选择"效果选项",在弹出的动画效果对话框的"图表动画"选项卡中,单击"组合图表"右侧的下拉按钮,在其下拉列表中选择"按序列"选项,单击"确定"按钮。

幻灯片 7:

(1)动作路径设置:为艺术字设置好进入动画后,再次选中艺术字,单击"自定义动画"窗格中的"添加效果"|"动作路径"|"绘制自定义路径"|"曲线"命令,在幻灯片中绘制出艺术字的运动轨迹,并使运动轨迹的终点接近于幻灯片的中心位置。

(2)强调动画设置:为艺术字设置好进入动画和动作路径后,再次选中艺术字,单击"自定义动画"窗格中的"添加效果"|"强调"命令,在"强调"的级联子菜单中选择"放大/缩小",或在"强调"的级联子菜单中选择"其他效果"命令,在随后打开的"添加强调效果"对话框中找到"放大/缩小",单击"确定"按钮。

2. 设置超链接

选中第 2 张幻灯片中的某个文本框,在其边框线上单击鼠标右键,在弹出的快捷菜单中选择"超链接"命令;在随后弹出的"插入超链接"对话框中,在"链接到"选项区选择"本文档中的位置",在右侧"请选择文档中的位置"选项区,根据当前文本框的内容找到其链接的幻灯片,单击"确定"按钮。

小 结

本章介绍的 PowerPoint 2003 是一款功能强大的演示文稿制作软件,是用户制作多媒体演示文稿的首选工具。PowerPoint 2003 所提供的模板、母版、配色方案、背景、动画效果和超链接等功能为用户制作高水平的演示文稿提供了保证。

用户要想制作出具有专业水准的演示文稿,必须熟练掌握 PowerPoint 2003 的基本使用方法和操作技巧,同时还应注重各种素材的广泛积累,这样才能使创作出的作品与众不同、富有感染力。

习　题　5

1. 创建演示文稿有几种方法？
2. 创建演示文稿时，"文件"菜单中的"新建"命令与工具栏上的"新建"按钮有何区别？
3. PowerPoint 共有几种视图方式，如何在不同视图方式之间进行切换？
4. 能否在同一演示文稿中应用不同模板，制作好的幻灯片能否修改其版式？
5. 如何更改演示文稿的"配色方案"？
6. 怎样设置幻灯片的"背景"？
7. PowerPoint 中的动画效果分为几类，各自有怎样的功能？
8. 怎样设置超链接？设置超链接的对象是否只能是文本？
9. 叙述幻灯片母版的作用。

第6章　数据库基础

数据库技术是现代信息科学与技术的重要组成部分，是计算机数据处理与信息管理系统的核心。数据库技术通过对数据的统一组织和管理，按照指定的结构建立相应的数据库，并对数据信息进行添加、修改、统计和打印等多种功能的管理，可以极大地提高工作效率。

6.1　数据库概述

在日常工作中，不可避免地需要对大量的信息进行采集、存储、加工和处理。数据库可以通过计算机来帮助人们处理大量的、复杂的信息，是实现现代化管理的强有力的工具。

1. 数据库

数据库（DB）是指以文件的形式长期存储在计算机内，有组织的、统一整理的相关数据的集合。数据库是数据库系统的一部分，它有以下特点：

（1）数据库中的数据是有结构的，并通过一定的数据模型进行组织，按一定的格式存储。

（2）数据库中的数据具有较高的独立性，可面向应用程序实现共享。

2. 数据库管理系统

数据库管理系统（DBMS）是数据库系统中对数据进行管理的重要软件，是数据库的核心部分，其主要功能就是在操作系统的支持下对数据库进行管理与维护。

3. 数据库系统

数据库系统（DBS）是指包含数据库的计算机应用系统。它是由数据库、数据库管理系统、应用程序、数据库管理人员以及用户等组成。

6.2　数 据 模 型

在数据库系统中，数据模型是对现实世界要管理的事物及其联系的抽象表示。它把一类事物的本质特征和组成结构抽取出来，用统一的形式来表示。因此，数据模型就是指数据库中数据的存储方式，是对客观事物及其联系的数据化描述。

数据模型根据不同的应用层次又可以分为三种：概念数据模型、逻辑数据模型和物理数据模型。当把现实世界中的事物转换成计算机中的数据要经过三个步骤：第一步，把现实事物转换成用文字、语言表示的概念数据；第二步，把概念数据转换成适合计算机程序实现的逻辑数据；第三步，把逻辑数据转换成适合计算机存储设备存储的物理数据。在转化过程中，每一步都需要相应的模型来描述数据与数据之间的联系。

6.2.1　概念数据模型

概念数据模型也称为概念模型，是面向客观世界和面向用户的数据模型，简称为 E-R 模型，它与数据库管理系统及计算机平台无关。例如，图 6.1 所示的 E-R 关系图。

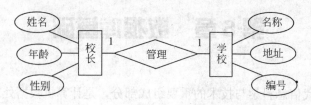

图 6.1　E-R 关系图

6.2.2　逻辑数据模型

逻辑数据模型也称为逻辑模型，是在数据库系统中表示实体类型和实体之间关系的模型。

1. 常见的逻辑数据模型

常见的逻辑数据模型有 3 种：层次模型、网状模型和关系模型。

（1）层次模型

层次模型是用树形结构来描述数据记录之间关系的数据模型，可以用来表示数据间一对多的联系。

（2）网状模型

网状模型是用网状结构来描述数据记录之间关系的数据模型，主要用来表示数据间多对多的联系。

（3）关系模型

关系模型是以数学中的关系为基础的数据模型，使用二维表格的形式来描述数据间的联系。

在上述 3 种数据模型中，关系模型是目前使用较多的数据模型，常用的数据库管理系统软件都支持该模型。

例如：表 6.1 和表 6.2 都是由二维表格形式给出的关系。

表 6.1　学生情况表

学生编号	所在班级	学生姓名	性别	家庭住址
200500101	2405001	张天	男	湖南长沙
200500102	2405001	张海峰	男	吉林长春
200500103	2405001	王婷婷	女	河北石家庄
200500104	2405001	李佳	女	浙江杭州

表 6.2　学生成绩表

学生编号	英语	高等数学
200500101	90	77
200500102	76	84
200500103	91	88
200500104	87	82

2．关系模型中的基本术语

（1）关系：一个关系对应于一个二维表，每个关系都有一个关系名。

（2）元组：表中的行称为元组，与文件中的记录相对应。

（3）属性：表中的列称为属性，对应于文件中的一个字段，属性名即字段名。

（4）属性值：对应于记录中的数据项或者字段值。

（5）值域：属性的取值范围。

（6）表结构：表结构是表中的第一行，由各属性名组成。

（7）候选关键字（或候选码）：二维表中某一属性或属性的集合，其值唯一地标识一个元组。

（8）主关键字（或主码）：一个关系中可能有多个候选关键字，从中选择一个作为主关键字（或主键）。

3．关系模型的特点

关系模型主要具有以下特点：

（1）关系中每一个分量（数据项）不可再分，是最基本的数据单位。

（2）同一关系中不允许有相同的属性名（字段名），也不允许有相同的元组（记录）。

（3）关系中各元组的顺序可以是任意的。

（4）关系中各属性的顺序可以是任意的。

4．关系模型的基本运算

关系模型中有 3 种基本运算：选择、投影和连接。

（1）选择，从指定的关系中选出符合条件的元组（记录）并组成新的关系。

例如：从表 6.2 "学生成绩表" 的关系中选择英语成绩超过 90 分的记录组成一个新的关系，如表 6.3 所示。

表 6.3　英语成绩超过 90 分的学生成绩表

学 生 编 号	英　　语	高 等 数 学
200500101	90	77
200500103	91	88

（2）投影，从指定的关系中选出所需要的属性（字段）并组成新的关系。

例如：从表 6.2 "学生成绩表" 的关系中选择 "学生编号"、"高等数学" 组成一个新的关系，形成一张数学成绩表，如表 6.4 所示。

表 6.4　数学成绩表

学 生 编 号	高 等 数 学
200500101	77
200500102	84
200500103	88
200500104	82

（3）连接，将多个关系的属性组合构成一个新的关系。

例如：根据表 6.1 "学生情况表" 和表 6.2 "学生成绩表" 这两个关系，等值连接可以得到一个新的关系，如表 6.5 所示。

表 6.5　学生综合信息表

学生编号	所在班级	学生姓名	性别	家庭住址	英语	高等数学
200500101	2405001	张天	男	湖南长沙	90	77
200500102	2405001	张海峰	男	吉林长春	76	84
200500103	2405001	王婷婷	女	河北石家庄	91	88
200500104	2405001	李佳	女	浙江杭州	87	82

6.2.3　物理数据模型

物理数据模型也称为物理模型，是面向计算机物理设备的模型，它反映了数据在存储介质上的存储结构。

6.3　Access 2003 数据库

Access 是 Microsoft Office 系列办公软件的一个重要组成部分，是目前市场上流行的数据库管理系统之一。它具有与 Word、Excel 和 PowerPoint 等软件相同的操作界面和使用环境，并提供了强大的数据处理工具，深受广大用户的喜爱。

6.3.1　启动与退出

Access 的启动与退出方法与 Word 相似，读者可以参考本书第 3 章相关内容。

6.3.2　窗口的组成

启动 Access 程序，将打开如图 6.2 所示的 Access 用户界面。它由标题栏、菜单栏、工具栏、任务窗格、工作窗口和状态栏等部分组成。

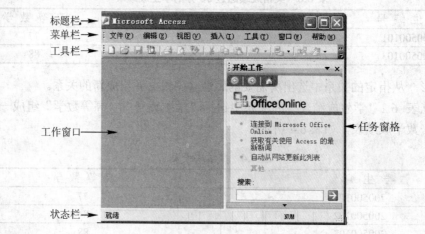

图 6.2　Access 用户界面

1. 标题栏
标题栏位于窗口的最顶端，用于显示应用程序的名称。

2. 菜单栏

菜单栏包含 7 个主菜单，每个主菜单都有相应的子菜单，用来完成具体功能。

3. 工具栏

工具栏由常用的工具按钮组成，方便实现相应的功能。

4. 任务窗格

任务窗格位于用户界面的右侧，它提供打开、新建数据库等链接方式操作。

5. 工作窗口

工作窗口位于用户界面的左侧，是用户对数据库进行编辑的区域。

6. 状态栏

状态栏位于用户界面的最下方，用于显示当前状态和帮助信息。

6.3.3 数据库的创建与操作

1. Access 数据库的构成

在 Access 数据库中包含 7 种数据库对象，分别如下：

（1）表

表是数据库的基本对象，是存储数据的基本单元。

（2）查询

查询对象可以从表、查询中提取满足特定条件的数据，也可以修改、添加或删除数据库记录，在报表、窗体和模块等数据对象中都将用到查询。

（3）窗体

窗体对象是建立对数据库进行各种操作的图形用户界面。

（4）报表

报表对象用来制作需要打印的各种业务报表。

（5）页

页对象用来制作可以在 Web 上发布的 HTML 数据文件，用户可以通过 Internet 来访问。

（6）宏

宏对象是由一个或多个操作组成的集合，其中每个操作都能实现特定的功能。

（7）模块

模块对象用来编写对数据库进行各种操作的程序代码。

2. 使用命令创建数据库

创建空数据库，即建立一个包含数据库对象但没有数据的数据库。具体操作方法如下：

（1）启动 Access 应用程序，在菜单栏中选择"文件"|"新建"命令，在右侧的"新建文件"任务窗格中选择"空数据库"，弹出"文件新建数据库"对话框，如图 6.3 所示。

（2）在对话框的"保存位置"下拉列表框中选择保存文件的位置，如"数据库学习"文件夹。在"文件名"列表框中输入数据库文件名"学生成绩"；在"保存类型"列表框中使用默认类型，即"Microsoft Access 数据库"。

（3）单击"创建"按钮，打开新创建的空数据库窗口，如图 6.4 所示，用户根据需要可以在数据库中添加所需要的数据库对象。

图 6.3　"文件新建数据库"对话框

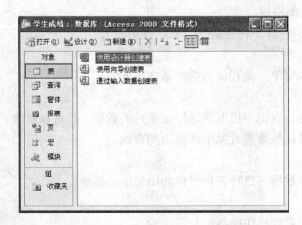

图 6.4　空数据库窗口

3. 使用向导创建数据库

使用"数据库向导"创建数据库，即使用 Access 所提供的模板，按照向导所提示的步骤创建基于该模板的数据库。具体操作方法如下：

（1）启动 Access 应用程序，在菜单栏中选择"文件"|"新建"命令。

（2）在右侧的"新建文件"任务窗格中选择"本机上的模板"，打开"模板"对话框，如图 6.5 所示。

（3）在对话框中选择"数据库"选项卡，选择与所建数据库相似的模板，单击"确定"按钮，打开"文件新建数据库"对话框。

（4）在"保存位置"下拉列表框中选择保存文件的位置，如"数据库学习"文件夹。在"文件名"列表框中输入数据库文件名"学生成绩 1"；在"保存类型"列表框中使用默认类型，即"Microsoft Access 数据库"。

（5）单击"创建"按钮，打开"数据库向导"对话框，如图 6.6 所示，在"数据库向导"对话框中列出了所选择的数据库模板中包含的信息。

图 6.5 "模板"对话框

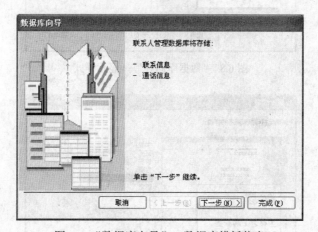

图 6.6 "数据库向导"—数据库模板信息

（6）单击"下一步"按钮，在弹出的"数据库向导"对话框中列出了所定义数据库中使用的表及其字段结构，如图 6.7 所示，在字段前的复选项中进行勾选，则选中的字段信息将出现在所建数据表中。

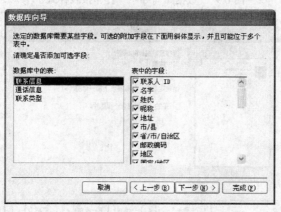

图 6.7 "数据库向导"—添加可选字段

（7）单击"下一步"按钮，如图 6.8 所示，选择一种屏幕显示样式。

（8）单击"下一步"按钮，如图 6.9 所示，选择一种报表所用样式。

（9）单击"下一步"按钮，如图 6.10 所示，在"请指定数据库标题"文本框中输入所创建的数据库名，如"学生成绩 1"（提示：如果想为报表添加图片，可以选中"是的，我要包含一幅图片"复选项，然后单击"图片"按钮，添加图片文件）。

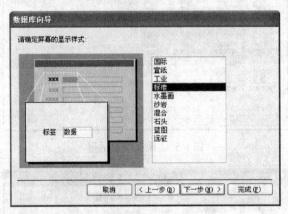

图 6.8　"数据库向导"—显示样式

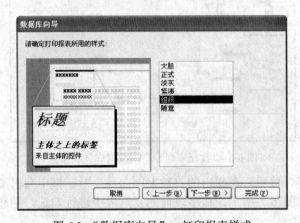

图 6.9　"数据库向导"—打印报表样式

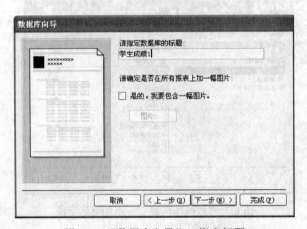

图 6.10　"数据库向导"—指定标题

（10）单击"完成"按钮，打开如图 6.11 所示的"主切换面板"对话框，数据库的结构创建完毕，用户可以在"主切换面板"对话框中选择所要完成的操作。

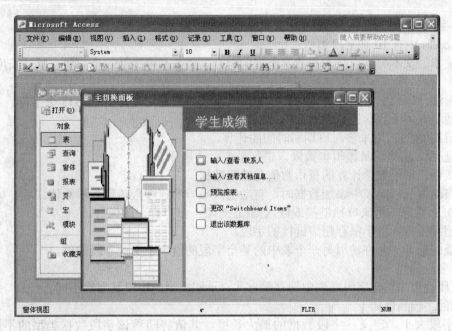

图 6.11　"主切换面板"对话框

4. 打开和关闭数据库

（1）打开数据库

对于已经保存过的数据库文件，可以使用以下 3 种方法打开数据库：

① 启动 Access 应用程序，在菜单栏中选择"文件"|"打开"命令，到指定的保存位置打开已有的数据库文件。

② 启动 Access 应用程序，单击菜单栏中的"文件"选项，在打开的菜单栏底部列出了最近编辑过的文件名，单击相应的文件名即可。

③ 到保存路径下找到要打开的数据库文件，双击文件图标即可。

（2）关闭数据库

对数据库文件操作完成后，可以使用以下 3 种方法关闭数据库：

① 单击"数据库"窗口右上角的"关闭"按钮（✕）。

② 在菜单栏中选择"文件"|"关闭"命令。

③ 使用快捷键 Ctrl+F4。

6.3.4　创建 Access 表

表是数据库中存储和管理数据的基本对象，是整个数据库系统的数据来源。在 Access 中，一个满足关系模型的二维表，通常由表名、表中若干字段、表中主关键字以及具体数据项构成。

在学习创建表之前，先了解几个基本概念。

（1）表名

表名是将表存储在磁盘上的唯一标识，用户只有依靠表名，才能使用指定的表。

（2）字段名

用来标识字段的名称。字段名称可以包含字母、数字和空格以及其他除句号、惊叹号和方括号以外的所有特殊字符，且长度不超过 64 个字符。

（3）字段类型

在 Access 中有 10 种字段类型：

① 文本。文本类型或文本与数字类型的结合。最长长度为 255 个字符，默认长度为 50 个字符。

② 备注。即长文本型或文本与数字类型的结合，最多可以达到 65 535 个字符。

③ 数字。用于数学计算中的数值数据。

④ 日期/时间。用来参与日期和时间的计算。

⑤ 是/否。用来记录逻辑型数据，进行是或否的选择。

⑥ 货币。用于数学计算的货币数值与数值数据。

⑦ 自动编号。向表中添加数据时，自动插入唯一的连续数值或随机数值。

⑧ OLE 对象。用来单独链接或嵌入 OLE 对象，如声音、图像等。

⑨ 超级链接。用于保存超级链接的字段。

⑩ 查阅向导。允许使用另一个表中的某个字段的值来定义此字段的值。

（4）字段属性

字段属性用来指定字段在表中的存储方式，不同类型的字段其属性不同。

常见的字段属性如下：

① 字段大小。定义该字段数据的最大长度，其值将随着该字段数据类型的不同设定而不同。

② 格式。用来设置数据显示或打印格式，不影响数据的存储方式。

③ 标题。用来指定字段在窗体或报表中所显示的名称，默认情况下取字段名作为标题。

④ 有效性规则。用来限定该字段的输入值。

⑤ 有效性文本。设置当输入不符合有效性工作的数据时，显示的提示信息。

⑥ 必填字段。设置该字段的数据是否必须填写。

⑦ 允许空字符串。设置是否允许输入零长度的字符串。

1. 使用表向导创建表

创建表的最简单方法就是使用"表向导"，具体操作方法如下：

（1）打开已经创建的"学习成绩"数据库，如图 6.12 所示。

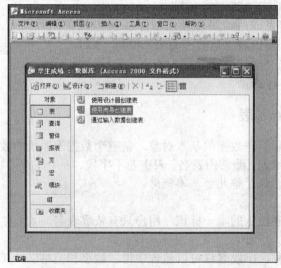

图 6.12　数据库窗口

（2）在数据库窗口左侧"对象"列表栏中单击"表"对象，在右侧的列表框中双击"使用向导创建表"选项，打开"表向导"对话框，如图 6.13 所示。

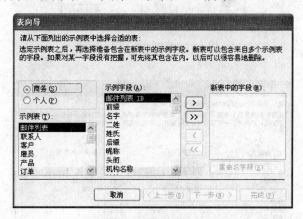

图 6.13 "表向导"对话框

（3）在"表向导"对话框中，出现两类表的模板：商务和个人。选择其中之一，例如选择"商务"，则在"示例表"列表框中显示出与之相关的表，选择其中某一个表，则在"示例字段"列表框中出现该表中所含的字段，将所需字段依次添加到"新表中的字段"列表框中，如图 6.14 所示。

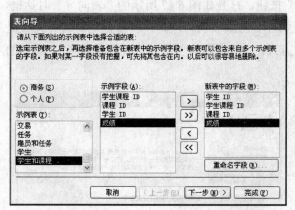

图 6.14 "表向导—添加字段"对话框

对话框中的按钮功能如下：

① ⟩，选取样表中的某一字段。

② ⟫，选取样表中的所有字段。

③ ⟨，删除已选中的某一字段。

④ ⟪，删除已选中的所有字段。

（4）当表中所给的字段名不符合所创建表的字段名要求时，可以单击"重命名字段"按钮，打开如图 6.15 所示的"重命名字段"对话框，输入新的字段名（例如将"学生课程 ID"改为"姓名"），单击"确定"按钮，返回到如图 6.16 所示的对话框中。

图 6.15　"重命名字段"对话框

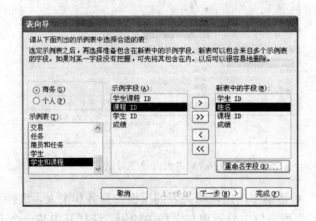

图 6.16　"表向导—重命名字段"对话框

（5）单击"下一步"按钮，打开如图 6.17 所示的"表向导"对话框，在"请指定表的名称"文本框中输入表名称，如：学生成绩表。选择一种设置主键的方式（提示：若用户选择"不，让我自己设置主键"的方式，单击"下一步"后会出现如图 6.18 所示的对话框，用户可以选中某个字段作为主键）。

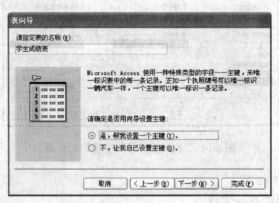

图 6.17　"表向导—表命名"对话框

（6）设置主键完成后，单击"下一步"按钮，如图 6.19 所示，在"请选择向导创建完表之后的动作"中选择"修改表的设计"，单击"完成"按钮，数据表结构创建成功。在打开的"学生成绩表"设计视图窗口中，可以浏览到"学生成绩表"的整体结构，如图 6.20 所示，用户可根据需要对字段的数据类型和属性进行修改。

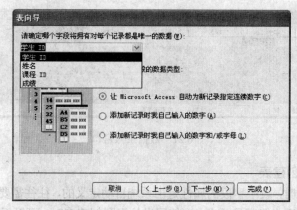

图 6.18　"表向导—设置主键"对话框

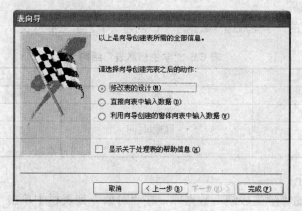

图 6.19　"表向导—确定动作"对话框

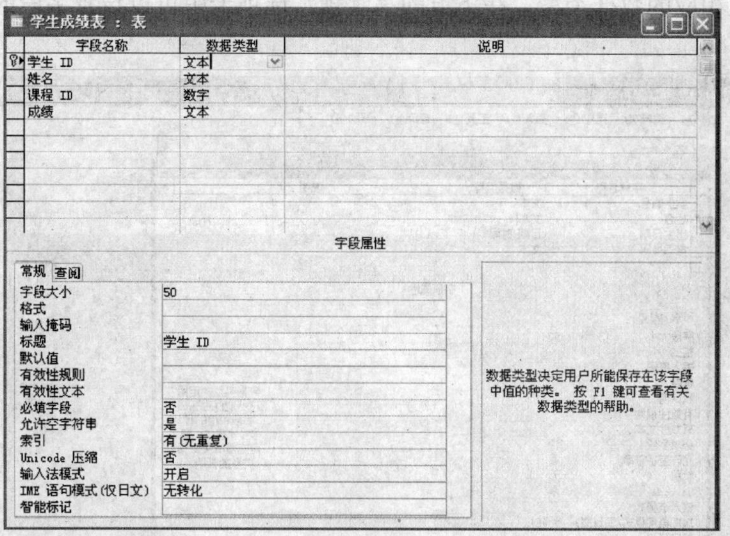

图 6.20　"学生成绩表"设计视图窗口

（7）保存并关闭表设计视图窗口。在数据库窗口中双击打开已创建的"学生成绩表"，即可为表的各字段录入数据，如图 6.21 所示。

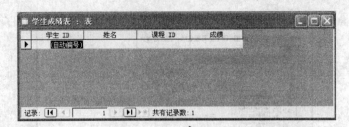

图 6.21   数据录入窗口

2. 使用设计视图创建表

使用表向导创建表时，表中字段的属性是由系统自动定义的，往往需要对表结构、字段类型及属性等进行必要的修改后才能满足要求。而使用设计视图创建表时，可以根据设计者的需要对表中的字段属性直接进行设置。

例如：在已经创建的"学生成绩"数据库中，创建一个"学生信息表"，其表结构如表 6.6 所示。

表 6.6   "学生信息表"结构

字 段 名	类 型	备 注
学生编号	文本	主键
姓名	文本	
出生日期	日期/时间	
电话号码	文本	

具体操作方法如下：

（1）打开已创建的"学生成绩"数据库，在"对象"列表栏中单击"表"对象，在右侧的列表框中双击"使用设计器创建表"选项，打开表结构的设计视图窗口，根据表 6.6 的结构输入各字段名称及相应的数据类型。在下方的"常规"选项卡中可以设置字段的属性，如图 6.22 所示。

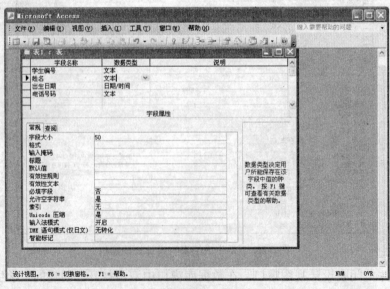

图 6.22   表结构的设计视图窗口

（2）单击工具栏上的"保存"按钮（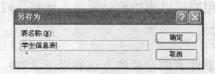），打开"另存为"对话框，输入所创建数据表的名称，如图 6.23 所示。

图 6.23 "另存为"对话框

（3）单击"确定"按钮，系统会弹出是否定义主键的确认对话框，如图 6.24 所示，用户可以根据需要选择操作。

图 6.24 确认对话框

为数据表定义主键有两种方法：

① 由 Access 指定，即在图 6.24 所示的对话框中选择"是"按钮，系统会自动给出主键 ID（自动编号）。

② 用户自行设定，即在图 6.22 所示的表设计视图窗口中，选中要设为主键的字段行，单击工具栏上的"主键"按钮（ ），选中字段行的前方会出现钥匙图形，表示该字段已设为主键。如果要取消主键，则选择该字段行，再单击"主键"按钮（ ）即可。

（4）将"学生编号"字段设置为主键，关闭表结构的设计视图窗口，在数据库窗口中双击打开已创建的"学生信息表"，即可为各字段录入数据，录入完毕后保存即可。

6.3.5 编辑数据表

1. 修改表结构

修改表的结构主要是在设计视图窗口中进行，包括对字段名、类型、属性的修改以及增加与删除字段等操作。用户在数据库窗口中选中要修改的表，单击工具栏上的"设计"按钮（ 设计(D)），即可打开表结构的设计视图窗口。

（1）修改字段

在设计视图窗口中，选中要修改的字段，可以对其字段名、数据类型、字段属性等进行修改，修改后单击"保存"按钮。

（2）添加和删除字段

在设计视图窗口中，在某字段名的单元格中单击鼠标右键，选择"插入行"命令即可插入新的字段；若选择"删除行"命令，则可以删除当前字段。

（3）移动字段

在设计视图窗口中，选中要移动的字段，鼠标指针指向选中字段前方的三角形（ ），拖动鼠标左键到要移动的位置上释放，字段就被移到新的位置上了。

2. 编辑记录

在 Access 中，对记录的增加、删除、修改和查找等操作都是在数据表视图下进行的。用户在 Access 数据库窗口中双击要打开的数据表，即可打开数据表视图窗口。

（1）添加记录

在数据表视图窗口中，用户可以为当前记录录入数据，同时系统会自动在下方添加一条新记录。

（2）删除记录

在数据表视图窗口中，删除表中记录的方法有以下 3 种：

① 选中要删除的记录，按键盘上的 Delete 键。

② 选中要删除的记录，单击鼠标右键，在弹出的快捷菜单中选择"删除记录"命令。

③ 选中要删除的记录，在菜单栏中选择"编辑"|"删除记录"命令。

（3）复制记录

在数据表视图窗口中，选中要复制的记录，单击鼠标右键，在弹出的快捷菜单中选择"复制"命令，在目标位置上单击鼠标右键，在弹出的快捷菜单中选择"粘贴"命令。

6.3.6　创建表的关系

创建表的关系是指在两个表中相同域上的字段建立一对一、一对多或多对多的联系。通过定义表间的关系，用户可以创建能够同时显示多个数据表中数据的查询及窗体等。

Access 中可以建立表与表、查询与查询、表与查询之间的关系，不同表间的关系是通过主表的主键和从表的相关字段来确定的。在建立关系之前，应先关闭数据表。

例如：建立"学生成绩"数据库中"学生信息表"和"学生成绩表"之间的关系，以"学生信息表"为主表，"学生成绩表"为从表。具体操作方法如下：

（1）打开"学生成绩"数据库文件，单击工具栏上的"关系"按钮（🔲），打开"关系"窗口，同时弹出"显示表"对话框。

（2）在"显示表"对话框中，列出了当前数据库中所包含的表和查询，从中选择"学生信息表"和"学生成绩表"，单击"添加"按钮，将两个数据表添加到"关系"窗口中，如图 6.25 所示。

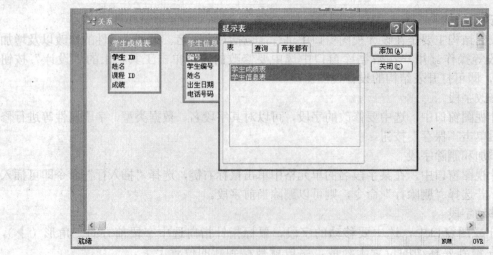

图 6.25　"关系"窗口

（3）关闭"显示表"对话框，将"学生成绩表"中的"学生 ID"字段拖动到"学生信息表"

的"学生编号"字段上，在弹出的"编辑关系"对话框中选中 3 个复选项，如图 6.26 所示，单击"确定"按钮，可以看到两个字段间出现一条关系线，如图 6.27 所示。

图 6.26 "编辑关系"对话框

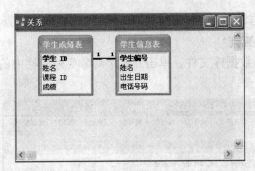

图 6.27 建立关系结果

提示：如果对表的关系进行编辑或删除，可以使用鼠标右键单击两表之间的关系线，在弹出的快捷菜单中选择相应操作命令即可。

6.3.7 数据查询

查询是数据库处理数据的常用工具。对按某种条件查询所得到的数据可以组成新的数据集合或者作为数据库中其他对象的数据源。

在 Access 中，有以下 5 种查询：

1. 选择查询

选择查询是一种最基本、最常用的查询。它是从一张或多张表中检索数据，并在可以更新记录的数据表中显示结果。通过选择查询可以对记录进行分组、总计、计数、平均值以及其他类型的计算。

2. 参数查询

参数查询是在执行查询时显示对话框，通过用户输入的信息作为查询条件来进行检索。

3. 交叉表查询

交叉表查询是将表中的数据分组，一组作为数据表的左侧，另一组作为数据表的上部，行和列的交叉处可以对数据进行多种汇总计算，如求和、平均值、计数、最大值、最小值等。

4. 动作查询

动作查询是一种可以更新记录的查询，包括 4 种类型。用户可以利用动作查询来更新或更改现有数据表中的数据。

（1）删除查询：可以从一个表或多个表中删除一组记录。

（2）更新查询：对一个或多个表中的一组记录进行更新。

（3）追加查询：将一个表中的一个或多个记录追加到另一个或多个表的末尾。

（4）生成表查询：用一个或多个表中的部分或全部数据创建新表。

5. SQL 查询

SQL 即结构化查询语言，是关系型数据库的标准操作语言。Access 中的所有查询都可以认为是一个 SQL 查询。

查询有 5 种查询视图：设计视图、数据表视图、SQL 视图、数据透视表视图和数据透视图视图。

6.3.8　创建选择查询

创建选择查询有两种方法：使用查询向导和使用设计视图创建查询。

1. 使用查询向导创建查询

（1）打开"学生成绩"数据库文件，单击左侧"对象"列表栏中的"查询"对象，如图 6.28 所示。

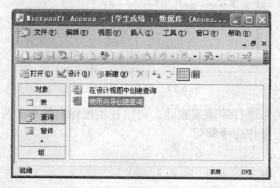

图 6.28　数据库窗口

（2）在右侧的列表框中双击"使用向导创建查询"选项，打开如图 6.29 所示的"简单查询向导"对话框。

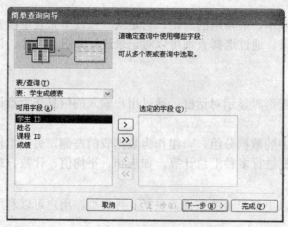

图 6.29　"简单查询向导"对话框

（3）在"表/查询"下拉列表中选择要创建查询的表，在"可用字段"列表框中选中要生成查询表的字段，并添加到右侧的"选定的字段"列表框中，如图 6.30 所示。

（4）若"选定的字段"中包含数值型字段，单击"下一步"按钮会打开如图 6.31 所示的向导对话框，用户可以在两种查询汇总方式（明细或汇总）中选择其中一种，单击"汇总选项"按钮可以设置汇总字段。

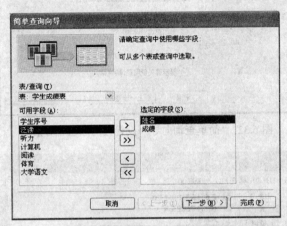

图 6.30 "简单查询向导—添加选定字段"对话框

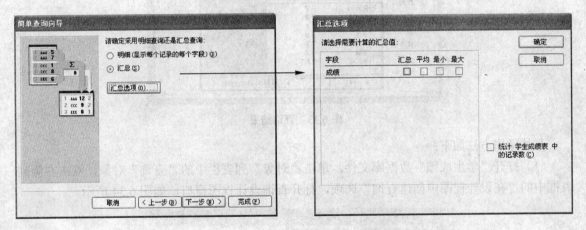

（a）选择查询汇总方法 　　　　　　　　　　　　　（b）设置汇总字段

图 6.31 "简单查询向导—选择汇总方式"对话框

（5）选择汇总方式后单击"下一步"按钮，打开如图 6.32 所示的对话框，在"请为查询指定标题"文本框中设置查询标题，单击"完成"按钮，可以浏览到如图 6.33 所示的查询结果。

2. 使用设计视图创建查询

使用向导只能创建一些简单的查询，对于较为复杂的查询，查询向导就会有些力不从心。可以使用设计视图窗口设置查询的字段和条件，也可以对字段进行计算、统计分析等。

例如：在"学生成绩"数据库中，查询显示成绩低于 85 分的学生的学生编号、姓名、课程 ID 和成绩。

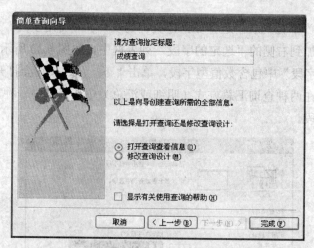

图 6.32　"简单查询向导—设置查询标题"对话框

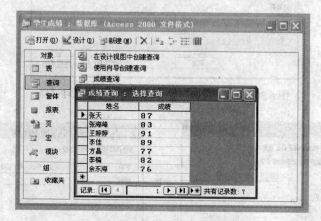

图 6.33　查询结果

具体操作方法如下：

（1）打开"学生成绩"数据库文件，单击"对象"列表栏中的"查询"对象，双击右侧列表框中的"在设计视图中创建查询"选项，打开查询设计视图窗口，如图 6.34 所示。

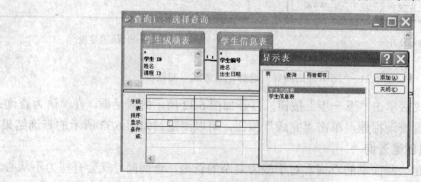

图 6.34　查询设计视图窗口

（2）在弹出的"显示表"对话框中，依次双击"学生成绩表"和"学生信息表"，将两个数据表添加到查询设计窗口中，关闭"显示表"对话框。

（3）在查询设计视图窗口中，双击或从表中拖动创建查询所需的字段到相应的"字段"单元格中（包括"学生信息表"中的"学生编号"和"姓名"字段，"学生成绩表"中的"课程ID"和"成绩"字段），如图 6.35 所示。

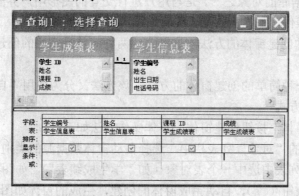

图 6.35　添加查询字段

（4）在"成绩"字段对应的"条件"单元格中输入"<85"，如图 6.36 所示（注意：当有多个查询条件时，查询条件写在同一行上表示条件之间是"与"的关系；写在不同行上则表示"或"的关系）。

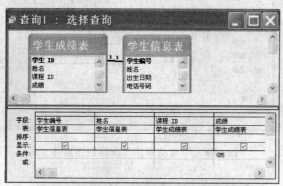

图 6.36　设置查询条件

（5）单击工具栏上的"运行"按钮（ ），生成的查询表如图 6.37 所示。
（6）单击工具栏上的"保存"按钮，输入查询名称，保存查询后关闭窗口。

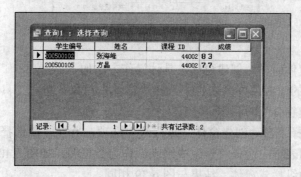

图 6.37　显示查询结果

6.3.9　窗体

窗体是 Access 数据库的对象之一，是与用户进行交互的图形用户界面。用户可以通过窗体来对数据库进行各种操作，如显示数据、编辑数据和输入数据等。

Access 提供了多种创建窗体的方法，这里介绍两种简单且常用的创建窗体的方法。

1. 自动生成窗体

自动生成窗体是一种简单的创建窗体的方法，该方法又分为使用"自动窗体"按钮和使用"自动窗体向导"两种方式。

（1）使用"自动窗体"按钮创建窗体，具体操作方法如下：

① 在数据库窗口的"对象"列表栏中，选择自动窗体数据源的类别（如选择"表"）。

② 在"表"对象列表中选中一个表对象（如"学生成绩表"），如图 6.38 所示，单击工具栏上的"自动窗体"按钮（ ），自动完成窗体的创建，生成的窗体如图 6.39 所示。

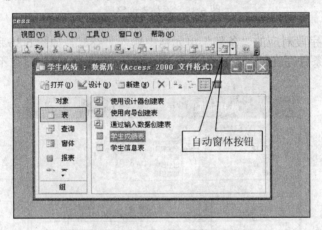

图 6.38　"自动窗体"按钮创建窗体

图 6.39　自动生成的窗体

（2）使用"自动窗体向导"创建窗体，具体操作方法如下：

① 在数据库窗口的"对象"列表栏中选择"窗体"对象，单击工具栏上的"新建"按钮（ ），打开"新建窗体"对话框。

② 在列表框中选择"自动创建窗体：纵栏式"选项，并在"请选择该对象数据的来源表或查询"对应的下拉列表框中选择"学生成绩表"作为数据源，如图 6.40 所示，单击"确定"按钮，即可浏览生成的纵栏式窗体，结果与图 6.39 相同。

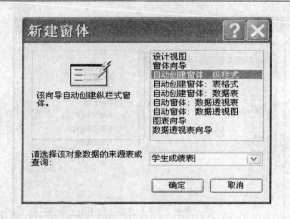

图 6.40 "新建窗体"对话框

2. 使用窗体向导创建窗体

使用自动生成窗体的方法创建窗体时，无法为窗体指定字段，若要创建一个包含指定字段的窗体时，可以使用窗体向导来完成，具体操作方法如下：

（1）打开"学生成绩"数据库文件，在"对象"列表栏中选择"窗体"对象，双击右侧列表框中"使用向导创建窗体"选项，打开"窗体向导"对话框。

（2）在"表/查询"下拉列表框中选择所需的数据源，从"可用字段"列表框中选择所需字段添加到"选定的字段"列表框中，如图 6.41 所示。

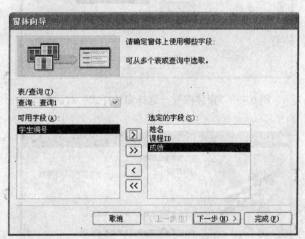

图 6.41 "窗体向导"对话框

（3）单击"下一步"按钮，在如图 6.42 所示的对话框中选择窗体的布局。

（4）单击"下一步"按钮，在如图 6.43 所示的对话框中选择窗体的样式。

（5）单击"下一步"按钮，在如图 6.44 所示的对话框中指定窗体的标题。

（6）单击"完成"按钮，生成如图 6.45 所示的"课程成绩"窗体。

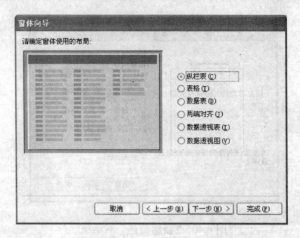

图 6.42　"窗体向导—选择窗体布局"对话框

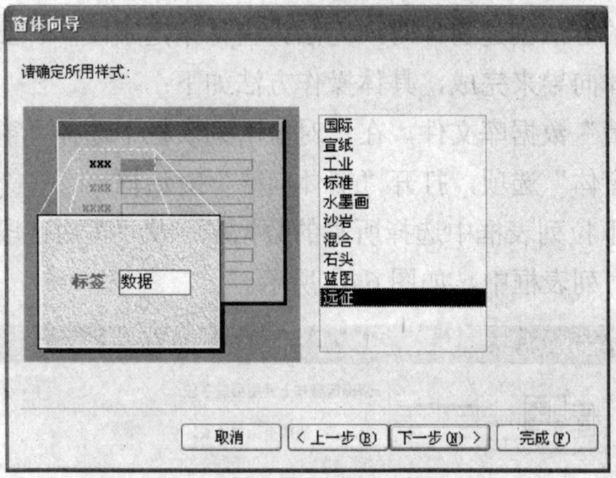

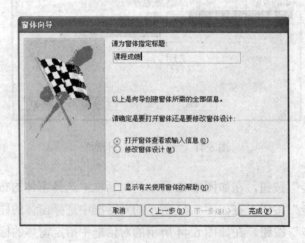

图 6.43　"窗体向导—选择窗体样式"对话框

图 6.44　"窗体向导—指定窗体标题"对话框

图 6.45　"课程成绩"结果窗体

案例 1　Access 2003 的基本操作

【案例描述】

本案例要求完成"学生成绩管理"数据库的建立，参考图 6.46，根据已有的数据表结构完成"学生信息表"、"学生成绩表"和"专业名称表" 3 个数据表的生成和格式化设置，并设置 3 个数据表之间的关系。

参照样文，具体要求如下：

（1）创建名为"学生成绩管理"的空数据库。

（2）使用导入数据的功能将已给出的"数据源.xls"文件中的数据导入到数据库中，分别生成"学生信息表"和"学生成绩表"。

（3）参考表 6.7、表 6.8 对"学生信息表"和"学生成绩表"的表结构进行修改。

（4）根据表 6.9 的表结构创建"专业名称表"，并参考表 6.10 录入相应的数据信息。

（5）参考图 6.47 设置 3 个数据表之间的关系。

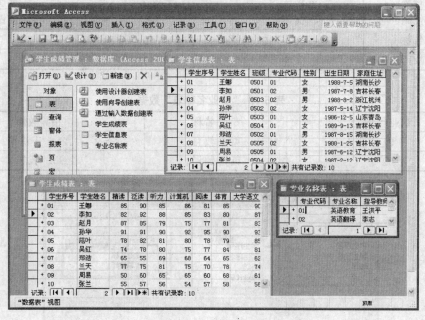

图 6.46　案例 1 样文

表 6.7　"学生信息表" 结构

字段名称	数据类型	字段大小	格式	备注
学生序号	文本	50		主键
学生姓名	文本	50		
班级	文本	4		
专业代码	文本	2		
性别	文本	2		
出生日期	日期/时间		短日期	
家庭住址	文本	50		

表 6.8　"学生成绩表" 结构

字段名称	数据类型	字段大小	备注
学生序号	文本	50	主键
学生姓名	文本	50	
精读	文本	双精度型	
泛读	文本	双精度型	
听力	文本	双精度型	
计算机	日期/时间	双精度型	
阅读	文本	双精度型	
体育		双精度型	
大学语文		双精度型	

表 6.9　"专业名称表" 结构

字段名称	数据类型	字段大小	备注
专业代码	文本	2	主键
专业名称	文本	50	
指导教师	文本	50	

表 6.10　"专业名称表" 数据

专业代码	专业名称	指导教师
01	英语教育	王洪平
02	英语翻译	李志

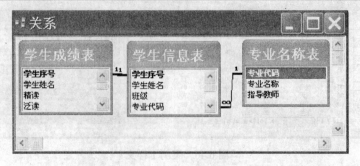

图 6.47　数据表关系

【操作提示】

（1）启动 Access 2003 应用程序，新建一个空数据库，以"学生成绩管理"为文件名保存到 D 盘根目录下。

（2）在菜单栏中选择"文件"|"获取外部数据"|"导入"命令，导入已有的"数据源.xls"文件中的数据，分别生成"学生信息表"和"学生成绩表"。

（3）选择数据库窗口"对象"列表栏中的"表"对象，在右侧列表框中浏览到已生成的两个数据表，分别选中数据表名称，单击工具栏上的"设计"按钮，打开表设计视图窗口，参考表 6.7 和表 6.8 的数据对数据表的结构进行修改，修改成功后保存。

（4）选择数据库窗口"对象"列表栏中的"表"对象，单击工具栏上的"新建"按钮，在打开的"新建表"对话框中选择"设计视图"，单击"确定"后打开表结构的设计视图窗口，参考表 6.9 的表结构创建"专业名称表"，设计完毕后保存并关闭设计视图窗口。在数据库窗口中双击打开"专业名称表"，参考表 6.10 为其添加数据，添加完毕后保存。

（5）在菜单栏中选择"工具"|"关系"命令，将 3 个数据表添加至"关系"窗口中，将"学生信息表"中的"学生序号"字段拖动到"学生成绩表"中的"学生序号"字段上，建立"一对一"的关联，再将"专业名称表"中的"专业代码"字段拖动到"学生信息表"中的"专业代码"字段上，建立"一对多"的关联，结果如图 6.47 所示。

案例 2　创 建 查 询

【案例描述】

本案例以"学生信息表"、"学生成绩表"、"专业名称表"为数据源，根据不同的要求分别创建"英教女生信息表"和"高低分成绩表"两个查询，结果参考图 6.48。

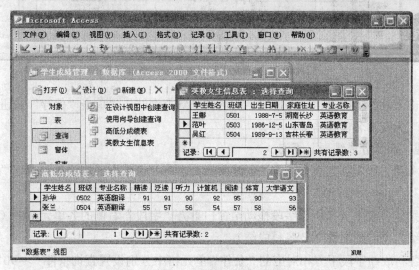

图 6.48　案例 2 样文

参照样文，具体要求如下：

（1）创建"英教女生信息表"查询，要求查询显示出所有英语教育专业女同学的"学生姓名"、"班级"、"出生日期"、"家庭住址"及"专业名称"信息。

（2）创建"高低分成绩表"查询，要求查询显示出各科成绩均在 90 分以上（包括 90 分）和 60 分以下（不包括 60 分）学生的"学生姓名"、"班级"、"专业名称"以及各科成绩信息。

【操作提示】

1. 创建"英教女生信息表"查询

（1）打开"学生成绩管理"数据库文件，选择数据库窗口"对象"列表栏中的"查询"对象，单击工具栏上的"新建"按钮，在打开的"新建查询"对话框中选择"设计视图"，单击"确定"后在弹出的"显示表"对话框中，依次将"学生信息表"和"专业名称表"分别添加到查询设计视图窗口中。

（2）分别从各表中选择所需的字段拖动至窗口下方"字段"右侧的各单元格中（包括"学生姓名"、"班级"、"出生日期"、"家庭住址"、"性别"及"专业名称"）。

（3）在"性别"和"专业名称"两个字段下方相对应的"条件"单元格中分别设置查询条件"女"和"英语教育"，并取消"性别"字段的"显示"复选项，结果参考图 6.49。

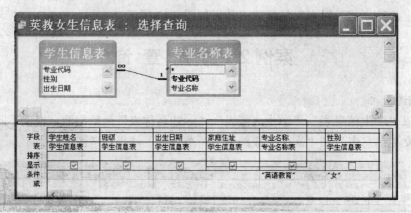

图 6.49　"英教女生信息表"查询条件设置

（4）单击工具栏上的"运行"按钮，即可浏览到查询结果，单击"保存"按钮，以"英教女生信息表"为查询名保存结果。

2. 创建"高低分成绩表"查询

（1）参考第 1 题中创建查询的方法创建新查询，将 3 个数据表均添加到查询"设计视图"窗口中。

（2）分别从各表中选择所需字段拖动至窗口下方"字段"右侧的各单元格中（包括"学生姓名"、"班级"、"专业名称"及各科成绩）。

（3）在各科成绩字段下方相对应的"条件"单元格中分别设置查询条件">=90"或"<60"，结果参考图 6.50。

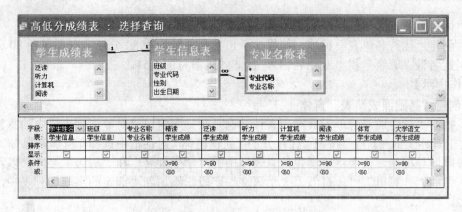

图 6.50　"高低分成绩表"查询条件设置

（4）单击工具栏上的"运行"按钮，即可浏览到查询结果，单击"保存"按钮，以"高低分成绩表"为查询名保存结果。

案例 3　创 建 窗 体

【案例描述】

本案例以案例 1 和案例 2 的结果为数据源，根据不同的要求分别创建"基础课成绩表"和"优秀名单表"两个窗体，结果参照图 6.51。

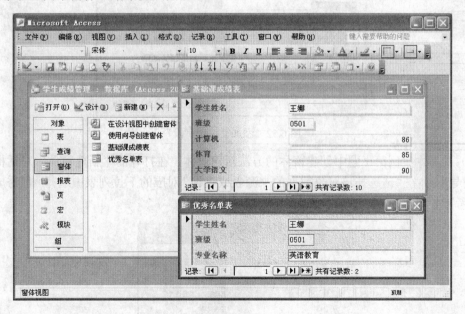

图 6.51　案例 3 样文

参照样文，具体要求如下：

（1）创建"基础课成绩表"窗体，结果显示出每名同学的"学生姓名"、"班级"以及"计算机"、"体育"和"大学语文" 3 门基础课的成绩，窗体效果参考图 6.51。

（2）创建"优秀名单表"窗体，结果显示出各科成绩均在 80 分以上（不包括 80 分）学生的"学生姓名"、"班级"和"专业名称"，窗体效果参考图 6.51。

【操作提示】

1. 创建"基础课成绩表"窗体

（1）打开"学生成绩管理"数据库文件，选择数据库窗口"对象"列表栏中的"窗体"对象，单击工具栏上的"新建"按钮，在打开的"新建窗体"对话框中选择"窗体向导"，单击"确定"后按照向导提示，依次将"学生信息表"中的"学生姓名"和"班级"字段，以及"学生成绩表"中的"计算机"、"体育"、"大学语文"字段，添加到"选定的字段"列表中，结果参考图 6.52。

（2）单击"下一步"按钮，按照窗体向导的提示依次设置窗体的布局和样式。

（3）以"基础课成绩表"为窗体标题，单击"完成"按钮后即可浏览到已生成的窗体。

2. 创建"优秀名单表"窗体

（1）参考案例 2 中查询的创建方法，为数据库创建"优秀成绩表"查询，要求查询显示出各科成绩均在 80 分以上（不包括 80 分）学生的"学生姓名"、"班级"、"专业名称"以及各科成绩。

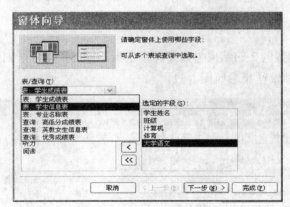

图 6.52　添加"选定字段"

（2）参考本案例第 1 题中创建窗体的方法新建窗体，在打开的"新建窗体"对话框中选择"窗体向导"，并在"请选择该对象数据的来源表或查询"对应的下拉列表中选择"优秀成绩表"，结果参考图 6.53。

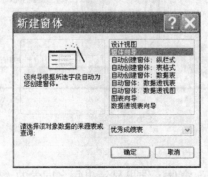

图 6.53　"新建窗体"对话框

（3）单击"确定"后，参考本案例第 1 题的方法，依次将"优秀成绩表"中的"学生姓名"、"班级"和"专业名称"3 个字段添加到"选定的字段"列表中。

（4）单击"下一步"按钮，按照窗体向导的提示依次设置窗体的布局和样式。

（5）以"优秀名单表"为窗体标题，单击"完成"按钮后即可浏览到已生成的窗体。

小　　结

本章主要介绍了 Access 2003 数据库的各项功能、操作方法和开发信息系统的一般技术。首先从数据库的基本概念入手，介绍了数据库中常见的数据模型；其次，介绍了 Access 数据库中表、查询、窗体等基本对象的基本应用方法，并配合相应的应用案例，介绍了数据库管理系统的基本应用技巧。

通过本章的学习，能够明确数据库技术是目前社会各个领域中应用计算机处理信息的一门重要技术，要掌握数据库管理系统的基本操作方法，从而提高用户应用数据库管理系统进行数据处理的能力。

习　题　6

1. 数据库系统中实现数据管理功能的核心软件是什么？
2. 常见的逻辑数据模型有哪几种？
3. 关系模型的基本运算包含哪些？
4. Access 数据库包含哪些基本对象？
5. Access 查询包含哪几种视图？
6. 使用窗体向导创建窗体的基本步骤是什么？

第 7 章　计算机网络与网络安全

随着人类社会的不断进步、经济的迅猛发展以及计算机的广泛应用，人们对信息的要求越来越强烈，为了更有效地传送和处理信息，计算机网络应运而生并广泛应用于科研、教育、企业生产与经营管理和信息服务等各个方面。

7.1　计算机网络概述

7.1.1　计算机网络的概念

计算机网络一般采用通信线路和通信设备，将分布在不同地点的具有独立功能的多个计算机系统连接起来，在网络软件的支持下，实现彼此之间的数据通信和资源共享的系统。

7.1.2　计算机网络的分类

1. 按地理范围分类

依据网络覆盖的地理范围，可以将计算机网络分为局域网、广域网和城域网 3 类。

局域网（Local Area Network，LAN）是连接近距离计算机的网络，覆盖范围从几米到数千米。例如办公室或实验室的网、同一建筑物内的网及校园网等。

广域网（Wide Area Network，WAN）覆盖的地理范围从几十千米到几千千米，覆盖一个地区、国家或横跨几个洲，形成国际性的远程网络。如我国的公用数字数据网（CHINADDN）、电话交换网（PSTN）等。

城域网（Metropolitan Area Network，MAN）是介于广域网和局域网之间的一种高速网络，覆盖范围为几十千米，大约是一个城市的规模。

在网络技术不断更新的今天，出现了一种用网络互连设备将各种类型的局域网、城域网和广域网互连起来的网中网——因特网。因特网的出现，使计算机网络从局部到全国进而将全世界连成一片。

2. 按拓扑结构分类

拓扑结构是网络的物理连接形式，如果不考虑实际网络的地理位置，把网络中的计算机看作一个节点，把通信线路看作一根连线，这就抽象出计算机网络的拓扑结构。常见的计算机网络拓扑结构主要有总线型结构、星形结构、环形结构、树形结构和网状结构 5 种，如图 7.1 至图 7.5 所示。

总线型、星形、环形拓扑结构常用于局域网的连接，网状拓扑结构常用于广域网的连接。不同的网络拓扑结构对网络性能的影响也是不同的。

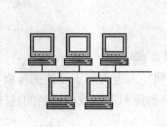

图 7.1 总线型结构

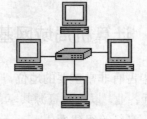

图 7.2 星形结构

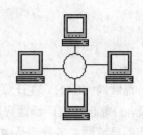

图 7.3 环形结构

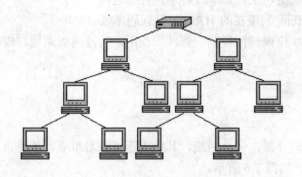

图 7.4 树形结构

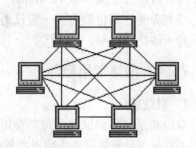

图 7.5 网状结构

3. 按传输介质分类

传输介质就是指用于网络连接的通信线路。目前常用的传输介质有同轴电缆、双绞线、光纤、卫星和微波等有线或无线传输介质，相应地，可以将网络分为同轴电缆网、双绞线网、光纤网、卫星网和无线网。

7.1.3 计算机网络的功能

建立计算机网络的主要目的是实现数据通信和资源共享，计算机网络的功能主要体现在以下几个方面：

1. 信息交换

信息交换功能是计算机网络最基本的功能，主要完成网络中各个结点之间的通信。任何人都需要与他人交换信息，计算机网络提供了最快捷、最方便的途径。人们可以在网上传送电子邮件、发布新闻消息、进行电子商务、开展远程教育等活动。

2. 资源共享

这是计算机网络最本质的功能。所谓"资源"是指计算机系统的软件、硬件和数据。所谓"共享"是指网内用户均能享受网络中各个计算机系统的全部或部分资源。

3. 分布式处理

这是近年来计算机应用研究的重点课题之一，是指通过算法将大型的综合性问题分配给不同的计算机同时进行处理。用户可以根据需要合理选择网络资源，就近快速地进行处理。

7.2　计算机局域网基础

局域网（LAN）在计算机网络中占有非常重要的地位，局域网技术也得到了飞速的发展和普及，目前已经被广泛地应用于各行各业，以达到资源共享、信息传递和远程数据通信的目的。目前的局域网大多数都是由双绞线、光纤等组建而成。

局域网是计算机网络的一种，它既具有一般计算机网络的特征，又具有以下独有的特点：

（1）覆盖较小的地理范围。一般用于机关、工厂、学校等单位内部连网。

（2）传输速率高（从 10 Mbps、100 Mbps 到现在的 1Gbps）且误码率低。

（3）为某一单位独有。一般仅为一个单位或部门控制、管理和使用，其建网周期短、成本低，易于维护和扩展。

7.2.1　网络常用硬件

1. 双绞线

双绞线是目前局域网中最常使用的传输介质，俗称网线，其由 4 组绞线对组成，传输距离小于 100 m，目前常用的为超五类双绞线，如图 7.6 所示。

2. 光纤

光纤是光导纤维的简称，是一种利用光在玻璃或塑料制成的纤维中的全反射原理而制成的光传导工具。它不再是用电子信号来传输数据，而是使用光脉冲来传输数据。由于光在光导纤维中的传导损耗比电在电线中的传导损耗低得多，因此，光纤被用作长距离的信息传递。

3. 网络适配器

网络适配器俗称网卡，它一般插在计算机主板的扩展槽中或集成在主板上，通过网卡上的接口与网络的电缆系统连接起来，如图 7.7 所示。

图 7.6　超五类双绞线　　　　　图 7.7　PCI 网络适配器

4. 集线器和交换机

集线器和交换机都是在局域网上广为使用的网络设备，可以将来自多个计算机的双绞线集中于一体，并将接收到的数据转发到每一个端口。从带宽来看，集线器不管有多少个端口，所有端口都共享一条带宽，在同一时刻只能有两个端口传送数据，其他端口只能等待，同时集线器只能工作在半双工模式下。而对于交换机而言，每个端口都有一条独占的带宽，当两个端口工作时并不影响其他端口的工作，同时交换机不但可以工作在半双工模式下，也可以工作在全双工模式下。目前集线器正逐步被交换机所取代。如图 7.8 所示。

5. 路由器

路由器用于连接不同协议的网络，实现网络间路由的选择，还兼有网关和网桥的功能。随着笔记本电脑和无线局域网络的普及，目前无线路由器的使用率逐年增加，如图 7.9 所示。

图 7.8　以太网交换机

图 7.9　无线路由器

7.2.2　简单局域网的组建

组建几台计算机的局域网，主要包括以下硬件：

- 安装有网卡的计算机；
- 网线（已经带有 RJ45 水晶头）；
- 交换机。

具体的局域网组建步骤如下：

（1）将网线的一端插入到每台计算机的网卡上，把另一端插入到交换机的 RJ-45 端口。

（2）所有网线都连接好以后，接通交换机电源，并打开所有计算机。

（3）等待计算机启动完毕后，观察交换机上的指示灯。如果连接网线端口的指示灯全部亮起，说明网络连接正常；如果连接网线的指示灯有不亮的情况，要及时找出问题，直到连接网线端口的指示灯全部亮起，说明网络已经接通，硬件环境组建完成。

（4）对所有的计算机进行网络 TCP/IP 协议的配置。

7.2.3　网络 TCP/IP 协议的配置

一般情况下，计算机安装操作系统的过程中，会自动检测网卡，并安装相应的网络组件，进行默认的配置。

如果局域网不采用 DHCP（动态地址分配）服务器，就需要对每台计算机的 TCP/IP 协议进行相应的配置。具体操作如下：

（1）在桌面的“网上邻居”图标上单击鼠标右键，在弹出的快捷菜单中选择“属性”命令，弹出“网络连接”对话框。

（2）在“网络连接”对话框中，在“本地连接”图标上单击鼠标右键，在弹出的快捷菜单中选择“属性”命令，弹出“本地连接属性”对话框，如图 7.10 所示。

（3）在“常规”选项卡中，双击“Internet 协议（TCP/IP）”选项，弹出“Internet 协议（TCP/IP）属性”对话框，如图 7.11 所示。

（4）选择“使用下面的 IP 地址”和“使用下面的 DNS 服务器地址”选项，在 IP 地址、子网掩码、默认网关、首选 DNS 服务器、备用 DNS 服务器的文本框内输入网络管理员提供的配置，单击“确定”按钮。

（5）在"本地连接属性"对话框中，单击"确定"按钮，完成配置。

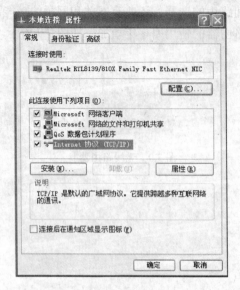
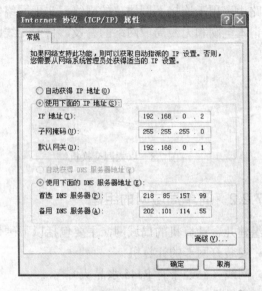

图 7.10　"本地连接属性"对话框　　　图 7.11　"Internet 协议（TCP/IP）属性"对话框

7.2.4　共享和访问网络资源

建立局域网的一个主要目的就是实现资源共享，共享的资源主要是文件、打印机等。下面以共享文件夹为例来介绍共享的过程：

（1）打开资源管理器，在需要共享的文件夹上单击鼠标右键，在弹出的快捷菜单中选择"共享和安全"命令。

（2）在弹出的对话框中，选择"在网络上共享这个文件夹"选项，如果希望用户对共享文件夹拥有"写"权限，选择"允许网络用户更改我的文件" 选项，单击"确定"按钮，共享文件夹的基本设置就完成了。

访问共享资源主要有 4 种方法：通过网上邻居、映射网络驱动器、通过 UNC 路径、通过命令。

7.3　Internet 基础

Internet 中文名为因特网，它连接了全球不计其数的计算机与网络，是世界上发展速度最快、应用最广泛、覆盖范围最大的公共计算机信息网络系统，它遵从 TCP/IP 协议，提供了数万种服务，被世界各国信息界称为未来信息高速公路的雏形。

7.3.1　Internet 概述

20 世纪 60 年代开始，美国国防部的高级研究计划局（Advance Research Projects Agency，ARPA）建立了 ARPANET。1969 年 12 月，ARPANET 投入运行，建成了一个由 4 个节点连接的实验性网络。到 1983 年，ARPANET 已连接了三百多台计算机，供美国各研究机构和政府部门使用。1983 年，原来的 ARPANET 分裂为两个网络，其一是原本在国防部数据网络中未保密的部分，称为 MILNET；其二则是一个新的、较小的 ARPANET。两个网络之间可以进行通信和资源共享。由于这两个网络都是由许多网络互连而成的，因此它们都被称为 Internet。

1986 年，美国国家科学基金会（National Science Foundation，NSF）建立了自己的计算机通信网络 NSFNET。并逐渐取代了 ARPANET 在 Internet 的地位，到了 1990 年，在历史上起过重要作用的 ARPANET 正式宣布关闭。随着 NSFNET 的建设和开放，网络节点数和用户数迅速增长，以美国为中心的 Internet 网络互联也迅速向全球发展，世界上的许多国家纷纷接入到 Internet，使网络上的通信量急剧增大。

我国于 1994 年正式接入 Internet，国内主干网的建设从 20 世纪 90 年代初开始，到 20 世纪末，已先后建成中国科技网（CSTNET）、中国教育和科研网（CERNET）、中国金桥网（CHINAGBN）以及中国计算机互联网（CHINANET）四大中国互联网主干网。

7.3.2　Internet 接入方式

接入 Internet 并不像连接本地计算机网络那样简单，其不仅需要有许多软、硬件的支持，还要有提供服务的 Internet 服务供应商（ISP），要根据实际情况选择不同的接入方式。目前常用的接入方式有以下几种：

1.　PSTN 接入方式

PSTN（Published Switched Telephone Network，公用电话交换网）是最简单的接入方式。用户使用调制解调器（Modem），通过电话线与提供拨号服务的主机建立连接。随着宽带的发展和普及，这种接入方式逐渐被淘汰。

2.　ISDN 接入方式

ISDN（Integrated Service Digital Network，综合业务数字网）接入方式俗称"一线通"，它采用数字传输和数字交换技术将电话、传真、数据和图像等综合在一个统一的数字网络中进行传输和处理。

3.　ADSL 接入方式

ADSL（Asymmetrical Digital Subscriber Line，非对称数字用户环路）是一种能够通过普通电话线提供宽带数据业务的技术。ADSL 素有"网络快车"之美誉，因其下行速率高、频带宽、性能优、安装方便等特点而深受广大用户喜爱，成为继 PSTN、ISDN 之后的又一种全新的高效接入方式。

4.　DDN 专线接入方式

DDN（Digital Data Network，数字数据网）是一种数字传输网络，可以以更高、更稳定的速率在数字信道上传输数据。

5.　Cable-Modem 接入方式

Cable-Modem（线缆调制解调器）是一种超高速 Modem，它利用现有的有线电视（CATV）网进行数据传输，已经是比较成熟的一种技术。随着有线电视网的发展壮大和人们生活质量的不断提高，通过 Cable-Modem 访问 Internet 已经成为越来越受业界关注的一种高速接入方式。

6. LAN 接入方式

LAN 接入方式是利用以太网技术，采用"光缆+双绞线"的方式对社区进行综合布线。LAN 接入方式技术成熟、成本低、结构简单、稳定性好、可扩充性好。可提供智能化、信息化的办公与家居环境，满足不同层次的用户对信息化的需求，比其他的接入方式要经济许多。

7. PON 接入方式

PON（无源光网络）技术是一种点对多点的光纤传输和接入技术，下行采用广播方式，上行采用时分多址方式；可以灵活地组成树形、星形、总线型等拓扑结构；在光分支点不需要节点设备，只需要安装一个简单的光分支器即可；具有节省光缆资源、带宽资源共享、节省机房投资、设备安全性高、建网速度快、综合建网成本低等优点。

8. 无线接入方式

无线接入方式是指从业务节点到用户终端之间的全部或部分传输设施采用无线手段，向用户提供固定和移动接入服务的技术。

7.3.3　IP 地址和域名系统

Internet 的网络地址是指连入 Internet 网络的计算机地址编号，它类似电话号码。在 Internet 网络中，网络地址唯一标识一台计算机，网际协议（IP）将用户信息的数据包从一处移到另一处，因此，Internet 中计算机的地址编号就称为 IP 地址。

1. IP 地址的格式

IP 地址占用 4 个字节（32 个二进制位），用 4 组十进制数字表示，每组数字取值范围为 0～255，相邻两组数字之间用圆点分隔。例如，202.99.96.104。

2. IP 地址的类型

IP 地址由两部分组成：一部分为网络地址，另一部分为主机地址。根据网络规模和应用的不同，将 IP 地址分为 A～E 共 5 类，如表 7.1 所示，常用的是 A、B、C 类。

为了确保 Internet 中 IP 地址的唯一性，IP 地址由 Internet IP 地址管理组织统一管理，如果需要建立网站，要向管理本地区的网络机构申请和办理 IP 地址。

表 7.1　IP 地址类型和应用

类　　型	第一字节数字范围	应　　用
A	1～126	大型网络
B	128～191	中等规模网络
C	192～223	校园网
D	224～239	备用
E	240～254	试验用

3. 域名系统

用 4 组数字表示的 IP 地址非常难记，为了使 IP 地址便于用户使用，同时也利于维护和管理，Internet 建立了域名管理系统（Domain Name System，DNS），将域名与 IP 地址一一对应。该系统用分层的命名方法对网络上的每台计算机赋予一个直观的唯一标识名，称为域名。其基本结构如下：

主机名.单位名.类型名.国家代码

例如，IP 地址为 218.60.32.25 的 Internet 域名是 www.sina.com.cn；搜狐网站的域名为 www.sohu.com。

国家代码又称为顶级域名，由 ISO3166 规定。由于 Internet 起源于美国，所以美国没有国家代码。常见部分国家代码如表 7.2 所示。

表 7.2 部分国家代码（顶级域名）

国家	中国	瑞典	英国	法国	德国	日本	加拿大	澳大利亚
国家代码	cn	se	uk	fr	de	jp	ca	au

类型名又称为二级域名，表示主机所在单位的类型。我国的二级域名分为类别域名和行政区域名两种，常见的部分二级域名如表 7.3 及表 7.4 所示。

表 7.3 中国部分类别域名表

类 别 域 名	使 用 范 围
edu	教育机构
gov	政府部门
mil	军事部门
net	网络服务机构
com	工商机构
org	非盈利性组织
web	www 活动为主单位
info	提供信息服务单位

表 7.4 中国部分行政区域名表

行政区域名	含 义
bj	北京市
sh	上海市
tj	天津市
cq	重庆市
hb	河北省
sx	山西省
ln	辽宁省
jl	吉林省

单位名在注册时由网络用户确定，我国的域名注册由中国互联网络中心（CNNIC）统一管理。主机名也是在注册时由网络用户确定。例如，可以用主机的商标作为主机名，也可以用主机所在部门名称的缩写作为主机名。拥有主机较多的单位，命名时可能还会进一步地划分，所以在 Internet 中可以见到由 5 部分甚至 6 部分组成的 Internet 域名地址。

4. URL 地址和 HTTP

在互联网上，每一个信息资源都有唯一的地址，该地址被称为 URL（Uniform Resource Locator），它是万维网的统一资源定位标志。URL 由 3 部分组成：资源类型、存放资源的主机域名和资源文件名。例如，http://www.baidu.com/test/index.htm，其中 http 表示该资源类型是超文本信息，www.baidu.com 是百度的主机域名，test 为存放目录，index.htm 为资源文件名。

7.3.4 Internet 网络协议

Internet 上的网络协议统称为 Internet 协议簇，其中包括传输控制协议（Transmission Control Protocol，TCP）、网际协议（Internet Protocol，IP）、网际控制报文协议（Internet Control Message Protocol，ICMP）、数据报文协议（User Datagram Protocol，UDP）等。因为 TCP 和 IP 是其中最基本、也是最主要的两个协议，所以习惯上又称整个 Internet 协议簇为 TCP/IP 协议簇。

　　TCP/IP 是一组计算机通信协议的集合，其目的是允许互相合作的计算机系统通过网络共享彼此的资源。TCP/IP 协议分为 4 层：应用层（Application Layer）、传输层（Transport Layer）、网络层（Internet Layer）和网络接口层（Network Interface Layer）。

7.4　Internet 的应用

7.4.1　WWW 服务

　　WWW（World Wide Web）译为"万维网"，简称 Web 或 3W，是由欧洲粒子物理研究中心于 1989 年提出并研制的基于超文本方式的大规模、分布式信息获取和查询系统，是 Internet 的应用和子集。

　　WWW 提供了一种简单、统一的方法来获取网络上丰富多彩的信息，它屏蔽了网络内部的复杂性，可以说 WWW 技术为 Internet 的全球普及扫除了技术障碍，促进了网络的飞速发展，并已成为 Internet 最有价值的服务。

　　WWW 采用客户机/服务器（C/S）模式。客户端软件通常称为 WWW 浏览器（Browser），简称浏览器。浏览器是指可以显示网页服务器或者文件系统的 HTML 文件内容，并让用户与这些文件进行交互的一种软件。计算机上常见的网页浏览器包括 IE（Internet Explorer）、Firefox、Safari、Opera、360 安全浏览器、腾讯 TT、搜狗浏览器、傲游浏览器等，其中 IE 是全球使用最广泛的一种。而运行 Web 服务器（Web Server）软件，并且有超文本和超媒体驻留其上的计算机就称为 WWW 服务器或 Web 服务器，它是 WWW 的核心部件。浏览器和服务器之间通过超文本传输协议（Hyper Text Transfer Protocol，HTTP）进行通信和对话，该协议建立在 TCP 连接之上，默认端口为 80。用户通过浏览器建立与 WWW 服务器的连接，交互地浏览和查询信息。

7.4.2　搜索引擎服务

　　随着信息化和网络化进程的推进，Internet 上的各种信息呈指数级膨胀，面对着大量、无序而繁杂的资源，信息检索系统应运而生。其核心思想是用一种简单的方法，按照一定的策略，在互联网中搜集、发现信息，并对信息进行理解、提取、组织和处理，帮助用户快速寻找到想要的内容，摒弃无用信息。这种为用户提供检索服务，起到信息导航作用的系统就称为搜索引擎。

　　根据搜索引擎所基于的技术原理，可以把它们分为 3 大主要类型：全文搜索引擎（Full Text Search Engine）、目录索引类搜索引擎（Search Index/Directory）和元搜索引擎（Meta Search Engine）。

7.4.3　电子邮件的应用

　　电子邮件（E-mail）是使用计算机网络的通信功能实现信件传输的一种技术，是 Internet 上最广泛的应用之一。使用电子邮件具有许多独特的优点，它实现了信件的收、发、读、写的全部电子化，不但可以收发文本，还可以收发声音、影像，通过电子邮件参与 Internet 上的讨论。电子邮件传送快捷，发往世界各地的邮件可以在几秒至一天内收到，而且价格非常低廉。在 Internet 上有许多处理电子邮件的计算机，称为邮件服务器。邮件服务器包括接收邮件服务器和发送邮件服务器。接收邮件服务器是将对方发给用户的电子邮件暂时寄存在服务器邮箱中，直到用户从服务器上将邮件取到自己计算机的硬盘上。发送邮件服务器是让用户通过它们将用户写的电子邮件发送到收信人的接收邮件服务器中。由于发送邮件服务器遵循简单邮件传输协议（Simple Message Transfer Protocol，SMTP），所以在邮件程序的设置中称为 SMTP 服务器。而多数接收邮件服务器遵循邮局协议（Post Office Protocol 3，POP3），所以被称为 POP3 服务器。每个邮件服务器在 Internet 上都有一个唯一的 IP 地址，例如，smtp.yeah.net，pop.yeah.net。发送和接收邮件服务器可以由一台计算机来完成。

用户必须拥有 Internet 服务商（ISP）提供的账户、口令，才能接收 POP3 邮件，如果没有口令核对，任何人都可以收取并阅读别人的邮件。SMTP 不需要认证，而且即使发送邮件的用户不是 SMTP 服务器的合法用户，也可以通过某个 SMTP 服务器发送邮件。

同使用邮政局寄信件一样，要发送电子邮件，也必须有收信人姓名、收信人地址等信息。电子邮件地址采用了基于 DNS 的分层命名方法，其结构为：

用户名@域名

用户名是指用户在站点主机上使用的登录名，@表示中文"在"的意思。例如，mymailbox @126.com，表示用户名 mymailbox 在 126.com 邮件服务器上的电子邮件地址。

7.4.4 文件传输服务

文件传输协议（File Transfer Protocol，FTP）是将文件从一台主机传输到另一台主机的应用协议。FTP 服务是建立在此协议上的两台计算机间进行文件传输的过程。FTP 服务由 TCP/IP 协议支持，任何两台 Internet 中的计算机，无论地理位置如何，只要都装有 FTP 协议，就能够在它们之间进行文件传输。FTP 提供交互式的访问，允许用户指明文件类型和格式并具有存取权限，它屏蔽了各计算机系统的细节，因而成为计算机传输数字化业务信息的最快途径。

FTP 采用 C/S 工作模式，不过与一般 C/S 服务不同的是，FTP 客户端与服务器之间要建立双重连接，即控制连接和数据连接。控制连接用于传输主机间的控制信息，如用户标识、用户口令、改变远程目录和 put、get 等命令，而数据连接用来传输文件数据。

在 FTP 的使用过程中，用户经常遇到两个概念：下载（Download）和上传（Upload）。下载文件就是从远程主机中复制文件到自己的计算机上；上传文件就是将文件从自己的计算机中复制到远程主机上。用 Internet 语言来说，用户可以通过客户机程序向/从远程主机上传/下载文件。

进行 FTP 远程文件传输主要有 3 种方式：命令提示符方式、IE 浏览器方式和 FTP 客户端软件方式。现在应用比较广泛的是 FTP 客户端软件方式，这里以 CuteFtp 为例，介绍文件上传和下载的基本步骤：

（1）设置 FTP 服务器的网址（IP 地址）、授权访问的用户名及密码。在 CuteFtp 的菜单栏中选择"文件"|"新建"|"FTP 站点"命令，弹出"站点属性"对话框，在对话框中对远程的 FTP 服务器进行具体的设置。

（2）在"常规"选项卡中分别输入站点标签（FTP 站点的标识）、主机地址（FTP 服务器的

IP 地址）、用户名、密码。对于匿名选项（即不需要用户名和密码可以直接访问 FTP 服务器，很多 FTP 服务器都禁止匿名访问）不必选择。

（3）在"类型"选项卡中有一项端口号（21），表示在没有特别要求的情况下就使用默认端口号 21。

（4）在"动作"选项卡中设置远程及本地文件夹（目录），如果没有设置远程及本地文件夹，系统将会使用自己的默认路径。

（5）连接 FTP 服务器进行文件上传和下载。通过站点管理器窗口选择要连接的 FTP 服务器，点击工具栏上的"连接"按钮或者双击要连接的 FTP 服务器。

（6）连接成功后，出现文件传输界面，如图 7.12 所示，选中所要传输的文件或目录，单击鼠标右键，在弹出的快捷菜单中选择"传输"命令或直接将传输的文件或目录拖曳到目的主机中，完成文件或目录的传输。

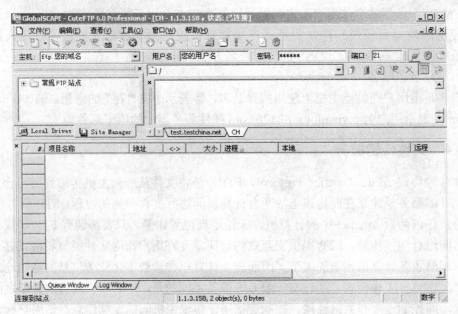

图 7.12　文件传输界面

7.4.5　远程登录 Telnet

Telnet 是一个简单的远程终端协议，是 Internet 上最早使用的功能，它为用户提供双向的、面向字符的普通 8 位数据双向传输。Telnet 服务是指在此协议的支持下，用户计算机通过 Internet 暂时成为远程计算机终端的过程。用户远程登录成功后，可以随意使用服务器上对外开放的所有资源。例如，可以在一台 Windows 的 PC 机上执行一个远程 UNIX 主机上的程序，当然该 UNIX 程序的执行过程是在远程主机上完成，然后把结果返回，Windows 的 PC 机只起显示作用。

7.4.6　新闻组 Usenet

Usenet 是由遍布全世界的成千上万台计算机和 Usenet 服务器组成的网络系统，它根据管理员达成的协议在这些计算机之间进行信息交换，在其上，用户可以自由发表自己的意见和了解别人的意见。

7.4.7 电子公告板 BBS

电子公告板（Bulletin Board Service，BBS）也是 Internet 上知名的信息服务，它可以分成专题组，供网友相互之间讨论问题、交流经验。

使用电子公告板一般要先注册，获得正式用户身份（ID）和口令，以便登录。同时告知自己的姓名、电子邮箱地址，对不便公开的内容可以另发电子邮件。另外，有些 BBS 站点还允许不注册直接浏览。

7.5 网 络 安 全

计算机网络的安全问题很早就出现了，而且随着网络技术的发展和应用，网络服务器难免会受到来自世界各地的各种人为攻击（如信息泄漏、信息窃取、数据篡改、数据删添、计算机病毒等）。同时，网络硬件还要经受诸如水灾、火灾、地震、电磁辐射等方面的考验，目前网络安全问题表现得尤为突出。

7.5.1 网络安全含义

网络安全是指网络系统的硬件、软件及其系统中的数据受到保护，避免因偶然的或者恶意的原因而遭到破坏、更改、泄露，保证系统能连续、可靠、正常地运行。其特征是针对网络本身可能存在的安全问题，实施网络安全方案，以保证计算机网络自身的安全性为目标。网络安全本质上就是网络信息的安全问题。从广义上讲，凡是涉及网络信息的保密性、完整性、可用性、真实性和可控性的相关技术和理论都是网络安全的研究领域，而且因各主体所处的角度不同，对网络安全有不同的理解。

网络安全主要存在以下 6 方面的威胁：物理安全威胁、操作系统的安全缺陷、网络协议的安全缺陷、应用软件的实现缺陷、用户使用的缺陷和恶意程序。

7.5.2 网络安全问题

网络安全包括网络设备安全、网络系统安全和数据库安全等。安全问题主要表现在：
（1）操作系统的安全问题。
（2）CGI 程序代码的审计。
（3）拒绝服务攻击。
（4）安全产品使用不当。
（5）缺少严格的网络安全管理制度。

7.5.3 网络安全目标

网络安全的目标主要表现在以下方面：
（1）可靠性。可靠性主要包括硬件可靠性、软件可靠性、人员可靠性与环境可靠性。

（2）可用性。可用性是网络系统面向用户的安全性能，要求网络信息可被授权实体访问并按要求使用，包括对静态信息的可操作性和动态信息的可见性。

（3）保密性。保证网络信息只能由授权的用户读取。

（4）完整性。要求网络信息未经授权不能进行修改，网络信息在存储或传输过程中要保持不被偶然或蓄意地删除、修改和伪造等，防止网络信息被破坏和丢失。

7.5.4　网络安全服务

为了保证网络或数据传输足够安全，一个安全的计算机网络应该能够提供如下服务：

（1）实体认证。这是防止主动攻击的重要防御措施，对保障开放系统环境中各种信息的安全意义重大。认证就是识别和证实。识别是辨别一个实体的身份；证实是证明实体身份的真实性。OSI 环境提供了实体认证和信源认证的安全服务。

（2）访问控制。访问控制指控制与限定网络用户对主机、应用或网络服务的访问。这种服务不仅可以提供单个用户，也可以提供给用户组中的所有用户。常用的访问控制服务是通过用户的身份确认与访问权限设置来确定用户身份的合法性，以及对主机、应用或服务访问的合法性。

（3）数据保密性。其目的是保护网络中系统之间交换的数据，防止因数据被截获而造成的泄密。数据保密性又分为：信息保密、选择数据段保密和业务流保密等。

（4）数据完整性。这是针对非法篡改信息、文件和业务流设置的防范措施，以保证资源可获得性。数据完整性又分为：连接完整性、无连接完整性、选择数据段有连接完整性与选择数据段无连接完整性。

（5）防抵赖。这是针对对方进行抵赖的防范措施，可用来证实发生过操作。防抵赖又分为：对发送防抵赖和对接收防抵赖。

（6）审计与监控。这是提高安全性的重要手段。它不仅能够识别谁访问了系统，还能指出系统如何被访问。因此，除使用一般的网管软件和系统监控管理软件外，还应使用目前较为成熟的网络监控设备或实时入侵检测和漏洞扫描设备。

7.5.5　防止网络攻击

网络的入侵者主要有两类。一类入侵者是指那些检查系统完整性和安全性的人。他们通常具有硬件和软件的高级知识，并且有能力通过创新的方法剖析系统。他们能够使更多的网络趋于完善和安全，他们以保护网络为目的，以不正当侵入为手段找出网络漏洞。

另一类入侵者是那些利用网络漏洞破坏网络的人。他们往往做一些重复性的工作（如用暴力法破解口令），他们也具备广泛的计算机知识，但他们是以破坏为目的。这类入侵者被称为"黑客"。我们要进行防范的主要目标是黑客。

1. 网络攻击的常见方法

常见的网络攻击方法如下。

（1）盗取口令。盗取口令的方法有 3 种：

① 通过网络监听，非法得到用户口令。

② 在知道用户的账号后，利用一些专门的软件强行破解用户口令。

③ 在获得一个服务器上的用户口令文件后，用暴力破解程序来破解用户口令。

（2）放置特洛伊木马程序。它常被伪装成工具程序或者游戏等，诱使用户打开带有特洛伊木马程序的邮件附件或从网上直接下载，一旦用户打开了这些邮件的附件或者执行了这些程序之后，它会在计算机系统中隐藏一个可以在操作系统启动时悄悄执行的程序，从而达到控制计算机的目的。

（3）WWW 的欺骗技术。黑客将用户要浏览的网页的 URL 改写为指向黑客自己的服务器，当用户浏览目标网页时，实际上是向黑客服务器发出请求，那么黑客就可以达到欺骗用户的目的。

（4）电子邮件攻击。电子邮件攻击主要表现为两种方式：一是邮件炸弹，是指用伪造的 IP 地址和电子邮件地址向同一信箱发送数以千计、万计甚至无穷多次的内容相同的垃圾邮件，致使受害人的邮箱被"炸"，严重者可能会给电子邮件服务器的操作系统带来危险，甚至瘫痪；二是电子邮件欺骗，攻击者佯称自己为系统管理员，对用户进行欺骗。

（5）通过一个节点来攻击其他节点。黑客在突破一台主机后，往往以此主机作为根据地，攻击其他主机。

（6）网络监听。网络监听是主机的一种工作模式，在这种模式下，主机可以接收到本网段在同一条物理通道上传输的所有信息，而不管这些信息的发送方和接收方是谁。监听者往往能够获得其所在网段的所有用户账号及口令。

（7）寻找系统漏洞。许多系统都存在安全漏洞（Bugs），其中有些漏洞是操作系统或应用软件本身存在的。

（8）利用操作系统提供的默认账户和密码进行攻击。

2. 防范网络攻击的常见措施

（1）网络服务器的安全措施。

① 经常做远程登录、文件传输等需要传送口令的重要机密信息应用的主机应该单独设立一个网段，以避免某一台个人计算机被攻破，被攻击者装上协议分析软件（Sniffer），造成整个网段通信全部暴露。有条件的情况下，重要主机连接在交换机上，这样可以避免 Sniffer 偷听密码。

② 专用主机只开专用功能，如运行网管软件、数据库重要进程的主机上不应该运行如 sendmail 这种安全漏洞比较多的程序。网管网段路由器中的访问控制应该限制在最小限度，研究清楚各进程必需的进程端口号，关闭不必要的端口。

③ 对用户开放的各个主机的日志文件全部定向到一个日志服务器（Syslog Server）上，集中管理。该服务器可以由一台拥有大容量存储设备的 UNIX 或 Windows NT 主机承当。定期检查、备份日志主机上的数据。

④ 运行网管软件的主机不得访问 Internet。并建议设立专门机器使用 FTP 或 WWW 下载资料和工具软件。

⑤ 提供电子邮件、WWW、DNS 的主机不安装任何开发工具，避免攻击者编译攻击程序。

⑥ 网络配置原则是"用户权限最小化"，例如关闭不必要或者不了解的网络服务，不用电子邮件寄送密码等。

⑦ 下载安装最新的操作系统及其他应用软件的安全和升级补丁，安装几种必要的安全加

强工具，限制对主机的访问，加强日志记录，对系统进行完整性检查，定期检查用户的脆弱口令，并通知用户尽快修改。重要用户的口令应该定期修改（不长于 3 个月），不同主机使用不同的口令。

⑧ 定期检查系统日志文件，在备份设备上及时备份。制定完整的系统备份计划，并严格实施。

⑨ 定期检查关键配置文件（最长不超过一个月）。

⑩ 制定详尽的入侵应急措施以及汇报制度。发现入侵迹象，立即打开进程记录功能，同时保存内存中的进程列表以及网络连接状态，保护当前的重要日志文件，如果有条件，立即打开网段上另外一台主机监听网络流量，定位入侵者的位置。如有必要，断开网络连接。在服务主机不能继续服务的情况下，应该有能力从备份磁带中恢复服务到备份主机上。

（2）个人计算机的安全措施。

① 关闭文件和打印共享。文件和打印共享是一个非常有用的功能，但它也是黑客入侵时可以利用的一个安全漏洞。所以在不使用文件和打印共享的情况下，可以将它关闭。

② 定期修改用户的口令（不长于 3 个月）。禁用 Guest 账号，杜绝 Guest 账户的入侵。

③ 安装必要的安全软件。如杀毒软件、防火墙软件等。

④ 不要轻易安装和运行从那些不知名的网站，特别是不可靠的 FTP 站点下载的软件和来历不明的软件。不要轻易打开陌生人发来的电子邮件。

⑤ 安装最新的操作系统及其他应用软件的安全和升级补丁。

7.6 计算机病毒

7.6.1 计算机病毒的基本知识

1. 病毒定义

《中华人民共和国计算机信息系统安全保护条例》中规定，计算机病毒是指编制或者在计算机程序中插入的破坏计算机功能或者毁坏数据，影响计算机使用，并能自我复制的一组计算机指令或者程序代码。

2. 计算机感染病毒症状

感染了计算机病毒的计算机主要有以下症状：

（1）计算机运行速度比通常要慢。

（2）计算机停止响应或经常被锁定。

（3）计算机会崩溃，然后每隔几分钟便会重新启动。

（4）计算机自行重新启动，并且运行异常。

（5）计算机上的应用程序无法正常运行。

（6）磁盘或磁盘驱动器无法访问。

（7）无法正确打印项目。

（8）看到异常的错误消息。

（9）看到菜单和对话框失真。

（10）防病毒程序被无端禁用，并且无法重新启动。

7.6.2　计算机病毒的防治

计算机病毒的防治一般要注意预防为主、杀毒为辅、及时升级、尽快备份。

（1）防止计算机病毒进入自己的计算机。不要使用来历不明的磁盘、光盘等；不要使用盗版软件；使用 U 盘等移动存储器要先查毒；对一些来历不明的邮件及附件不要打开；不要登录一些不太了解的网站；不要执行从 Internet 下载后未经杀毒处理的软件等。这些必要的习惯会使计算机更安全。总的来说，就是要立足于预防，阻断病毒传染的一切可能性。

（2）安装专业的杀毒软件、反间谍软件，开启软件防护墙。在病毒日益增多的今天，使用杀毒软件和反间谍软件进行防毒，是越来越经济的选择。不过用户在安装了反病毒软件之后，要将一些主要监控经常打开，如邮件监控、内存监控等，还要开启软件防护墙，这样才能真正保障计算机的安全。

（3）及时更新系统补丁和升级杀毒软件。据统计，有 80% 的网络病毒是通过系统安全漏洞进行传播的，如蠕虫王、冲击波、震荡波等，所以应该及时下载最新的安全补丁，以防患未然；要及时更新杀毒软件病毒库，以便能够及时查杀最新的病毒。

（4）如果病毒已经进入了计算机，应及早检测并将病毒清除，防止病毒扩散。也就是说，在发现病毒时要及时采取查毒、杀毒措施。

（5）对重要的数据要进行备份，一旦文件受到病毒破坏，可以及时恢复，防止病毒带来的危害。

案例 1　局域网内共享打印机

【案例描述】

本案例要求在已经接入局域网的两台计算机之间共享打印机。

具体要求如下：

（1）局域网内有两台计算机，其中，计算机 A：计算机名为 JSJA，IP 地址为 192.168.2.2；计算机 B：计算机名为 JSJB，IP 地址为 192.168.2.3。

（2）共享连接在计算机 A 上的打印机 PRINTA（打印驱动已经安装完毕，打印机名为 PRINTA，在计算机 A 上已经可以正常打印）。

（3）在计算机 B 上添加共享的打印机，并验证其可以正常打印。

【操作提示】

1. 共享计算机 A 上的打印机 PRINTA

对计算机 A 进行如下设置：

（1）选择"开始"|"设置"|"打印机和传真"命令，弹出"打印机和传真"对话框，在打印机 PRINTA 的图标上单击鼠标右键，在弹出的快捷菜单中选择"共享"命令，可以看到如图 7.13 所示的对话框。

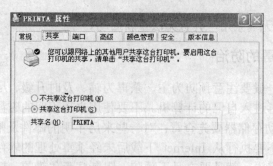

图 7.13   打印机属性设置界面

（2）选中"共享这台打印机"选项，共享名为"PRINTA"，单击"确定"按钮，打印机共享设置完成，如图 7.14 所示。

图 7.14   打印机共享完毕界面

2. 在计算机 B 上添加共享的打印机

对计算机 B 进行如下设置：

（1）选择"开始"|"运行"命令，在文本框内输入"\\JSJA"或"\\192.168.2.2"，在打印机 PRINTA 图标上单击鼠标右键，在弹出的快捷菜单中选择"连接"命令，在弹出的对话框中单击"是"按钮，完成打印机连接。

（2）选择"开始"|"设置"|"打印机和传真"命令，在"打印机 PRINTA 在 192.168.2.2 上"的图标上单击鼠标右键，在弹出的快捷菜单中选择"设为默认打印机"命令；在打印机"PRINTA 在 192.168.2.2 上"的图标上再次单击鼠标右键，在弹出的快捷菜单中选择"属性"命令，在弹出的对话框中选择"打印测试页"命令，进行打印测试页，如果打印成功，说明共享打印机安装成功。

案例 2   WWW 浏览器的使用

【案例描述】

本案例要求使用浏览器浏览网站信息，并对其进行相应的设置。

具体要求如下：

（1）使用 IE 浏览器浏览新浪网站信息。

（2）将网址之家（www.hao123.com）设置为主页，并将 IE 设为默认浏览器。

（3）利用收藏夹收藏百度网站（www.baidu.com）。

【操作提示】

（1）使用 IE 浏览器浏览新浪网站信息。

① 启动 IE 浏览器，在地址栏中输入 http://www.sina.com.cn，按回车键，可以访问新浪网

站的首页。当将鼠标光标移动到具有超链接的文本或图像上时，鼠标指针会变为（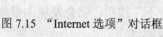）形，单击鼠标左键，即可打开该超链接所指向的网页。

② 要在已经浏览过的网页之间跳转，可以单击工具栏上的"返回"与"前进"按钮，返回到前一页或回到后一页。也可以单击其右侧的下拉箭头，从弹出的下拉列表中直接选择某个浏览过的网页。

③ 保存当前网页信息。在菜单栏中选择"文件"|"另存为"命令，将当前网页保存到本地计算机中。

④ 保存图片。在当前网页中选择一幅图片，单击鼠标右键，从弹出的快捷菜单中选择"图片另存为"命令，将该图片保存到本地计算机中。

（2）将网址之家（www.hao123.com）设置为主页，并将 IE 设为默认浏览器。

① 在菜单栏中选择"工具"|"Internet 选项"命令，打开"Internet 选项"对话框，如图7.15 所示。

② 切换到"常规"选项卡，在主页地址中输入 http://www.hao123.com。

③ 切换到"程序"选项卡，选中"检查 Internet Explorer 是否为默认的浏览器"复选项。

（3）利用收藏夹收藏百度网站（www.baidu.com）。

① 启动 IE 浏览器，在地址栏中输入 http://www.baidu.com.cn，按回车键，可以访问百度网站的首页。

② 在菜单栏中选择"收藏"|"添加到收藏夹"命令，打开如图 7.16 所示的"添加到收藏夹"对话框，可以新建文件夹来管理个性化收藏，也可以直接单击"确定"按钮，将当前页面直接收藏在"收藏夹"菜单下。

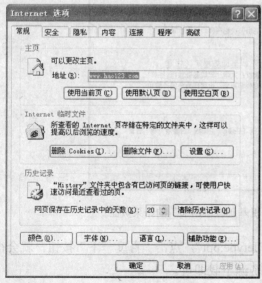

图 7.15　"Internet 选项"对话框

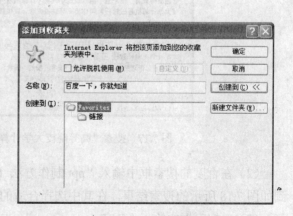

图 7.16　"添加到收藏夹"对话框

案例 3　搜索引擎的使用

【案例描述】

本案例要求利用搜索引擎快速查找到目标信息资源。

具体要求如下：

（1）搜索有关高等院校大学计算机基础教学用书的相关信息并浏览。

（2）搜索有关 ppt 制作方法的演示文稿并下载。

（3）搜索 CAJViewer 安装程序并下载。

【操作提示】

（1）为了快速找到信息资源，在使用搜索引擎搜索信息时，经常使用"多关键词搜索"、"逻辑运算符（一般空格、'AND'、'+'号表示逻辑与，'–'号之前留一个空格表示逻辑非，'|'表示逻辑或）搜索"和"引号精确搜索"等搜索方法。

本例就是在百度的搜索框中输入"高等院校大学计算机基础教学用书"（关键字信息使用了双引号），点击"百度一下"按钮，会出现如图 7.17 所示的精确匹配的搜索结果。

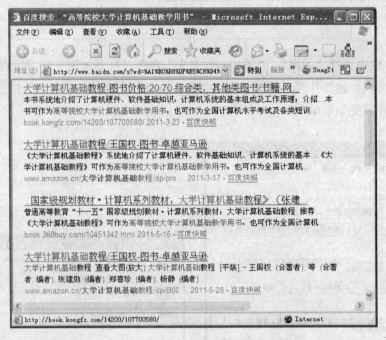

图 7.17　搜索"高等院校大学计算机基础教学用书"的结果页面

（2）在百度的搜索框中输入"ppt 制作方法 filetype:ppt"，点击"百度一下"按钮，就会得到如图 7.18 所示的搜索结果，在其中选择合适的资源下载即可。

（3）在搜索框中输入"CAJViewer 下载"，点击"百度一下"按钮，就会发现大量如图 7.19 所示的 CAJViewer 的下载链接，在其中选择合适的资源下载即可。

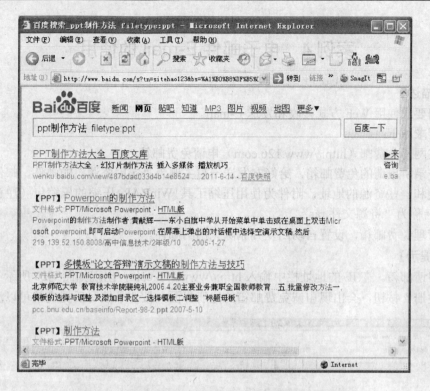

图 7.18　搜索有关 ppt 制作方法的演示文稿的结果页面

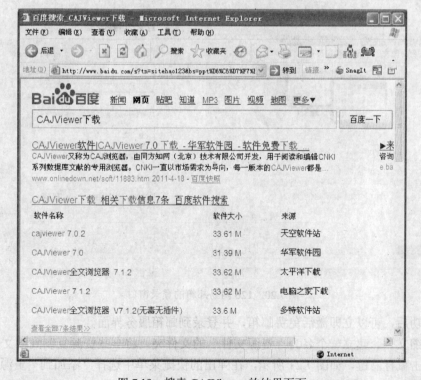

图 7.19　搜索 CAJViewer 的结果页面

案例 4　电子邮件 E-mail 的使用

【案例描述】

本案例要求使用 Web 方式接收和发送 E-mail。

具体要求如下：

（1）在网易免费邮（http://www.126.com）申请免费邮箱。

（2）登录所申请的免费邮箱，给好友发送一封主题为"实用资源"的邮件，邮件正文为对好友的问候和一些资源的地址，附件为使用压缩工具 WinRAR 压缩的压缩包（注意不要超过50 MB），名称为"资源文件.rar"。

（3）管理免费邮箱，设置自动回复并删除无用的邮件。

【操作提示】

（1）申请邮箱。在 IE 的地址栏中输入 http://www.126.com，出现如图 7.20 所示的窗口，单击"立即注册"按钮，会出现申请免费邮箱的注册界面，按要求填写后提交就可以注册成功。

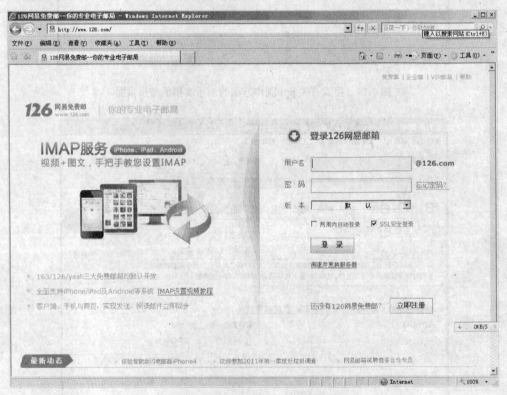

图 7.20　126 网易邮箱的登录窗口

申请成功后，可以立即激活免费邮箱，并登录到邮箱服务界面。

（2）压缩文件。建立一个名为"资源文件"的文件夹，将一些资源复制到该文件夹中，在文件夹上单击鼠标右键，如图 7.21 所示，在弹出的快捷菜单中选择"添加到'资源文件.rar'"，可以看到如图 7.22 所示的压缩过程，压缩后存储容量会降低。

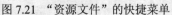

图 7.21　"资源文件"的快捷菜单　　　　图 7.22　WinRAR 压缩界面

（3）发送邮件。登录到邮箱，单击"写信"按钮，如图 7.23 所示。填写收件人邮箱地址、主题，添加附件"资源文件.rar"，在邮件正文中输入下载软件的地址信息和对朋友的问候信息等内容，待附件上传成功后，单击"发送"按钮，出现"邮件发送成功"的提示，表示邮件已经成功发送。

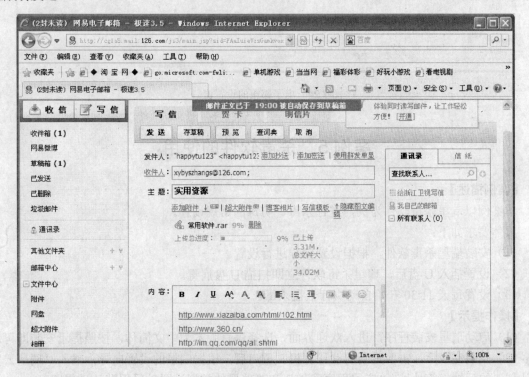

图 7.23　电子邮箱的"写信"界面

（4）邮箱管理。单击邮箱右上角的"设置"按钮，打开如图 7.24 所示的设置界面，单击"自动回复"，选择"使用自动回复"并编辑回复的内容以及执行的时间，单击"确定"按钮后即可以生效。单击"收信"按钮查收到的所有邮件，选择要删除的邮件，单击"删除"按钮即可将这些邮件删除。如果想找回被删除的邮件可以打开"已删除"（存放于"已删除"中 7 天以上的邮件会被自动彻底删除）查找。

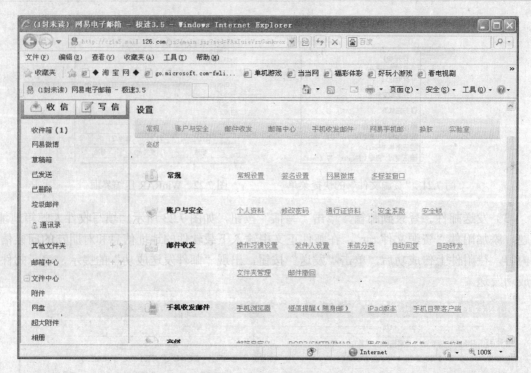

图 7.24   电子邮箱的设置窗口

案例 5   杀毒软件的使用

【案例描述】

本案例以瑞星杀毒软件为例，进行杀毒、防毒的常规设置。

具体要求如下：

（1）安装瑞星杀毒软件，根据设置向导进行设置。

（2）设置插入 U 盘后，瑞星杀毒软件立即扫描 U 盘病毒。

（3）设置每天 11:30 开始自动执行全盘杀毒。

【操作提示】

（1）启动瑞星安装程序，进入欢迎界面，选择语言版本为中文简体，按照提示安装即可。

（2）安装完成后，需要重新启动计算机。重启后，根据瑞星的设置向导，输入"瑞星云安全计划"的反馈邮箱地址，"应用程序防护"和"瑞星的常规设置"采用默认设置即可。

（3）通过瑞星主界面进入设置界面，如图 7.25 所示。选择"电脑防护"|"U 盘防护"，选择"U 盘接入时是否扫描病毒"中的"立即扫描"选项，单击"应用"按钮。

（4）通过瑞星主界面进入设置界面，选择"查杀设置"|"全盘查杀"，单击"无扫描计划"链接，进入扫描计划设置界面，如图 7.26 所示。选择"定时扫描"，类型为"每 1 天执行一次"，开始时间设置为"11:30"，单击"确定"按钮。

（5）在"设置"界面上，单击"确定"按钮，完成全部设置。

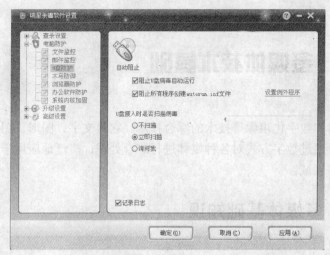

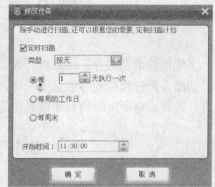

图 7.25　"瑞星杀毒软件设置"界面　　　　　图 7.26　瑞星杀毒软件的定制扫描计划界面

小　结

　　本章主要介绍了计算机网络的概念、分类、功能；计算机局域网基础；Internet 的发展、接入与应用；网络安全的基本知识及防范措施。

　　通过学习，不仅要提高计算机网络方面的基础理论知识，更重要的是要提高实际网络操作的技能与技巧，真正实现理论与实践相结合，更好地使用计算机网络提高工作和学习的效率。

习　题　7

1. 什么是计算机网络？计算机网络有哪些功能？
2. 什么是网络拓扑结构？常见的网络拓扑结构有哪几种？
3. 什么是局域网？简述局域网的组成和特点。
4. 什么是 Internet？Internet 的接入方式有哪几种？
5. 简述 IP 地址的定义和分类。
6. 什么是域名系统？写出几个自己熟悉的网站域名。
7. 什么是计算机病毒？简述计算机感染病毒的症状。
8. 简述个人计算机防范网络攻击的常见措施。

第8章　多媒体技术基础

多媒体技术是融合了计算机、通信和数字化声像等技术的综合技术。它集文字、图形、图像、动画、声音和视频等信息于一体，通过数字方式对各种媒体进行综合处理，广泛地应用于教育、商业、电子出版物和通信系统等领域。

8.1　多媒体基础知识

8.1.1　多媒体技术概述

1. 多媒体技术的定义

所谓媒体（Medium），是指承载和传输信息的载体。通常所说的媒体包括两种含义：一种是指承载信息的载体，如书本、磁盘、光盘等；另一种是指传播信息的载体，如文字、声音、图像等。多媒体计算机中所说的媒体是指后者。

多媒体一词来源于英文"Multimedia"，而该词又是由"Multiple"和"Media"复合而成的，即多种媒体的综合。多媒体是指融合两种或者两种以上"传播手段、方式或载体"的人机交互式信息交流和传播的媒体。

多媒体技术（Multimedia Technology）是指使用计算机对文本、图形、图像、声音、动画和视频等信息进行综合处理、建立逻辑关系和人机交互作用的综合技术。

2. 媒体的分类

从媒体的应用范围来看，可以将其划分为以下5大类：

（1）感觉媒体，是指能直接作用于人的感官，产生视、听、味等感觉的媒体。例如文本、图形、图像和声音等。

（2）表示媒体，是指为了传输感觉媒体而人为研究出来的媒体，即各种编码。例如语言编码、电报码、条形码等。

（3）显示媒体，是指在通信中使感觉媒体与电信号之间转换的媒体，可以分为两类：一类为输入显示媒体，例如键盘、话筒、摄像机等；另一类为输出媒体，例如显示器、音箱、打印机等。

（4）存储媒体，是指保存表示媒体的介质。例如纸张、磁盘和光盘等。

（5）传输媒体，是指用来把信息从一处传送到另一处的物理载体。例如电话线、同轴电缆、双绞线、光纤以及电磁波等。

3. 多媒体技术的特点

多媒体技术具有以下特点：

（1）多样性，是指计算机处理信息媒体的多样化。多媒体计算机除了可以处理文字和图形外，也可以处理图像、声音、视频和动画等多种信息，还具备对这些信息采集、传输、存储和显示等功能。

（2）集成性，是指将多种媒体信息有机地组织在一起，使文字、图像、声音、视频等媒体一体化，形成一个完整的多媒体信息。这些媒体在多任务系统下能够协调工作，有较好的同步关系。

（3）交互性，是多媒体区别于传统媒体的主要特点之一。在多媒体技术中，人可以通过计算机系统对多媒体信息进行加工、处理并控制多媒体信息的输入、输出，还可以实现用户和用户之间、用户和计算机之间的数据双向交流。

（4）实时性，是指在多媒体系统中，无论是时间上还是空间上都存在着紧密的联系，当用户给出操作命令时，相应的多媒体信息能够得到实时控制，例如声音、视频等。

（5）非线性，是指多媒体技术对媒体顺序性读写及操控模式的改变。多媒体技术借助超级链接、热区和时间线等方法，把信息以一种更灵活、更具变化、更具操控性的方式呈现给用户。例如在 PPT 演示文稿制作中，可以通过超级链接方便地将文字或图形链接到动画、网页或其他的页面上。

8.1.2　多媒体技术研究的内容

多媒体技术涵盖的范围广、领域新，是一种多学科交叉、多领域应用的技术。多媒体技术研究的内容主要有以下几个方面：

1. 信息表示

信息表示是指在计算机内部如何表示视觉、听觉等多媒体信息。这些表示是通过二进制数据格式实现的，通常也称为信息编码。为了便于不同系统间的数据兼容，很多种信息编码都被制定为国际标准，例如字符的 ASCII 标准、图像数据的 JPEG 标准、运动图像的 MPEG 标准等。

2. 数据压缩

多媒体系统中，音频、视频等媒体信息经数字化后仍包含巨大的数据量，给存储和传输带来一定的困难。对音频、视频等信息进行编码和压缩是多媒体技术研究的重要领域。目前，已经产生了多种针对不同用途的压缩算法（如 JPEG 压缩算法、MPEG 压缩算法）及软、硬件支持环境，并且在不断地发展和深化。

3. 流媒体技术

传统的多媒体信息由于数据传输量大而与现实的网络传输环境产生了矛盾。流媒体技术是一种数据传输方式，通过这种方式，信息的接收者在没有接到完整的信息时就能处理已收到的信息，从而有效地解决了多媒体信息在网络上的传输问题。

4. 多媒体通信技术

多媒体通信技术是多媒体技术和通信技术的完美结合，它使计算机、通信网络和广播电视三者有机地融为一体，提高了人们的工作效率，改变了人们生活和娱乐的方式。可视电话、视频会议、视频点播及分布式网络系统等都是多媒体通信技术的典型应用。

5. 虚拟现实技术

虚拟现实技术是与多媒体密切相关的边缘技术。运用虚拟现实技术模拟的感官世界，能够提供逼真的视觉、听觉、触觉等感觉。目前，虚拟现实技术已广泛应用于航空航天、医学实习、建筑设计、军事训练、体育训练和娱乐游戏等许多领域。

8.1.3　多媒体系统的组成

一个完整的多媒体系统由硬件系统和软件系统两大部分构成。

1. 硬件系统

多媒体硬件系统可以分为主机、音频设备、视频设备、交互控制接口和高级多媒体设备 5 个部分。

（1）主机：主机是多媒体计算机的核心，目前普遍采用微型计算机。

（2）音频设备：音频设备主要包括声卡、音箱和话筒等，能够完成音频信号的采集、模数转换以及数字音频的压缩和播放等操作。

（3）视频设备：视频设备主要包括显示器、显卡、电视卡、视频压缩卡等，能够完成视频信号的显示、播放、模数转换以及数字视频的压缩和解压缩等操作。

（4）交互控制接口：该部分包括键盘、鼠标、光笔、手写输入板、游戏杆、绘图仪等人机交互设备，大大地方便了人们对多媒体计算机的使用。

（5）高级多媒体设备：随着科技的发展，一些新的设备，例如数字头盔、立体眼镜、数据手套等被广泛地应用于多媒体系统中。

2. 软件系统

多媒体软件系统包括多媒体操作系统、多媒体驱动软件、多媒体开发软件、多媒体素材制作软件和多媒体应用软件 5 大部分。

（1）多媒体操作系统是多媒体软件系统的核心。多媒体操作系统必须具备对多媒体数据和多媒体设备进行管理和控制的功能，具有综合使用各种媒体的能力，同时对硬件设备具有相对独立性和扩展性。

（2）多媒体驱动软件是多媒体硬件设备和多媒体软件的接口，它的主要功能是完成硬件设备的驱动、初始化、打开、关闭及操作。多媒体驱动软件一般由硬件设备商提供。

（3）多媒体开发软件是用来制作多媒体程序或软件的工具，能够对文本、图形、音频和视频等信息进行控制、管理和集成。常用的多媒体开发软件有 Visual Basic、Authorware 和 Director 等。

（4）多媒体素材制作软件主要用于多媒体数据的准备，例如字处理软件、图像处理软件、音频处理软件和动画制作软件等。

（5）多媒体应用软件是指由多媒体开发人员制作的多媒体程序或系统，例如文化教育教学软件、光盘刻录软件等。

8.1.4　多媒体技术的应用

多媒体技术以其直观性、实时性、便捷性和大信息量、大存储量等优势，被广泛地应用于各行各业，给人类的发展带来了深远影响。其应用主要体现在以下几个方面：

1. 教育和培训

运用多媒体技术对教学信息和教学资源进行设计、开发、运用和管理，改变教学信息的传递方式，为学生创造图文并茂、生动逼真的教学环境，能够有效激发学习者的积极性和主动性，提高教学效果。

2. 商业和服务业

多媒体技术在商业和服务业中的应用，使得人们可以通过先进的数字影像设备、图文处理设备和多媒体计算机系统进行办公自动化、广告展示及各类交互式查询等服务，提高了工作的效率和质量。

3. 电子出版业

计算机和多媒体技术的普及大大促进了电子出版业的发展。同传统纸质书籍相比，电子出版物具有成本低、信息量大、易于检索等优点，阅读和存储也极为方便。

4. 通信系统

多媒体通信是指在一次呼叫过程中能同时提供多种媒体信息的新型通信方式。它是通信技术、计算机技术和多媒体技术相结合的产物，涵盖了多媒体信件、可视电话、数字电视点播、远程医疗诊断、视频会议系统及数字化图书馆等领域。

5. 家用多媒体

数字化娱乐、休闲产品进入家庭是多媒体技术最广泛的应用，它使人们得到了更高品质的娱乐享受。

6. 网络应用

多媒体技术的产生和发展，使得静态的 Web 页面变得生动起来，极大地丰富了网络信息的内容。多媒体技术在 Internet 上的应用是其最成功的表现之一。

8.2 数字图像技术

图像是人类认识现实世界的重要信息形式，图像信息在多媒体应用中占有很大的比重。运用多媒体技术，可以对图像进行采集、分割、转换、压缩和恢复等必要的处理，以便生成人们所需的便于识别和应用的图像或信息。

8.2.1 图像的基础知识

计算机图像可以分为两大类：位图和矢量图。了解这两类图像的差异，对图像的处理和应用有很大帮助。位图和矢量图之间的差异如下：

（1）位图是由若干个像素点构成的，每个像素点都具有特定的位置和颜色值，当放大时可以看见构成位图的无数个方块。而矢量图是由称之为矢量的数学对象定义的线条和曲线组成，只能靠软件生成，无论是放大、缩小、旋转，都不会失真。

（2）位图图像适合于表现层次和色彩丰富、包含大量细节的图像，例如照片或数字绘画。位图图像与分辨率有关，当对其进行缩放或以低于初始分辨率打印，将丢失其中的细节，并出现锯齿。矢量图是根据几何特性来绘制图形，不受分辨率的影响，适合于图形设计、文字设计和一些标志设计、版式设计等。

图像格式是指计算机表示和存储图像信息的格式，常见的图像文件格式主要有以下几种：

（1）BMP 格式

BMP（Bitmap）格式是标准的 Windows 图像位图格式，该格式文件色彩丰富，通常是没有经过压缩的数据，或是采用无损压缩，因此，该格式文件的尺寸较大，常应用在单机上，不适合在网络上传播。许多在 Windows 系统下运行的软件都支持该格式的文件。

（2）GIF 格式

GIF（Graphics Interchange Format）格式文件是一种无损压缩的图像文件，最多支持 256 种色彩，文件容量较小，适合于在网络上传输和使用。

（3）JPEG 格式

JPEG（Joint Photographic Experts Group）格式文件与 BMP、GIF 格式文件最大的差别在于它是一种有损压缩的图像文件，其压缩比约为 1:5~1:50，甚至更高。JPEG 压缩对图像质量影响很小，用最少的磁盘空间可以获得较好的图像质量，应用非常广泛，是网络上的主流图像格式。

（4）PSD 格式

PSD（Photoshop Document）是图像处理软件 Photoshop 生成的文件格式，PSD 文件可以存放图层、通道、颜色模式等多种信息，可以方便地对图像进行编辑和修改。由于 Photoshop 软件应用越来越广泛，所以这个格式的文件也逐步流行起来。

（5）PNG 格式

PNG（Portable Network Graphics）是一种新兴的网络图形格式，它结合了 GIF 和 JPEG 的优点。PNG 最大颜色深度为 48 位，采用无损方案存储，可以存储最多 16 位的 Alpha 通道。

（6）AI 格式

AI（Adobe Illustrator）格式文件是一种矢量图形文件，适用于 Adobe 公司的 Illustrator软件的输出格式。AI 格式文件是基于矢量输出，可以在任何尺寸下按最高分辨率输出，不会影响图像的清晰度。

8.2.2　图像处理技术

1. 图像的获取

图像是多媒体创作中使用较频繁的素材，获取图像主要有以下几种方法：

（1）使用 Windows 系统下的画图程序、Photoshop、Coredraw、Illustrator 等软件绘制，将其保存为所需格式。

（2）使用扫描仪获取。扫描仪主要用来获取印刷品以及照片的图像，使用扫描软件，用户可以扫描图片并将其保存为所需格式。

（3）使用数码相机获取。数码相机可以直接产生景物的数字化图像，通过接口装置和专用软件完成图像输入计算机的工作。

（4）从多媒体电子出版物中的图片素材库获取。

（5）在屏幕中截取。从屏幕上截取画面的过程叫做屏幕抓图。方法是在 Windows 环境下，单击键盘功能键中的 Print Screen 键，然后打开 Windows 附件中的画图程序，将剪贴板上的图像粘贴到"画布"上，即可保存。若要截取桌面上某个活动窗口的图像，则按住 Alt+Print Screen 键即可。

（6）播放视频时，从屏幕上截取。例如，使用暴风影音播放视频时，点击窗口下方的"截图"按钮，如图 8.1 所示，便可从当前画面中捕捉图像。

图 8.1　使用"暴风影音"捕捉图像

（7）从网络上下载。因特网上的图像资源很丰富，要想从网上下载图片，使用搜索引擎找到相应图片后，单击鼠标右键选择"图片另存为"命令，将其保存到本地电脑中。

2. 图像格式的转换

每种格式的图像都有各自的特点和应用领域，例如在网页设计中不能使用 BMP 格式的图像，而用 PNG、GIF、JPEG 格式的图像就比较合适。使用图像软件，可以在图像格式之间进行转换，从而满足各种需求。下面介绍 3 种常用的图像格式转换软件：

（1）ACDSee

ACDSee 软件不仅可以应用于图像的查看和管理，还可以实现图像格式的相互转换。使用 ACDSee 打开要转换的图像文件，在菜单栏中选择"文件"|"另存为"命令，在"保存类型"下拉列表中选择所需的文件格式，单击"保存"按钮即可。

（2）Photoshop

Photoshop 软件是由 Adobe 公司开发的一款图像处理软件，使用 Photoshop 可以进行图像格式的转换，操作方法与 ACDSee 类似。

（3）Advanced Batch Converter

ACDSee 软件和 Photoshop 软件可以把图像转换成多种格式，但要进行批量图像格式转换，则很繁琐。使用 Advanced Batch Converter 软件则可一次性转换多张图像格式，大大提高了工作效率。

8.3　数字音频技术

声音是多媒体应用中的一个重要内容，恰当地运用声音元素能够提高多媒体创作的质量。

8.3.1　音频的基础知识

声音是由物体的振动产生的。当振动通过某种介质传到人的耳朵，并引起人耳鼓膜振动时，人就可以听到声音。

自然界的声音是一个随时间而变化的连续信号，通常用模拟的连续波形来描述声音的形状，声波在不同时刻振动幅度的变化是反映声音内容的重要信息。通过对声波进行采样、量化和编码等数字化处理，将自然界中的声音转换为以二进制编码形式存在的数字信息后，计算机才能对其进行编辑。采样不同的编码方式、不同的压缩处理技术，所生成的音频文件格式也是不同的。目前，常用的音频文件格式有以下几种：

（1）WAV 格式

WAV 文件又称为波形文件，是由微软公司开发的一种声音文件格式，用于保存 Windows

平台下的音频资源，大多数应用软件都能支持该格式的文件。WAV 文件可以直接记录声音的波形，通常用来存储没有压缩的原始数据，可以达到较高的音质要求，被广泛地应用在多媒体开发、音频编辑和非线性编辑等领域。

（2）MP3 格式

MP3 对应 MPEG 音频压缩标准中的第三层，压缩率达 1:10~1:12。相同长度的文件，用 MP3 格式存储一般只有 WAV 格式文件大小的 1/10，大大节省了空间，同时失真极小，音质接近于 WAV 格式的文件，是目前主流的音频文件格式。

（3）WMA 格式

WMA 是 Microsoft 公司开发的新一代数字音频压缩技术，在保证音质的前提下，压缩率达 1:18 左右，而且该格式的文件支持流媒体技术，适合在网络上在线播放。

（4）MIDI 格式

MIDI 是 Musical Instrument Digital Interface（乐器数字接口）的缩写，是数字音乐和电子合成器的国际标准。MIDI 文件并不是一段录制好的声音，而是记录了电子乐器键盘上的弹奏信息，包括力度、声调和长短等。当播放文件的时候，只需读取 MIDI 信息，生成相应的波形文件，放大后由扬声器输出即可。

8.3.2　音频处理技术

1. 音频的获取

获取音频的方法主要有以下几种：

（1）从网络上下载。通过搜索引擎或音频资源网找到相应素材后，单击鼠标右键选择"目标另存为"命令，将其保存到本地电脑中，也可以使用迅雷、网际快车等工具下载。

（2）从多媒体电子出版物中的音频素材库或 CD 中获取。

（3）从视频文件中提取声音。借助相应的处理软件，可以提取视频文件中的声音，以供使用。

（4）使用录音软件采集。正确安装声卡和麦克风后，使用录音软件可以录制自己需要的声音。

2. 音频格式的转换

音频文件有多种格式，使用音频处理软件或音频播放软件，可以进行格式间的相互转换，以满足各种需求。例如，对音质没有过高要求的普通音乐收藏者来说，可以将 WAV 格式文件转换成 MP3、WMA 等压缩格式，以减少硬盘空间的耗用。常用的音频转换器有千千静听、音频转换大师、豪杰解霸和 MP3 Converter 等。

3. 音频的剪辑

音频的剪辑就是从较长的音频中截取一段或合并几段零散的声音，以供使用。常用的音频剪辑软件主要有 Goldwave、Cool Edit 和 Adobe Audition 等。

8.4　数字视频技术

视频是多幅连续的、按一定顺序构成的图像序列组成。视频信息形象、生动，是多媒体元素中最活跃的成员之一。

8.4.1　视频的基础知识

视频可以分为模拟视频和数字视频两大类。模拟视频中的每一帧图像都是实时获取的自然景物的真实图像信号。日常生活中看到的电视、电影都属于模拟视频的范畴。模拟视频信号具有成本低和还原性好等优点。数字视频是基于数字技术及其他拓展图像显示标准的视频信息，具有时间连续性、表现力强、自然、不易失真等优点，还可以借助计算机对数字视频进行非线性编辑。

模拟视频只有通过数字化，完成模数信号转换后，多媒体计算机才能够对其进行处理。这种转换除多媒体计算机通常的硬件配置外，还必须安装视频采集卡。视频采集卡的作用是将模拟视频经解码、调控、编程、模/数转换和信号叠加转换成计算机可识别的二进制数据。

目前，常见的数字视频格式有以下几种：

（1）AVI 格式

AVI 是 Audio Video Interleaved 的缩写，即音频视频交错格式，图像质量好，调用方便，其应用范围非常广泛。

（2）MPEG 格式

MPEG 是运动图像压缩算法的国际标准，现已几乎被所有的计算机操作系统支持。它包括 MPEG-1、MPEG-2 和 MPEG-4 三个部分。MPEG-1 被广泛地应用在 VCD 的制作中，绝大多数的 VCD 采用 MPEG-1 格式压缩。MPEG-2 应用在 DVD、HDTV（高清晰电视广播）和一些高要求的视频编辑、处理方面。MPEG-4 是一种新的压缩算法，使用这种算法的 ASF 格式可以把一部 120 min 长的电影压缩到 300 MB 左右的视频流，以供在网上观看。

（3）RMVB 格式

RMVB 是由 Real Networks 公司开发出的一种视频文件格式，它打破了压缩的平均比特率，在复杂的动态画面中采用高比特率，而在静态画面中则灵活地采用低比特率，合理地利用了资源，保证了文件的大小和清晰度。

（4）MOV 格式

MOV 是 QuickTime for Windows 视频处理软件支持的格式。适合单机播放或是作为视频流文件在网上传播。

（5）WMV 格式

WMV 是微软公司推出的一种流媒体文件格式，它是 ASF（Advanced Stream Format）格式的升级。在同等视频质量下，WMV 格式的体积非常小，很适合在网上播放和传输。

（6）FLV 格式

FLV 是 Flash Video 的简称，它是随着 Flash 的发展而推出的视频文件格式。FLV 文件容量小、加载速度快，使得网络在线观看视频成为可能。目前多数网站的视频文件均采用此格式。

（7）MKV 格式

MKV 是一种新的多媒体封装格式，也称多媒体容器。它可以将多种不同编码的视频及 16 条以上不同格式的音频和不同语言的字幕流封装到一个 MKV 文件中。MKV 最大的特点就是能容纳多种不同类型编码的视频、音频及字幕流。

8.4.2 视频处理技术

1. 视频的获取

获取视频的方法主要有以下几种：

（1）使用摄像机拍摄。利用视频采集卡，将摄像机、录像机中拍摄到的视频采集到计算机中，生成数字文件。如果使用的是数码摄像机，拍摄的即为数字形式的影像，可以直接存储到计算机中。

（2）从多媒体电子出版物中的视频素材库中获取。

（3）从网络上下载，使用下载软件可加快下载速度。

（4）捕捉计算机屏幕上的活动画面。使用视频捕捉软件录制计算机屏幕，并根据需要保存为某一格式，以供使用。

（5）自制视频文件。使用 Autodesk Animator、3D Max 和 Flash 等软件，可以生成二维或三维效果的动画视频。

2. 视频格式的转换

目前流行的视频格式有很多种，不同场合需要使用不同格式的视频文件。一般情况下，PC平台支持 AVI 格式，苹果电脑使用 QuickTime 格式，视频文件体积较大时使用 MPEG 高压缩比格式，视频文件需在网络上实时传输时使用流媒体格式。常用的视频转换器有：Windows Movie Maker、格式工厂、视频转换大师和会声会影等，可以根据不同的需要进行选择。

3. 视频的编辑

视频编辑是指对视频素材进行裁切、排序、替换、增加、添加特效、添加字幕和声音等操作，以生成特定格式的视频文件。视频编辑要依托于专业的视频编辑软件。常用的视频编辑软件主要有以下几种：

（1）Adobe Premiere

Adobe Premiere 是目前最流行的非线性编辑软件，该软件以其合理化界面和通用高端工具，广泛地应用于多媒体视频、音频编辑领域，是视频爱好者使用最多的视频编辑软件之一。

（2）Ulead Video Studio（会声会影）

会声会影是友立公司开发的一款功能强大的视频编辑软件，提供了完整的剪辑、混合、运动字幕和特效制作等功能，还具有图像抓取和光盘制作功能，支持各类编码，是一个功能强大但简单易用的视频编辑软件。

（3）Video Editor

Video Editor 是一款功能强大、操作简单、以时间轴为主的视频编辑软件。它可以将一个视频文件的所有元素（包括音乐、动画、字幕以及视频文件）合在一起，套用其中的特效滤镜，通过一系列高效率移动路径将素材送入 3D 空间，制作出高品质效果的视频作品。

案例 1 批量转换图像格式

【案例描述】

本案例要求使用 Advanced Batch Converter 软件，一次性将若干张 JPG 格式图像转换为 PNG

格式图像。

【操作提示】

（1）启动 Advanced Batch Converter 应用程序，在菜单栏中选择"文件"|"批量模式"命令，或按快捷键 Ctrl+B，如图 8.2 所示。

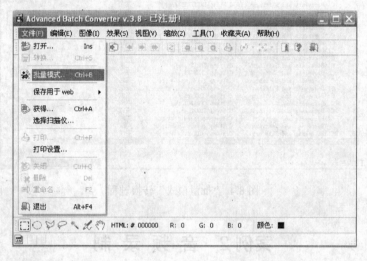

图 8.2 "Advanced Batch Converter"工作界面

（2）弹出"批量模式"对话框，如图 8.3 所示。在右侧"查找范围"下拉列表中选择要转换图像所在的文件夹，选中要转换的图像后，单击"添加"按钮；若要转换该文件夹下的所有图像，则单击"全部添加"按钮，被添加的图像将出现在左侧文件列表中。

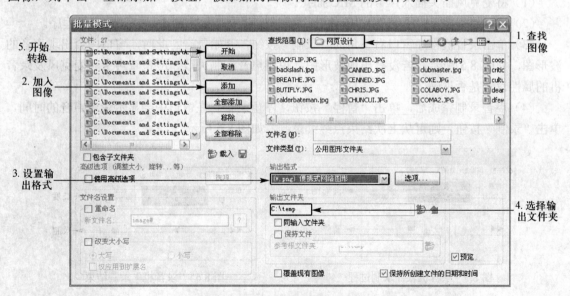

图 8.3 "批量模式"转换对话框

（3）在"输出格式"下拉列表中选择要生成的文件格式，此处为"PNG"类型；在"输出文件夹"文本框中设置文件输出路径，默认路径是 C 盘下的 temp 文件夹。

（4）单击"开始"按钮，开始文件格式的转换工作，如图 8.4 所示。当文件全部转换完毕后，单击"退出"按钮，转换工作结束。

图 8.4 "批量模式"转换过程

案例 2 音 频 录 制

【案例描述】

本案例要求使用 Windows 自带的录音机软件录制一段音频。

【操作提示】

（1）将麦克风插头插入声卡的 MIC 插孔。

（2）选择"开始"|"程序"|"附件"|"娱乐"|"录音机"命令，打开录音机程序。

（3）单击录音机程序窗口右下角的"录制"按钮，开始录音。此时，窗口中会出现声音的波形图，如图 8.5 所示，若没有出现波形图，说明声音录制失败，应检查声卡、麦克风及录音机的属性设置是否正确。

（4）声音录制完成后，单击"暂停"按钮，停止录音。在窗口中会显示录制声音的时间，单击"录制"按钮，则可从上次结束点继续录制，如图 8.6 所示。

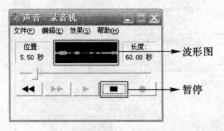

图 8.5 录音机软件录制过程

图 8.6 "录音机"录制结束

（5）在菜单栏中选择"文件"|"保存"命令，在弹出的"文件另存为"对话框中，输入文件名和路径后，单击"确定"按钮即可。

（6）若要录制新的内容，在菜单栏中选择"文件"|"新建"命令，再重复第 3 步，重新录音。

案例 3　音频格式转换

【案例描述】

本案例要求使用"千千静听"软件，将 WAV 格式音频转换为 MP3 格式。

【操作提示】

（1）启动千千静听应用程序，在菜单栏选择"添加"|"文件"命令，打开需转换格式的音频文件，例如"天使的翅膀"，格式为 WAV，大小为 35.8 MB。

（2）在播放列表中，在该文件上单击鼠标右键，选择"转换格式"命令，如图 8.7 所示。

（3）弹出"转换格式"对话框，如图 8.8 所示。在"输出格式"下拉列表中选择要转换的格式，单击"配置"按钮，可以对输出格式进行配置；根据需要，可以选择"音效处理"下的各个的复选项；选择存储声音的目标文件夹后，单击"立即转换"按钮，开始转换。

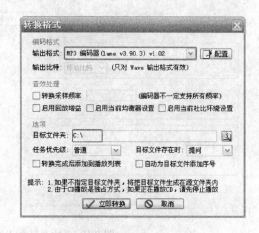

图 8.7　"千千静听"工作界面　　　　　　图 8.8　"转换格式"对话框

（4）转换完毕后，文件格式为 MP3，大小为 4.87 MB，接近于源文件大小的 1/10。

案例 4　视频格式转换

【案例描述】

本案例要求使用格式工厂软件，将其他格式的视频转换为 WMV 格式。

【操作提示】

（1）启动格式工厂应用程序，软件的初始界面如图 8.9 所示。

（2）单击左侧"视频"面板中的"所有转到 WMV"按钮，弹出如图 8.10 所示的对话框。

（3）单击"输出配置"按钮，设置输出视频文件的参数，如图 8.11 所示，参数设置完毕后，单击"确定"按钮，返回如图 8.10 所示的对话框。

图 8.9　"格式工厂"初始界面

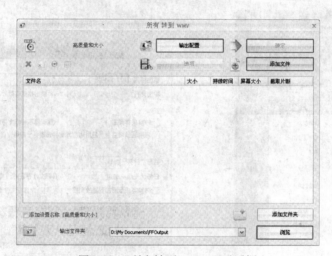

图 8.10　"所有转到 WMV"对话框

图 8.11　"视频设置"界面

（4）单击"添加文件"按钮和"浏览"按钮，选择要转换的文件及文件转换后的存储路径，设置完毕后，单击"确定"按钮，返回如图 8.12 所示界面。

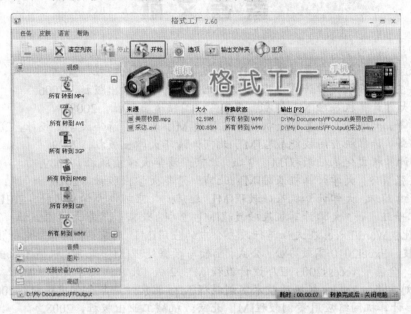

图 8.12 "视频转换"界面

（5）单击工具栏上的"开始"按钮，即可完成视频文件格式的转换。

小 结

本章对多媒体技术的定义、主要特点、研究内容等知识进行了阐述，并且对多媒体技术中的图像信息、音频信息和视频信息做了详细介绍，以期读者能够对多媒体技术有初步了解，为今后的具体应用和实际操作奠定基础。

习 题 8

1. 什么是多媒体技术？多媒体技术主要具备哪些特点？
2. 多媒体计算机由哪几部分组成？
3. 常用的图像文件格式有哪些？
4. WAV 格式的声音文件和 MP3 格式的声音文件有什么不同？
5. 视频的获取有哪些方法？
6. 常见的视频文件格式有哪些？

参 考 文 献

[1] 何桥，朱丽莉等. 大学计算机基础[M]. 北京：高等教育出版社，2005.

[2] 王长友，王中生等. 大学计算机基础[M]. 北京：清华大学出版社，2006.

[3] 李玉龙. 大学计算机基础[M]. 2版. 北京：中国铁道出版社，2008.

[4] 宋绍成，等. 大学计算机基础上机指导与习题[M]. 北京：清华大学出版社，2008.

[5] 齐景嘉，等. 计算机应用技能教程[M]. 北京：清华大学出版社，2009.

[6] 冯博琴. 计算机文化基础教程[M]. 3版. 北京：清华大学出版社，2009.

[7] 张慧档，张翼飞. 大学计算机基础[M]. 北京：清华大学出版社，2010.

[8] 骆耀祖，叶丽珠. 大学计算机基础教程[M]. 北京：北京邮电大学出版社，2010.

[9] 杨青，郑世珏，等. 大学计算机基础教程[M]. 2版. 北京：清华大学出版社，2010.

[10] 杰成文化. Word/Excel在文秘与行政办公中的应用[M]. 北京：中国青年电子出版社，2008.

[11] 华诚科技. Excel2010高效办公：公式、函数与数据处理[M]. 北京：机械工业出版社，2010.

[12] 李春葆，金晶. Access2003程序设计教程[M]. 2版. 北京：清华大学出版社，2007.

[13] 张玲，刘玉梅. Access数据库技术实训教程[M]. 北京：清华大学出版社，2008.

[14] 吴献文. 计算机网络应用案例教程[M]. 北京：机械工业出版社，2008.

[15] 杨继. 计算机网络技术应用教程[M]. 北京：中国水利水电出版社，2007.

[16] 李书明，田俊，等. 多媒体技术及教育应用[M]. 北京：清华大学出版社，2010.

[17] 林福宗. 多媒体文化基础[M]. 北京：清华大学出版社，2010.